电子电气基础课程规划教材

电路、电子技术实验与电子实训（第2版）

党宏社　主编

电子工业出版社
Publishing House of Electronics Industry
北京·BEIJING

内 容 简 介

本书是根据国家教育部关于"电路"、"模拟电子技术"、"数字电子技术"、"电工电子技术"及"电工电路"等课程的基本要求编写的实验和实习教材。全书共有 10 章，涵盖了电类专业基础实验与实践教学环节的主要方面，包括电工与电路实验、模拟电子技术实验、数字电子技术实验、电子实训，以及电子仪器仪表使用等内容，同时在附录中还给出了相关参考资料，为进行实验和设计提供了方便。另外，本书力求各章节的内容和课堂教学的内容相对应，在验证性实验的基础上，还适当增加了综合性实验和设计性实验的内容。

本书既可以作为高等学校工科各专业相关课程的实验教材和电工电子实习与实训教材，也可以作为相关人员理解和掌握电类知识和实验技能的指导书及教学参考书。

图书在版编目（CIP）数据

电路、电子技术实验与电子实训/党宏社主编. —2 版. —北京：电子工业出版社，2012.3
电子电气基础课程规划教材
ISBN 978-7-121-16075-2

I. ①电…　II. ①党…　III. ①电路－实验－高等学校－教材 ②电子技术－实验－高等学校－教材
IV. ①TM13-33 ②TN01-33

中国版本图书馆 CIP 数据核字（2012）第 025991 号

策划编辑：余　义
责任编辑：余　义
印　　刷：涿州市京南印刷厂
装　　订：
出版发行：电子工业出版社
　　　　　北京市海淀区万寿路 173 信箱　　邮编　100036
开　　本：787×1092　1/16　印张：19.25　字数：493 千字
印　　次：2012 年 3 月第 1 次印刷
定　　价：36.00 元

第2版前言

随着现代科学技术的飞速发展，电工电子领域的新技术层出不穷。为了适应科技的进步，培养满足社会需求的有用人才，我们在多年教学改革的基础上，初步形成了"电路"、"模拟电子技术"、"数字电子技术"、"电工电子技术"及"电工电路"等课程在理论、实验和实训几方面各自独立又相互融合的课程教学新体系。实验与实训是其中重要的组成部分。为了满足实验教学与电子实训的需要，我们编写了这本名为《电路、电子技术实验与电子实训（第2版）》的教材。

本教材是根据国家教育部关于"电路"、"模拟电子技术"、"数字电子技术"、"电工电子技术"和"电工电路"等课程的基本要求，结合现有的实验设备条件和实验教学改革成果编写而成的。根据现代高校的办学特点，在内容的安排上，考虑到不同专业、不同层次的学生学习上的不同需求，它既可作为高等工科院校电类专业"电路"、"模拟电子技术"、"数字电子技术"课程，以及非电类专业"电工电子技术"和"电工电路"课程的配套实验教材，也可作为独立设课的实验与电子实训教材。

为了帮助学生巩固和加深理解所学的理论知识，培养学生的实验技能和综合应用能力，树立工程实际观点和严谨的科学作风，在本教材的编写过程中，我们把实验教学的重心从单纯的理论层面转移到实验操作、综合应用和拓展知识的层面上，使实验教学与理论教学不再是简单的重复，而是彼此各有侧重又相互呼应的两方面，从而形成有机的结合。

本书应用现代教育技术、现代实验技术来解决实践教学中的问题，增加了反映电类实验教改成果的实验内容和新技术应用的实验项目。本书的最大特点是在验证性实验的基础上，增加了综合性与设计性实验；验证性实验主要是为了配合理论教学而设置的实验，使学生熟悉常用仪器、仪表的正确使用，掌握正确的实验方法，如叠加原理、戴维南定理等；综合性实验的目的是培养学生的科技创新能力，实验内容体现综合性、趣味性、实用性，要求学生综合应用所学理论知识，查阅相关资料完成实验内容；设计性实验是检验学生实验技能的有效方法，根据指定的题目，学生自行确定实验方案，设计电路，选择元件参数和所用的仪器。

在实验内容的安排上，包括了电子元器件的认知、常用电子仪器仪表的使用、基本电路的组成与分析、电路的设计、电路的制作与调试等，使学生能够了解和掌握电子仪器制作的全过程。从实践结果来看，效果很好。

全书分为10章，由两部分组成。第一部分为实验篇，共4章，主要介绍了误差分析方法、电路实验、模拟电子技术实验与数字电子技术实验。为了启发学生深入理解相关的实验原理，每章均配有一定数量的思考题。第二部分为实训篇，共6章，主要介绍了安全用电常识、焊接工艺与焊接技术、元器件认知与测量、电路板制版方法、电路调试方法及电路设计与仿真软件的使用等。

本书第 1 章、第 5 章由吴彦锐编写，第 2 章由韩东法编写，第 3 章由田毅韬编写，第 4 章由张震强编写，第 6 章至第 9 章由任喜伟编写，第 10 章由张俊涛编写，全书由党宏社统稿。

本书第 2 版在广泛征求教师和学生使用意见的基础上，对第 1 版的错误部分进行了校正，对实验部分的内容进行了少量的修改和替换，实训部分增加了对手工制版部分的介绍和收音机安装部分的内容，仿真软件则重点介绍目前应用更广泛的 Multisim 软件，同时，第 2 版还提供了仪器和实验台使用、电子系统设计方法等教辅资料，分为电工电路实验、模拟电子技术实验、数字电子技术实验、电子实训四个部分，希望能够帮助读者更好地掌握仪器的使用与操作。

电子工业出版社的余义编辑为本书的出版付出了辛勤的劳动，编者在此表示诚挚的谢意。

本书在编写过程中参考了有关文献的相关内容，在此对相关文献的作者表示衷心的感谢！

由于编者水平有限，加之时间仓促，书中难免存在缺点和疏漏，恳请读者批评指正。

编　者
2012 年 2 月于西安

目　录

第一部分　实　验　篇

第二部分　实　训　篇

第一部分 实 验 篇

- 第 1 章　测量误差分析与实验数据处理

- 第 2 章　电路实验

- 第 3 章　模拟电子技术实验

- 第 4 章　数字电子技术实验

第1章 测量误差分析与实验数据处理

测量的目的是为了获得被测量的真实值，即真值。但是，由于测量手段的不完善、客观条件不理想或者人们对客观规律认识的局限性，以及测量过程中的疏忽或错误等多种原因，使测量结果与被测量真值之间总是存在着差异，这种差异称为测量误差。作为一个工程技术人员应能正确地分析误差产生的原因，采取措施以减小误差，从而使测量结果更加准确。同时，也应学会正确地处理实验数据，以得到正确的实验结果。

1.1 测量误差分析

1.1.1 误差定义

在测量工作中，对某量的观测值与该量的真值间存在着必然的差异，这个差异称为误差。误差是不可能绝对避免的。

1.1.2 误差分类和来源

1. 误差分类及处理

根据误差的性质，测量误差分为系统误差、随机误差和疏失误差：

1）系统误差

在相同条件下，多次测量同一量时，误差的绝对值和符号保持不变，或在条件改变时，按一定规律变化的误差称为系统误差。例如，仪表刻度的偏差，使用时零点的不准，温度、湿度、电源电压等变化造成的误差都属于系统误差。

系统误差的特点是，测量条件一经确定，误差即为一个确切的数值。用多次测量取平均值的方法，并不能改变误差的大小。系统误差产生的原因是多方面的，但总是有规律的。针对其产生的根源采取一定的技术措施，可设法减小它的影响。例如，对零点不准的仪器重新调整零点，即可减小系统误差。

系统误差直接影响测量结果的准确度。为了减小系统误差，通常采用如下方法：

① 引入更正值。测量准确度要求较高时，可以事先在仪表标尺的主要分度线上引入更正值，实际使用时只要将仪表在该分度线上的读数及其相应的更正值取代数和，就可获得被测量的实际值。

② 正负误差相消法。这种方法可以消除外磁场对仪表的影响。先进行正反两次位置变换的测量，然后将测量结果取平均值。

③ 注意仪表量程的选择。在仪表准确度确定的情况下，量程过大就意味着仪表偏转很小，从而增大了相对误差。因此，应当合理地选择量程，尽可能地使仪表读数接近满偏位置。

④ 采用不同的测试者对同一被测量进行测量的方法。减少由于测试者个人习惯和生理因素造成的人身误差。

⑤ 多次测量取其算术平均值，可以防止由测量仪器和个人人为因素的偶发性所造成的明显差错。

2）随机误差

随机误差又称偶然误差，它是指在相同条件下，多次测量同一量值时，绝对值和符号均以不可预定方式变化的误差。例如，由温度及电源电压的频繁波动、电磁场的干扰和测量者感觉器官无规律的微小变化等引起的误差都属于随机误差。

随机误差在足够多次测量时，其总体服从统计规律，可以通过对多次测量值取算术平均值的方法来削弱随机误差对测量结果的影响。实践证明，如果测量次数足够多，偶然误差的平均值的极限值就会趋近于零。

3）疏失误差

疏失误差又称粗大误差（简称粗差），是指在一定的测量条件下，测量值明显偏离实际值所形成的误差。它是由于测量者对仪器不了解、实验过程中因粗心导致读数不正确而引起的误差，测量条件的突然变化也会引起疏失误差。

为了发现和排除疏失误差，除了要求测量者认真仔细以外，还应注意以下三点：

① 在正式测量之前，可进行试探性的粗测，以便正式测量时进行参考。

② 反复对被测量进行测量，以避免单次失误。

③ 改变测量方法或仪器仪表后测量同一量值。

凡确认是疏失误差的测量数据应该剔除不用。

2．误差的来源

1）仪器误差

由仪器、仪表本身及其附件所引入，出于仪器的电气或机械性能不完善所产生的误差。例如，电桥中的标准电阻、示波器的探极线等都含有误差。仪器、仪表的零位偏移，刻度不准确，以及非线性等引起的误差均属于仪器误差。

2）使用误差

又称为操作误差，是指在使用仪器过程中，因安装、调节、布置、使用不当而引起的误差。例如，按规定应垂直放置的仪表却水平放置，仪器接地不良，因测试引线太长而造成损耗或未考虑阻抗匹配，未按操作规程在没有预热、调节、校正后就进行测量等，都会产生使用误差。

3）人身误差

由于人的感觉器官和运动器官的限制所造成的误差。例如，读错刻度、念错读数等。对于某些需借助于人眼、人耳来判断结果的测量，以及需进行人工调节等的测量工作，均会引入人身误差。

4）影响误差

又称为环境误差，是指由于受到温度、湿度、气压、电磁场、机械振动、声音、光、放射性等影响所造成的附加误差。

5）方法误差

又称为理论误差，是指由于使用的测量方法不完善、理论依据不严密、对某些经典测量方法做了不适当的修改简化所产生的误差，即凡是在测量结果的表达式中没有得到反映的因素，而实际上这些因素又起作用时所引起的误差。例如，用普通万用表测量电路中高阻值电阻两端的电压时，由于万用表电压挡内阻不高而形成分流，就会引起测量误差。

1.1.3 误差的表示

1．绝对误差

一个近似数与它准确数的差的绝对值称为这个近似数的绝对误差，即测量结果与被测量〔约定〕真值之差。如果用 a 表示近似数，A 表示它的精确数，那么近似数 a 的绝对误差就是|$a-A$|。绝对误差反映了测量值偏离真值的大小。

2．相对误差

误差还有一种表示方法，称为相对误差，它是测量的绝对误差与被测量〔约定〕真值之比再乘以 100 所得的数值，通常以百分数表示，所以也称为百分误差。

绝对误差表示一个测量结果的可靠程度，相对误差则可以比较不同测量结果的可靠性。

1.1.4 误差分析的意义

实践证明，进行误差分析计算，不仅可以判断测量时的可靠程度，而且对于实验的进行有着重要的指导作用。

1．便于改进实验方向

对于直接测量，通常可以根据测量仪器和设备的精确度等级或误差范围及被测量的数值，直接对误差进行分析估算，看测量结果是否能满足要求。对于间接测量，一般可根据直接测量或估算的结果，首先计算出各直接测量量的相对误差，明确哪项测量误差的影响最大，然后再根据间接测量所用的函数公式，分析误差产生的原因，采取相对应的措施，来减小测量误差。若是测量方法不妥，就要改进测量方法；若是被测量的取值不当，在可能的条件下应加大或减小被测量的取值比例；若是仪器精度不够，就应更换仪器，或者通过增加测量次数以减小随机误差的影响等来提高测量精度。

2．便于合理选用测量仪器

为了得到准确的测量结果，实验者可能会认为使用仪表的级别越高，测量的结果就越准确。实际上，测量的结果是否准确，不仅仅取决于仪表的等级，还与量程有关。不同等级的仪表由于量程不同，可能得到同样甚至相反的效果。

因此，实际测量中选用仪表的原则是，在满足测量结果准确度的情况下，从经济效益出发，能用低等级仪表做的实验，就不要用高等级仪表来做，在同样等级的仪表中，量程小的仪表测量结果准确。所以，在选用指针式仪表的量程时，应使测量值处于仪表量程的1/3 以上。

3．便于确定最佳测量方案

在进行实际测量的过程中，总是希望测量的精度越高越好，也就是测量结果的误差越小越好。最佳测量方案，就是使总的测量误差达到最小的一个方案。例如，使欧姆表的指针偏转在表的中心位置时，测量误差最小。因此，用万用表测量电阻时，应合理选择表的量程，尽可能地使其指针接近于半偏转。

1.2 实验数据处理

1.2.1 实验数据的读取

实验中，任何直接测量所得到的数值都是近似值。由这些近似值再根据一定的理论计算公式，通过运算而得到的间接测量值当然也是近似值。为了减小不应有的误差，获得较精确的测量结果，测量值的读取和运算必须遵守一定的规则。

1．直接测量数据的读取

一般情况下，直接测量所得到的数据的误差只用一位数字表示。这时，仪器读数的最后一位是读数误差的所在位。为了减小读数误差，从仪器上读取数据时，应尽可能地估读到仪器最小刻度的 1/10。有些分度较窄而指针较宽的指针式仪表，可以估读到其指示度盘的最小刻度的1/5 或 1/2。

测量数据的读数位数应与对测量精度要求的位数相适应。恰当的读数位数与正确地选择仪器、仪表有关，还与正确选择仪器、仪表的量程有关。测量时，指针式仪表的指针偏转应在量程 1/3 以上的位置。对数字式仪表、电桥和电位差计等，应选择使它们的最高位或第一个测量盘有读数。

为了提高测量结果的可靠性和精确度，在相同情况下，应对同一被测量采用较多次数的重复测量。特别是在有干扰影响或在动态测量的时候，仪器读数的指示装置往往不稳定，在这种情况下，更应读取多次的测量数据，通过求算术平均值的方法，来确定被测量的实验结果，或者在不严格的情况下，读取其指示数值中出现次数最多的数据作为测量的结果。

2．实验曲线测量数据的读取

在测量两个或多个量之间关系变化的实验曲线时，为了使测量数据能充分、正确地体现被测量间关系变化的客观规律，在读取实验数据时，在曲线变化剧烈的部分要多取数据点，在曲线变化比较缓慢或线性变化区，可少取数据点，曲线上极值点和拐点处的数据要完整。为了便于测量，在读取数据前，首先应仔细观察随自变量变化的曲线形状，对变化关系复杂的曲线，可先根据观察的数据画出曲线的大致形状，标出其特殊点的数据，以备精确测量数据时作参考。然后，根据被测曲线的变化特征列表，读取测量数据，这样可以提高测量的速度和精度。

3．测量数据的有效数字

实验中所得测量数据或由计算所得测量结果，从第一个非零数字算起，到误差最低位所对应的那位数字为止的全部数字，在测量上称为有效数字。如果一个测量数的有效数字为 n 位，就说此数字为 n 位有效数字。例如，测得 $I=15.80\pm0.01$ mA，表示被测量 I 的测量值为 15.80 mA，测量误差为 0.01 mA，其有效数字为 15.80，为四位有效数字。

一般说来，测量结果的有效数字位数越多，测量的相对误差就越小，表示测量的精确度就越高。测量结果之间有效数字的末位是由绝对误差决定的，它表示测量结果精确到的具体位数。因此，用有效数字读取测量数据时，其位数不能少记，也不能多记，无论测量值末位数值是否为"0"，它都应与绝对误差的末位相对应。

1.2.2 数据的舍入规则

实验中所得到测量数据都是近似数，在进行数据处理时会遇到近似数的计算问题。对于位数不等的数据，为了使计算简化，又不影响测量结果的精确程度，进行数据处理时所用的舍入处理规则为尾数小于 5 者舍，大于 5 者入，等于 5 者按偶数法则处理。所谓偶数法则，就是当尾数为 5，尾数的前一位为奇数时，该尾数进位，尾数的前一位为偶数时（含"0"），该尾数舍弃。也就是说，偶数法则是在尾数为 5 时，把尾数前面的那位数变为偶数，这样能使等于 5 的尾数舍入机会均等，从而减小舍入误差。

需要指出的是，尾数大于 5 包括尾数的第一位为 5，而其后的数位中还有大于零的数，尾数等于 5 的尾数的第一位 5，而其后各位数值均为零。

例如，将下列数据舍入到小数的第三位，各数分别为

$$4.580\ 499 \rightarrow 4.580 \qquad 5.173\ 53 \rightarrow 5.174$$
$$1.732\ 501 \rightarrow 1.732 \qquad 3.592\ 52 \rightarrow 3.592$$
$$8.365\ 501 \rightarrow 8.366 \qquad 6.870\ 54 \rightarrow 6.870$$

以上几个数据均按舍入处理，舍入后所得数据的末位数为欠准数字，其舍入误差大于舍入后所得数据末位单位的 0.5。

1.2.3 有效数字的运算规则

我们知道，间接测量量是由直接测量量通过一定的函数关系计算得到的。直接测量量的值是用有效数字表示的，它的末位由测量的绝对误差决定，其位数不能少记，也不能多记。在求间接测量量的数值时，由于参加运算的分量可能很多，各分量的性质、数值大小和有效数字的位数也不尽相同。在这种情况下，为使运算简洁、准确，应当根据一定的规则，正确选取运算中各被测量有效数字的位数。下面我们来说明对有效数字进行运算时应遵循的规则。

1．加减运算

在多个测量值相加减时，要把小数多的测量数按舍入的规则处理，使其比小数值最少的测量数只多一位小数，计算结果应保留的小数位数要与原测量数中小数值数最少的那个数相同。在测量数据已给出误差的情况下，计算结果应保留的小数位数与测量误差计算结果的小数位数相同。

在计算误差时，求最大误差的运算就是求各项分误差的绝对值之和，这时对各分误差中小于最大分误差 1/10 的其他分误差，视情况可认为是微小误差而忽略不计。求标准误差的运算，是方均根的运算，这时对小于最大分误差 1/3 的其他分误差，也可以看成是微小误差，视情况而忽略不计。误差有效数字的位数，在运算过程中可取两位，最后结果一般取一位。但若首位数为 1 或 2 时，可多保留一位。

2．乘除运算规则

进行有效数字的乘除运算时，要把位数多的数据按舍入规则处理，使其比有效数字位数最少的数只多一位有效数字，计算结果的有效数字要与参加运算的数据中有效数字位数最少的那个数相同。但对中间运算过程中的结果应多保留一位。

同样，在测量数据已给出误差的情况下，计算结果的有效数字的末位应与测量误差运算结果的所在位相对应。

此外，为了减小运算造成的误差，当首位为 8 或 9 的 m 位数与首位为 1 的 $m+1$ 位数相乘除时，所得结果的有效数字可按 $m+1$ 来取。当乘除运算结果的首位为 1 或 2 时，其有效数字的位数也可多取一位。

3．函数运算规则

在进行有效数字的乘方、开方和其他函数运算时，运算结果的有效数字位数通常由测量误差确定。在未给出测量误差的情况下，计算结果的有效数字应与原测量数据相同。为了简便运算，有时也根据函数值随被测量末位数改变一个单位时的变化量来确定。

例如，测得 $x=520.4$，求 $\lg x$。

由计算得出 　　　　$\lg 20.3=2.716\ 25$

　　　　　　　　　$\lg 20.4=2.716\ 34$

　　　　　　　　　$\lg 20.5=2.716\ 42$

根据 $\lg x$ 随 x 末位改变 0.1 的变化情况，可取 $\lg 20.4=2.7163$。

此外，在运算公式中多用常量和无理量的有效数字的位数，通常取比有效数字最少的测量数多一位。在等精度测量中，通常其平均值的误差比测量序列中任一测量值的误差要小，由此，当对测量序列的数据取取平均值时，其平均值的有效数字可以取比测量序列中的数值多一位。

1.2.4　测量数据的处理

1．等精度测量数据的处理

当对某一量的测量精度要求较高时，往往需要进行多次等精度测量，然后用求取平均值和标准偏差的方法来表示测量结果。这种方法对消除随机误差有效，但不能去除系统误差和粗差。因此，为了得到被测量的精确值，在测量前就应尽可能地消除引入系统误差的各种因素。在测量过程中，还应通过数据分析，进一步检查有无系统误差和粗差，并要设法查明原因，对系统误差的影响加以消除和修正，使其减弱到可以忽略的程度，而对粗差则应全部剔除。然后，再对消除了系统误差和粗差之后的测量数值进行数据处理，来消除随机误差的影响，这样才能得到精确的测量结果。

2．实验数据的图示处理

测量结果除用数据表格表示外，经常还用各种图线来表示。利用图线表达测量结果的方法称为图示处理法。它是将实验数据以直观、形象的图线形式画在坐标纸上，来表达被测量间相互关系的一种方法。这种方法易于清晰地显示出各被测量间数据变化的极大值、极小值、转折点及其他特性。通过图线可以求得未经观测的实验数据，图线还有助于发现实验中的测量错误，平滑图线有多个测量数据取平均并消除部分误差的效果，借助图线还可以寻找被测量间的函数关系或经验公式。用图示法来研究电信、电气网络各参数对其特性（如传输特性、幅频特性等）的影响是十分有用的，因此，图示处理法是一种常用的数据处理方法。

图示法对测量数据处理的效果取决于所作图是否符合要求，一条好的图线应当满足两点基本要求：第一，所画图线要符合被测量之间关系变化的客观规律；第二，所作图线要符合作图要求。要画出一条能满足这种要求的图线，应当做到：

1）正确选取实验数据

所取实验数据要能完整、精确地反映出被测量之间关系变化的客观规律。这是决定能否画好一条图线的基础。为此，读取实验数据时除保证一定的精度外，在图线变化剧烈的部分要多取一些数据点，在图线变化比较缓慢的区域或线性变化区，可少取些数据点，图线上极值点和拐点处的数据必须要完整。

2）正确选取坐标系

坐标系应根据函数关系或图形需要选取。坐标系的类型有直角坐标系、半对数坐标系、双对数坐标系、极坐标系等。坐标系的尺寸应根据测量值有效数字的位数来确定，一般不要太小。

为了在有限的图纸篇幅内能够有效而完整地表达出图线的全部特征，应当正确地选择坐标系。例如，对于有源低通滤波器电路的频率响应，若选用均匀坐标，要么低频部分的响应特性会被压缩在一起而不能充分地表示出来，要么就得使图纸篇幅取得很大，不便于使用。如果采用半对数坐标，这个问题就能得到很好的解决。

3）选取坐标轴

一般情况下，自变量用横轴来表示，因变量用纵轴来表示，在坐标轴的始端应表明本坐标所代表的物理量的符号和单位。

4）正确分度坐标轴

坐标轴的分度，一要方便读数，二要与测量值的有效数字位数相适应，三要使被测图线大体上能匀称地充满全幅图纸。一般说来，应尽可能地使测得的可靠数字在图上能够准确直读，对最常用的直角坐标纸来说，一般应使其一小格对应于可靠数字末位的一个单位，或者两个单位，或者五个单位。

为便于充分表达被测图线的变化特征，两坐标轴可以取不同的分度值，坐标轴的分度范围也不一定以零为起点。可以选取小于最小测量值的某一个整数为起点，以大于最大测量位的某一个整数为终点。坐标轴的分度值，应用数字等间距地进行标注，间距要适当，以方便读数。

在某些情况下，有的自变量取值范围很广，而在自变量变化的某一宽阔的范围内，因变量的变化又非常微小，这时可以把代表自变量的坐标在某一范围内用断裂线断开，以减小图幅，同时也能充分地表达出因变量随自变量变化的主要特征。

5）标记数据点

把测量的各组数据用细铅笔以×、＋或·等符号标记在已分度好的坐标纸上。如果在同一坐标纸上要作几条曲线，应以不同的符号进行标记，以示区别。标记数据点时，应尽量做到标记位置准确，以减小标记误差。

6）正确连线

除了测量数据准确与否之外，连线方式的精确程度是决定图示处理精度的另一关键。通常应根据被测量间的函数关系和标记在坐标纸上的数据点，用直尺或曲线板进行连接。一般情况下，被测量间关系变化的图线是一条平滑曲线，所连图线不一定要通过坐标纸上所有的数据点。因为测量数据中总会有误差，要使所连图线通过所有的数据点，无疑会保留一切测量误差，显然这是不可取的。而应使曲线依被测量关系变化的规律平滑地通过大部分数据点，以表示出所测数据的一般变化趋势。连线不宜过分迁就个别点，对那些偏离过大的数据点，应分析其出现的原因或重新对其测量进行核对，确属测量失误者应予剔除。依照上述原则来绘制曲线称为"拟合曲线"。拟合曲线可以消除因失误所造成的测量误差，也可以减少偶然误差对测量结果的影响，是一种常用的数据处理方法。

在要求不严的情况下，拟合曲线最简单的办法是直接观察法。就是通过观察，人为地画出一条平滑的曲线，使被测数据点均衡地分布在曲线的两侧。这种方法的缺点是不精确，不同人画出的曲线可能会有较大的差别。

工程上常用的拟合曲线的方法是"分组平均法"，特别是在被测数据分散程度比较大的情况下，以横坐标为参考，把相邻的 2～4 个数据点划分为一组，将所有的数据点分成若干组，然后分别求出各组数据点的几何重心，再依据这些"重心"点来绘制平滑的曲线，采用这种分组平均法来拟合曲线，可以消除部分测量误差，具有较高的精度。

在精度要求不高的情况下，应采用最小二乘法来求数据的拟合曲线，具体方法可查阅有关资料。

并不是所有被测图线的变化特性都是一条平滑曲线。在测量结果还不清楚是不是一条平滑曲线的时候，先不要对被测数据进行平滑，而应通过实验，在保证测试条件的情况下，先缓慢地改变自变量的数值，反复观察几次函数数值变化的规律和趋势，看是否平滑，再作判定。

在绘制具有极值点和拐点的实验曲线时，应当使曲线在遵守其变化规律的情况下，逼真地通过这些点，不要随意进行拟合、平滑。在绘制形状复杂而变化斜率又不大的曲线时，如果所测数据不能充分表达出被测曲线的变化特性，应当重新测量或补测数据。

7）标注图名

作图后，应在图的正下方标注图号和图名。图名可以用文字标注，也可以用被测量的标识符来标注。用标识符标注图名时，函数在前，自变量在后，中间用"－"号来连接。有时，图中还需要标注测试条件或扼要说明，图中标注和说明所用的字母、符号和单位一律要规范。

第2章 电路实验

本章包含 15 个实验，其中前 12 个实验为基础实验，后 3 个实验为设计性实验。教师可根据专业要求和课程教学要求因材施教，选择相关内容教学。

2.1 元件的伏安特性

2.1.1 实验目的

（1）掌握线性电阻元件和非线性电阻元件的伏安特性及其测定方法。
（2）掌握直流电工仪表和设备的使用方法。

2.1.2 实验原理

1. 线性电阻元件的伏安特性

线性电阻元件的电压、电流关系，可以用欧姆定律来描述。电阻与电压、电流的大小和方向无关，具有双向特性，它的伏安特性曲线是一条通过坐标原点的直线，如图 2-1 中直线 *a-a* 所示。该直线的斜率就是线性电阻元件的电阻值。

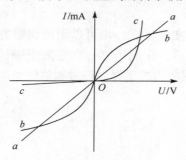

图 2-1　元件伏安特性曲线

2. 非线性电阻元件的伏安特性

非线性电阻元件的电压、电流关系，不能用欧姆定律来描述，它们的伏安特性一般为曲线，在图 2-1 中分别给出了白炽灯和半导体二极管的伏安特性曲线。

白炽灯的伏安特性如图 2-1 中的曲线 *b-b* 所示。白炽灯的伏安特性曲线对坐标原点是对称的，因而具有双向特性。白炽灯在工作时灯丝处于高温状态，灯丝电阻值随着温度的升高而增大，通过白炽灯的电流越大，其温度越高，阻值也越大。另外，白炽灯的"冷电阻"与"热电阻"的阻值可相差几倍至几十倍，所以白炽灯是非线性元件。

半导体二极管也是非线性电阻元件，其伏安特性如图 2-1 中的曲线 *c-c* 所示。二极管的正向压降很小（锗材料二极管一般约为 0.2～0.3 V，硅材料二极管一般约为 0.5～0.7 V），正向电流随正向压降的升高而急剧上升，而反向电压从零一直增加到十几或几十伏时，其反向电流增加很小，几乎为零。因此，半导体二极管的伏安特性曲线对原点是不对称的，它具有明显的方向性。

【注意】当反向电压超过二极管规定的反向电压的极限值时，则会导致二极管反向击穿损坏。

稳压二极管也属于非线性元件，其正向特性与二极管相似，但反向特性却比较特别。当反向电压开始增加时，反向电流几乎为零，但当反向电压增加到某一数值时（称为稳压管的稳压值，有各种不同稳压值的稳压管），电流将突然增大，以后稳压管的端电压将基本维持恒定。当外加的反向电压继续升高时，其端电压仅有少量增加。

【注意】流过二极管或稳压管的电流不能超过管子的极限电流值，否则管子将会损坏。

2.1.3 实验内容

1. 测定线性电阻器的伏安特性

测量电路如图 2-2 所示，调节稳压电源的输出电压 U_S，从零开始缓慢地增加，一直到 10 V，记录电压表和电流表相应的读数 U_R，I，并将测量数据记入表 2-1(a)(b)。

表 2-1(a) 线性电阻器正向伏安特性

U_R /V	0	2	4	6	8	10
I /mA						

表 2-1(b) 线性电阻器反向伏安特性

U_R /V	0	−2	−4	−6	−8	−10
I /mA						

2. 测定白炽灯泡的伏安特性

将图 2-2 中的电阻 R 换成一个额定电压为 12 V，额定电流为 0.1 A 的灯泡，重复步骤 1。测量数据记入表 2-2(a)、(b)，其中 U_L 为灯泡两端的电压。

表 2-2(a) 白炽灯正向伏安特性

U_L /V	0.1	0.5	1	2	3	4	5
I /mA							

表 2-2(b) 白炽灯反向伏安特性

U_L /V	−0.1	−0.5	−1	−2	−3	−4	−5
I /mA							

3. 测定半导体二极管的伏安特性

【注意】在测定二极管特性时，应先测定二极管的极性。

如图 2-3 所示的电路接线，其中 R 为必须接入的限流电阻，以防止电路中电流过大，损坏元件。当测定二极管的正向特性时，其正向电流不得超过 35 mA，二极管 VD 的正向电压 U_{V+} 可在 0～0.75 V 之间取值，在 0.5～0.75 V 之间应多取几个测量点。当测定二极管的反向特性时，反向电压 U_{V-} 的取值范围是 0～30 V。测量数据记入表 2-3(a)、(b)。

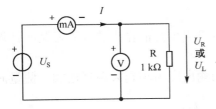

图 2-2 线性电阻、白炽灯伏安特性测量电路

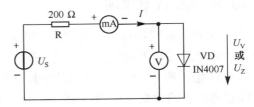

图 2-3 二极管、稳压管伏安特性测量电路

表 2-3(a)　二极管正向伏安特性

U_{V+} /V	0.10	0.30	0.50	0.55	0.60	0.65	0.70	0.75
I /mA								

表 2-3(b)　二极管反向伏安特性

U_{V-} /V	0	−5	−10	−15	−20	−25	−30
I /mA							

4. 测定稳压二极管伏安特性

【注意】在测定稳压二极管特性时，应先测定稳压二极管的极性。

（1）测定稳压管正向伏安特性。

将图 2-3 中的二极管换成稳压二极管 2CW51，重复实验内容 3 中的正向测量。其中，U_{Z+} 为稳压管 2CW51 的正向电压。测量数据记入表 2-4(a)。

表 2-4(a)　稳压管正向伏安特性

U_{Z+} /V	0.10	0.30	0.50	0.55	0.60	0.65	0.70	0.75
I /mA								

（2）测定稳压管反向伏安特性。

将图 2-3 中 200 Ω电阻器 R 换成 1 kΩ电阻器，将稳压管 2CW51 反接，测量其反向特性。此时，稳压源的输出电压 U_S 调节范围是 0～20 V，测量稳压管 2CW51 两端的电压 U_{Z-} 及电流 I，并将测量数据记入表 2-4(b)。由 U_{Z-} 可以看出稳压管的稳压特性。

表 2-4(b)　稳压管反向伏安特性

U_S /V	0	−2	−4	−6	−8	−10
U_{Z-} /V						
I /mA						
U_S /V	−12	−14	−16	−18	−20	
U_{Z-} /V						
I /mA						

2.1.4　实验注意事项

（1）在开启直流稳压电源的电源开关前，应将两路电压源的输出调节旋钮逆时针调至最小。接通电源后，再根据需要缓慢调节。

（2）注意，测量二极管正向特性时，稳压电源的输出应由小到大逐渐增加，测量时应时刻注意电流表的读数不得超过 35 mA！

（3）进行不同元件的测量时，应先估算电压和电流值，合理地选择仪表的量程，勿使仪表超量程。仪表的极性亦不可接错。

2.1.5　实验仪器与设备

序　号	设备名称	型号与规格	数　量	备　注
1	可调直流稳压电压	0～30 V	1 路	
2	万用表	UT58A	1	
3	直流数字毫安表	0～200 mA	1	
4	直流数字电压表	0～20 V	1	
5	二极管	IN4007	1	DGJ—05
6	稳压管	2CW51	1	DGJ—05
7	白炽灯泡	12 V/0.1 A	1	DGJ—05
8	线性电阻	200 Ω, 1 kΩ/8 W	各 1 个	DGJ—05

2.1.6　实验报告要求

（1）实验目的；

（2）实验原理；

（3）实验仪器与设备；

（4）实验电路（电路图必须规范，包括电流和电压参考方向、元器件标号、元器件的数值、其他一些必需的符号和标记等）；

（5）实验内容；

（6）实验数据及一切相关的计算结果等（实验数据一律用表格的形式给出）；

（7）根据各实验数据，分别在坐标纸上绘制出光滑的伏安特性曲线（其中，各元件的正反向特性要求画在同一张图中，对于二极管和稳压管的正反向电压，可取为不同的比例尺）；

（8）根据实验结果，总结、归纳被测各元件的特性；

（9）必要的误差分析；

（10）回答 2.1.7 节中的思考题。

2.1.7　思考题

（1）线性电阻与非线性电阻的概念是什么？电阻器与二极管的伏安特性有何区别？

（2）设某器件伏安特性曲线的函数式为 $I=f(U)$，试问在逐点绘制曲线时，其坐标变量应如何放置？

（3）稳压二极管与普通二极管有何区别，其用途如何？

（4）在图 2-3 中，设 $U_S=2$ V，$U_{D+}=0.7$ V，则毫安表的读数是多少？

（5）半导体二极管的正向电阻值是随着电流的增加而增加呢，还是减小？

（6）测定二极管的伏安特性时，分别把电压表接在毫安表的前面和后面，所得结果一样吗？为什么？你认为采用哪种测量方法是正确的？

2.2　基尔霍夫定律和叠加原理的验证

2.2.1　实验目的

（1）验证基尔霍夫定律的正确性，加深对基尔霍夫定律的理解。

（2）验证线性电路叠加原理的正确性，加深对线性电路的叠加性和齐次性的认识和理解。

（3）加深对参考方向的理解。

2.2.2 实验原理

（1）基尔霍夫定律是电路理论中最基本的，也是最重要的定律之一，它概括了电路电压、电流分别遵循的基本规律，其内容有二：

① 基尔霍夫电流定律（KCL）：电路中任意时刻，流进和流出节点的电流的代数和等于零，亦即$\Sigma I=0$。

基尔霍夫电流定律规定了汇集于节点上各支路电流间的约束关系，而与支路上元件的性质无关，不论元件是线性的或非线性的，有源的或无源的，时变的或时不变的都适用于这个定律。

② 基尔霍夫电压定律（KVL）：电路中任意时刻，沿闭合回路电压降的代数和等于零，亦即$\Sigma U=0$。基尔霍夫电压定律表明了任一闭合回路中各支路电压降必须遵守的约束关系。它是电压与路径无关的反映，它与基于霍夫电流定律一样，只与电路的结构有关，而与支路中元件的性质无关。不论这些元件是线性的或非线性的，是有源的或无源的，是时变的或时不变的，都适用于这个定律。

因此，测量某电路的各支路电流及每个元件两端的电压，应分别满足基尔霍夫电流定律和基尔霍夫电压定律。

（2）在线性电路中，任一支路的电流或电压等于当电路中每个独立电源单独作用时，在该支路所产生的电流或电压的代数和。即在有多个独立源共同作用的线性电路中，通过每一个元件的电流或其两端的电压，可以看成是由每个独立源单独作用时在该元件上产生的电流或电压的代数和。线性电路的齐次性是指当激励信号（某独立源的输出）增大或减小 K 倍时，电路的响应（即在电路中各电阻元件上建立的电流和电压值）也将增大或减小 K 倍。

（3）参考方向并不是一个抽象的概念，它有具体的意义。图 2-4 为某有源网络中的一条支路 AB，在事先并不知道该支路电压极性的情况下，应如何测定该支路的电压降？电压表的正极和负极是分别接在 A 端和 B 端，还是相反？

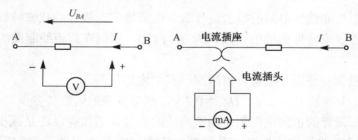

图 2-4　依据参考方向测量电压及电流的示意图

因此，在测量之前应首先假定一个电压降的方向。设其方向由 B 指向 A，这就是电压参考方向。于是，根据设定的电压参考方向，电压表的正极和负极分别与 B 端和 A 端相连；若此时电压表的指针沿顺时针方向偏转，则电压表的读数为正，说明电压的实际方向与参考方向是一致的；反之，若电压表的指针沿逆时针方向偏转，此时电压表的读数记为负值，说明电压的实际方向与参考方向相反。在使用指针式电压表的情况下，应将电压表的极性对换，重新测量，并在测量数据前面加负号。

同理，测量该支路电流时与测量电压时的情况基本相同，但应将电流表串联接入该支路进行测量。

2.2.3 实验内容

实验电路如图 2-5 所示。采用 DGJ—03 挂箱的"基尔霍夫定律/叠加原理"线路。

（1）图 2-5 中的 I_1，I_2，I_3 的参考方向已经设定，三个闭合回路的正方向设定为 ADEFA，BADCB，FBCEF，开关 S_3 投向电阻 R_5（330 Ω）一侧，组成一个线性电路。

（2）分别将两路直流稳压源接入电路，令 $U_1=12$ V，$U_2=6$ V，使两个电源共同作用。

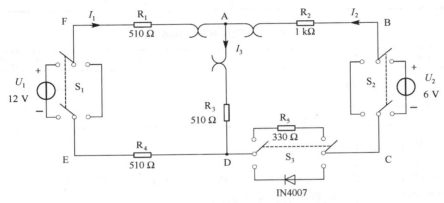

图 2-5　验证基尔霍夫定律和叠加原理的实验电路

（3）熟悉电流插头的结构，将电流插头的两端接至数字毫安表的"＋、－"两端。

（4）将电流插头分别插入三个电流插座中，读取并记录各支路电流 I_1,I_2,I_3。

（5）用直流数字电压表分别测量两路电源及电阻元件上的电压值，将测量数据记入表 2-5 中：

表 2-5　验证基尔霍夫定律的数据记录表格

被测量	I_1 /mA	I_2 /mA	I_3 /mA	U_1 /V	U_2 /V	U_{FA} /V	U_{AB} /V	U_{AD} /V	U_{CD} /V	U_{DE} /V
测量值										
计算值										
相对误差										

（6）令 U_1 电源单独作用（将开关 S_1 投向 U_1 侧，开关 S_2 投向短路侧）。用直流数字毫安表（接电流插头）和直流数字电压表分别测量各支路电流及各电阻元件两端的电压，将数据记入表 2-6 中。

（7）令 U_2 电源单独作用（将开关 S_1 投向短路侧，开关 S_2 投向 U_2 侧）。重复实验步骤 6，将测量数据记入表 2-6 中。

（8）将 U_2 的数值调至 12 V，重复上述步骤 7 的实验内容，将测量数据记入表 2-6 中。

（9）将图 2-5 中的电阻 R_5（330 Ω）换成二极管 IN4007（将开关 S_3 投向二极管 IN4007 一侧），令 $U_1=12$ V，$U_2=6$ V；仿照上述实验步骤，在非线性电路的情况下，验证叠加原理的叠加性和齐次性，需自行制作数据记录表格。

（10）令 U_1 和 U_2 共同作用（开关 S_1 和 S_2 分别投向 U_1 和 U_2 侧，$U_1=12$ V、$U_2=6$ V），

开关 S_3 投向电阻 R_5（330 Ω）一侧，组成线性电路；然后按下电路下方的某个故障设置按钮，进行必要的测量，测量数据记入表 2-7，并根据测量结果判断故障原因。

表 2-6　验证叠加原理叠加性和齐次性的数据记录表

被测量	I_1 /mA	I_2 /mA	I_3 /mA	U_1 /V	U_2 /V	U_{FA} /V	U_{AB} /V	U_{AD} /V	U_{CD} /V	U_{DE} /V
U_1 单独作用										
U_2 单独作用										
$2U_2$ 单独作用										

表 2-7　故障数据记录表

被测量	I_1 /mA	I_2 /mA	I_3 /mA	U_1 /V	U_2 /V	U_{FA} /V	U_{AB} /V	U_{AD} /V	U_{CD} /V	U_{DE} /V
故障 1										
故障 2										
故障 3										

2.2.4　实验注意事项

（1）当用电流插头测量各支路电流时，或者用电压表测量电压降时，应注意仪表的极性。应在正确判断测量值的正负号后，记入数据表格内。

（2）应随时注意仪表的量程是否合适并及时更换量程。

（3）为使该实验更加准确，实验中应随时注意稳压电源的输出是否有变化，并将稳压电源的输出调为设定值。

（4）所有需要测量的电压值，均以电压表的读数为准。U_1，U_2 也需要测量，不应取电源本身的显示值。

（5）在进行实验的过程中，应随时注意防止稳压电源两个输出端碰线短路。

（6）当用指针式电压表或电流表测量电压或电流时，如果仪表指针反偏，则必须交换仪表极性，重新测量，并在测量值前面加负号。

2.2.5　实验仪器与设备

序　号	设备名称	型号与规格	数　量	备　注
1	可调直流稳压电源	0～12 V	两路	
2	万用表	UT58A	1	
3	直流数字电压表	0～20 V	1	
4	直流数字毫安表	0～20 mA	1	
5	实验电路板		1	DGJ—03

2.2.6　实验报告要求

（1）实验目的；

（2）实验原理；

（3）实验仪器与设备；

（4）实验电路（电路图必须规范，包括电流和电压参考方向、元器件标号、元器件的数值、其他一些必需的符号和标记等）；

（5）实验内容；

（6）实验数据及一切相关的计算结果等（实验数据一律用表格的形式给出）；

（7）① 根据实验数据，选择节点 A，验证基尔霍夫电流定律的正确性；

　　② 根据实验数据，以及给定的三个闭合回路的正方向，验证基尔霍夫电压定律的正确性；

　　③ 将支路和闭合回路的正方向重新设定，重复①和②两项验证；

　　④ 根据实验数据表格，进行分析比较，验证线性电路的叠加性和齐次性；

　　⑤ 各电阻器所消耗的功率能否用叠加原理计算得出？使用上述实验数据进行计算并得出结论；

　　⑥ 通过实验步骤 9 及分析表 2-7 的数据，你能得出什么结论？

（8）误差原因分析；

（9）回答 2.2.7 节中的思考题。

2.2.7　思考题

（1）实验中，若用指针式万用表直流毫安挡测各支路电流，在什么情况下可能出现反偏，应如何处理？在记录数据时应注意什么？若用直流数字毫安表进行测量，则又会有什么显示？

（2）已知某支路电流约 3 mA，现有量程分别为 5 mA 和 10 mA 的两个电流表，你将使用哪一个，为什么？

（3）在叠加原理实验中，要令 U_1, U_2 分别单独作用，应如何操作？可否直接将不作用的电源（U_1 或 U_2）短路置零。

（4）实验电路中，若将一个电阻器改为二极管，试问叠加原理的叠加性与齐次性还成立否？为什么？

（5）叠加原理的使用条件是什么？在验证叠加原理时，如果电源的内阻不能忽略，实验该如何进行？

2.3　戴维南定理和诺顿定理的验证

2.3.1　实验目的

（1）验证戴维南定理和诺顿定理的正确性。

（2）掌握测量有源二端网络等效参数的方法。

2.3.2　实验原理

（1）任何一个线性有源网络，如果仅研究其中一条支路的电压和电流，则可将电路的其余部分看做是一个有源二端网络（或称为有源一端口网络）。

戴维南定理指出，任何一个线性有源网络，可以用一个理想电压源与一个电阻的串联来等效代替；此时，电压源的电动势 U_S 等于这个有源二端网络的开路电压 U_{OC}，其内阻值 R_0 等于该网络所有独立源均置零（理想电压源视为短路，理想电流源视为开路）时等效电阻值 R_{eq}，如图 2-6 所示（关于戴维南定理，可参考教材的相关内容）。

所谓等效是指有源二端网络的外特性，即在图 2-6 的两个电路的端口，分别接一同样的负载，则输出电流是相同的。

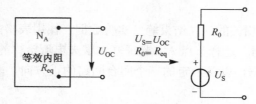

图 2-6　戴维南定理等效变换示意图

诺顿定理指出，任何一个线性有源网络，可以用一个理想电流源与一个电导的并联组合来等效代替，此电流源的电流 I_S 等于这个有源二端网络的短路电流 I_{SC}，其电导 g_0 等于该网络所有独立源均置零（理想电压源视为短路，理想电流源视为开路）时的输入电导。如图 2-7 所示（关于诺顿定理，可参考教材的相关内容）。

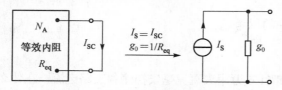

图 2-7　诺顿定理等效变换示意图

U_{OC}（U_S）和 R_0 或者 I_{SC}（I_S）和 g_0 称为有源二端网络的等效参数。

（2）有源二端网络等效参数的测定方法。

① 开路电压、短路电流法测 R_0。

在有源二端网络输出端开路时，用电压表直接测量其输出端的开路电压 U_{OC}，然后再将其输出端短路，用电流表测量其短路电流 I_{SC}，则等效内阻为 $R_0 = U_{OC}/I_{SC}$。

当二端网络的内阻很小时，若将其输出端口短路，则易损坏其内部元件，因而此时不宜采用该方法。

② 伏安法测 R_0。

用电压表、电流表测出有源二端网络的外特性，根据外特性曲线求出斜率 $\tan\varphi$，则等效内阻 $R_0 = \tan\varphi = \Delta U / \Delta I = U_{OC} / I_{SC}$。

也可以先测量开路电压 U_{OC}，再测量电流为额定值 I_N 时的输出端电压值 U_N，则内阻 $R_0 = (U_{OC} - U_N) / I_N$。

③ 半电压法测 R_0。

如图 2-8(a)所示。当负载电压为被测网络开路电压的一半时，负载电阻（由电阻箱的读数确定）即为被测有源二端网络的等效内阻值。

也可以用万用表电阻挡直接在二端网络端口测量其等值内阻值 R_0，不过此时应将有源二端网络内的所有独立源置零（理想电压源视为短路，理想电流源视为开路）。

④ 零示法测有源二端网络开路电压 U_{OC}。

在测量具有高内阻有源二端网络的开路电压时，用电压表直接测量会造成较大的误差。为了消除电压表内阻的影响，往往采用零示测量法，如图 2-8(b)所示。

零示法测量原理是用一个低内阻的稳压电源与被测有源二端网络进行比较，当稳压电源的输出电压与有源二端网络的开路电压相等时，电压表的读数将为"0"。然后，将电路断开，测量此时稳压电源的输出电压，即为被测有源二端网络的开路电压 U_{OC}。

与零示法类似的还有补偿法。该方法采用检流计及补偿电路进行测量，因此测量结果也更加准确。

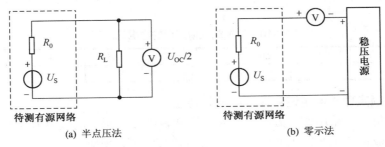

(a) 半点压法   (b) 零示法

图 2-8 半点压法及零示法的原理电路

2.3.3 实验内容

1．用开路电压、短路电流法测定 U_{OC}, I_{SC} 和计算 R_0

被测有源二端网络如图 2-9(a)所示。按图 2-9(a)中的要求，接入稳压电源 $U_S = 12$ V 和恒流源 $I_S = 10$ mA。不接入负载 R_L。测出开路电压 U_{OC} 和短路电流 I_{SC}，并计算出 R_0（测量 U_{OC} 时，不要接入毫安表）。将测量和计算结果记入表 2-8 中。

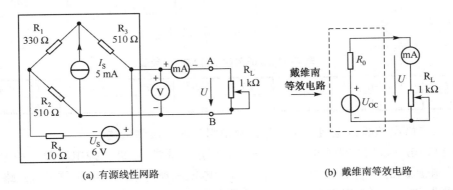

(a) 有源线性网路   (b) 戴维南等效电路

图 2-9 含源线性网路及戴维南等效电路

表 2-8 测量和计算 R_0 数据记录表

U_{OC} /V	I_{SC} /mA	$R_0 = U_{OC} / I_{SC}$ /Ω

2．负载实验（即测定有源二端网络外特性曲线）

按图 2-9(a)接入负载 R_L，改变负载 R_L 的值，使得负载电压 U 为表中所示各值，将测量数据记入表 2-9 中。

表 2-9 负载实验数据记录表

U /V	1.0	1.5	2.0	2.5	3.0	3.5	4.0	4.5	5.0
I /mA									

3. 验证戴维南定理（即构成戴维南等效电路并测量等效电路的外特性）

① 将十进位电阻箱用做等效电路的内阻值 R_0，并使电阻箱的取值为 R_0。

② 调节稳压电源的输出，使其等于 U_{OC}。

③ 按图 2-9(b)所示电路接线并测量等效电路的外特性，方法基本同 2。将测量数据记入表 2-10 中。

表 2-10　验证戴维南定理的数据记录表

U /V	1.0	1.5	2.0	2.5	3.0	3.5	4.0	4.5	5.0
I /mA									

4. 验证诺顿定理并测定诺顿等效电路外特性

① 将十进位电阻箱用做等效电路的内阻值 R_0，并使电阻箱的取值为 R_0。

② 调节直流恒流源的输出并使其等于 I_{SC}，将恒流源与电阻箱并联。

③ 按图 2-10 所示电路接线并测量诺顿等效电路的外特性，方法基本同 2。将测量数据记入表 2-11 中。

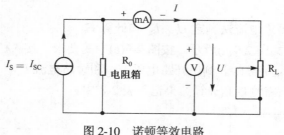

图 2-10　诺顿等效电路

表 2-11　验证诺顿定理数据记录表

U /V	1.0	1.5	2.0	2.5	3.0	3.5	4.0	4.5	5.0
I /mA									

5. 有源二端网络等效电阻（又称为入端电阻）的直接测量法

如图 2-9(a)所示。将被测有源二端网络的所有独立源置零，即去掉电流源 I_S 和电压源 U_S，并在原接入电压源的两点用一导线将其相连（即电压源视为短路，电流源视为开路）。然后，用伏安法测量和计算出有源二端网络的等效内阻值 R_0（R_{eq}），或者直接用万用表的欧姆挡测定负载 R_L 开路时 A, B 两点间的电阻，此即为被测有源二端网络的等值内阻值 R_0（R_{eq}），或称有源二端网络的入端电阻值 R_i。

6. 用半电压法和零示法测量有源二端网络等效内阻值 R_0（R_{eg}）及其开路电压 U_{OC}

实验电路参考图 2-8(a)和图 2-8(b)自行搭接，将测量数据记入表 2-12 中。

表 2-12　半电压法和零示法数据记录表

开路电压 U_{OC} /V	等效内阻 $R_0(R_{eg})$ /Ω

2.3.4　实验注意事项

（1）电压源置零时不可将稳压电源的输出直接短路。实验中所谓电压源视为短路，是指将电压源去掉后，将原来接入电源的两端用导线短接。

（2）测量电流时，应随时注意电流表的量程是否合适。

（3）用万用表直接测量有源二端网络等值内阻值 R_0（R_{eq}）时，应先除源，即网络内的独立源必须先置零，以免损坏万用表。

（4）用零式法测量有源二端网络的开路电压 U_{OC} 时，应先将稳压电源的输出调至接近于 U_{OC}，再按图 2-8(b)进行测量。

（5）更换实验电路时，首先必须关闭电源。

2.3.5 实验仪器与设备

序　号	设备名称	型号与规格	数　量	备　注
1	可调直流稳压电源	0～20 V	1	
2	可调直流恒流源	0～200 mA	1	
3	直流数字电压表	0～20 V	1	
4	直流数字电流表	0～200 mA	1	
5	可调电阻箱	0～99 999.9 Ω	1	DGJ—05
6	电位器	1 kΩ/5 W	1	DGJ—05
7	戴维南定理实验板		1	DGJ—03

2.3.6 实验报告要求

（1）实验目的；

（2）实验原理；

（3）实验仪器与设备；

（4）实验电路（电路图必须规范，包括电流和电压参考方向、元器件标号、元器件的数值、其他一些必需的符号和标记等）；

（5）实验内容；

（6）实验数据及一切相关的计算结果等（实验数据一律用表格的形式给出）；

（7）① 根据实验内容 2,3,4，分别绘制它们的外特性曲线（绘制在同一坐标内），验证戴维南定理和诺顿定理的正确性，并分析产生误差的主要原因；

　　② 根据实验内容 1,5,6 的几种方法测量得到的 U_{OC} 和等值内阻值 R_{eq} 与预习时计算的结果进行比较，你能得出什么结论？

（8）回答 2.3.7 节思考题中的 2～4 三题。

2.3.7 思考题

（1）在求戴维南或诺顿等效电路时，做负载短路实验。测量 I_{SC} 的条件是什么？在该实验中可否直接做负载短路实验？对于图 2-9(a)所示电路，实验前应预先进行估算，以便调整实验线路，以及测量时可准确地选择仪表的量程。

（2）说明测量有源二端网络开路电压 U_{OC} 及等效内阻值 R_0（R_{eq}）的几种方法，并比较其优缺点。

（3）如果电流表的内阻值 R_A 远远小于二端网络的入端电阻值 R_i，电压表的内阻值 R_V 远远大于负载电阻值 R_L，能否根据二端网络的外特性曲线求得 U_{OC} 和 R_{eq}。若可能，试根据外特性计算 U_{OC} 和 R_{eq}，并与测量结果进行比较。

（4）当在图 2-8(b)中用零示法测量有源二端网络开路电压 U_{OC} 时，可否将电压表换成电流表或检流计？若可以，测量时应当注意哪些问题？

2.4 受控源的实验研究

2.4.1 实验目的

通过测试受控源的外特性及其转移参数，加深对受控源的认识和理解。

2.4.2 实验原理

（1）受控源是一种非独立电源。受控源与独立源的区别是，独立源的电势 E_s 或电激流 I_s 是某一固定的数值或是时间的某一函数，它不随电路的其余部分的状态而变，而受控源的电势或电激流则是电路中其他部分的电压或电流的函数，或者说其电压或电流受到电路中其他部分的电压或电流的控制，是随电路中另一支路的电压或电流而变的一种电源。

受控源与无源元件（例如，电阻、电容、电感）的不同是，无源元件两端的电压和它自身的电流有一定的函数关系，而受控源的输出电压或电流则与另一支路（或元件）的电流或电压有某种函数关系。

（2）独立源与无源元件是二端器件，受控源则是四端器件，或称为双口元件。它有一对输入端（U_1，I_1）和一对输出端（U_2，I_2）。输入端可以控制输出端电压或电流的大小。施加于输入端的控制量可以是电压或电流。根据控制量的不同，理想受控源可分为电压控制电压源（VCVS）、电流控制电压源（CCVS）、电压控制电流源（VCCS）和电流控制电流源（CCCS）。其示意图如图 2-11 所示。

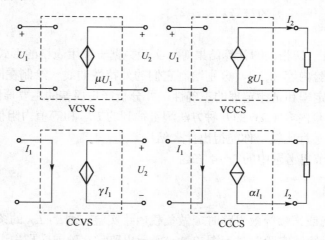

图 2-11　受控电压源及受控电流源的示意图

（3）理想受控源的控制支路中只有一个独立变量（电压或电流），另一个独立变量等于零。即从输入口看，理想受控源或者是短路（即输入电阻 $R_1=0$，因而 $U_1=0$），或者是开路（即输入电导 $G_1=0$，因而输入电流 $I_1=0$）；从输出口看，理想受控源或者是一个理想电压源，或者是一个理想电流源。

所谓理想受控电压源，是指其输出电阻为零，如 VCVS 和 CCVS；所谓理想受控电流源，是指其输出电阻为无穷大，如 VCCS 和 CCCS。此外，理想的电压控制受控源的输入电阻为无穷大，如 VCVS 和 VCCS；理想的电流控制受控源的输入电阻为零，如 CCVS 和 CCCS。实际的受控源，无论是何种类型都具有一定的输入电阻和输出电阻。

当受控源的输出电压（或电流）与控制支路的电压（或电流）成正比变化时，称为该受控源是线性的。

（4）受控源的控制端与受控端的关系式称为转移函数。受控源的转移函数参量的定义如下：

压控电压源（VCVS）：$U_2 = f(U_1)$，　$\mu = U_2/U_1$　　　称为转移电压比（或电压增益）

压控电流源（VCCS）：$I_2 = f(U_1)$，　$g = I_2/U_1$　　　称为转移电导

流控电压源（CCVS）：$U_2 = f(I_1)$，　$\gamma = U_2/I_1$　　　称为转移电阻

流控电流源（CCCS）：$I_2 = f(I_1)$，　$\alpha = I_2/I_1$　　　称为转移电流比（或电流增益）

2.4.3　实验内容

（1）测量受控源 VCVS 的转移特性 $U_2 = f(U_1)$ 及负载特性 $U_2 = f(I_L)$，实验电路如图 2-12 所示。

① 不接入电流表，使得 $R_L = 2$ kΩ且不变，调节稳压电源输出电压 U_1，测量 U_1 及相应的 U_2 值，将测量数据记入表 2-13 中。在坐标纸上绘出电压转移特性 $U_2 = f(U_1)$，并在其线性部分求出转移电压比 μ。

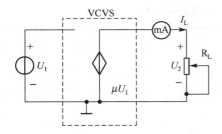 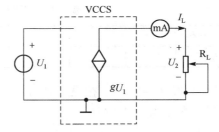

图 2-12　受控源 VCVS 实验电路　　　　图 2-13　受控源 VCCS 实验电路

表 2-13　受控源 VCVS 转移特性的数据记录表

U_1 /V	0	0.1	0.2	0.5	1.0	2.0	3.0	3.5	3.7	4.0	μ
U_2 /V											

② 接入电流表，保持 $U_1 = 2$ V，调节 R_L 可变电阻箱，测 U_2 及 I_L，绘制负载特性曲线 $U_2 = f(I_L)$。将测量数据记入表 2-14 中。

表 2-14　受控源 VCVS 负载特性的数据记录表

R_L /Ω	50	70	100	200	300	400	500	∞
U_2 /V								
I_L /mA								

（2）测量受控源 VCCS 的转移特性 $I_L = f(U_2)$ 和负载特性 $I_L = f(U_2)$，实验电路如图 2-13 所示。

① 使 $R_L = 2$ kΩ且不变，调节稳压电源输出电压 U_1，测出相应的 I_L 值，将测量数据记入表 2-15 中。绘制 $I_L = f(U_1)$ 曲线，并由其线性部分求出转移电导 g_m。

表 2-15　受控源 VCCS 转移特性数据记录表

U_1 /V	0.1	0.5	1.0	2.0	3.0	3.5	3.7	4.0	g
I_L /mA									

② 保持 $U_1=2$ V，令 R_L 的值从大到小变化，测出相应的 I_L 及 U_2，绘制 $I_L=f(U_2)$ 曲线。将测量数据记入表 2-16 中。

表 2-16　受控源 VCCS 负载特性数据记录表

R_L /kΩ	5.0	4.0	3.0	2.0	1.0	0.5	0.4	0.3	0.2	0.1	0
I_L /mA											
U_2 /V											

（3）测量受控源 CCVS 的转移特性 $U_2=f(I_1)$ 与负载特性 $U_2=f(I_L)$，实验电路如图 2-14 所示。

① 使得 $R_L=2$ kΩ且不变，调节恒流源的输出电流 I_S，使得 I_S 取得表 2-17 中所列的电流值，测出 U_2，绘制 $U_2=f(I_1)$ 曲线，并由其线性部分求出转移电阻的值γ。将测量数据记入表 2-17 中。

表 2-17　受控源 CCVS 转移特性数据记录表

I_1 /mA	0.1	1.0	3.0	5.0	7.0	8.0	9.0	9.5	γ
U_2 /V									

② 保持 $I_S=2$ mA，按表 2-18 所列 R_L 的值，测出 U_2 及 I_L，绘制负载特性曲线 $U_2=f(I_L)$，将测量数据记入表 2-18 中。

表 2-18　受控源 CCVS 负载特性的数据记录表

R_L /kΩ	0.5	1	2	4	6	8	10
U_2 /V							
I_L /mA							

（4）测量受控源 CCCS 的转移特性 $I_L=f(I_1)$ 及负载特性 $I_L=f(U_2)$，实验电路如图 2-15 所示。

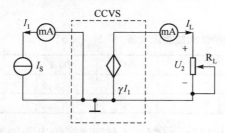

图 2-14　受控源 CCVS 实验电路

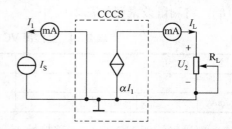

图 2-15　受控源 CCCS 实验电路

① 参见（3）中的①，测出 I_L，绘制 $I_L=f(I_1)$ 曲线，并由其线性部分求出转移电流比 α，将测量数据记入表 2-19 中。

表 2-19 CCCS 转移特性数据记录表

I_1 /mA	0.1	0.2	0.5	1	1.5	2	2.2	α
I_L /mA								

② 保持 I_S＝1 mA，令 R_L 为表 2-20 所列各值，测出 I_L，绘制 $I_L＝f(U_2)$ 曲线。将测量数据记入表 2-20 中。

表 2-20 CCCS 负载特性数据记录表

R_L /kΩ	0	0.1	0.2	0.4	0.6	0.8	1	2	5	10	20
I_L /mA											
U_2 /V											

2.4.4 实验注意事项

（1）每次组装实验电路，都必须事先断开供电电源，但不必关闭电源总开关。

（2）注意，在有恒流源供电的实验项目中，不要使恒流源的负载断开！

（3）如果只有 VCCS 和 CCVS 两种线路，要做 VCVS 或 CCCS 实验，需利用 VCCS 和 CCVS 两线路进行适当的连接。

2.4.5 实验仪器与设备

序 号	设 备 名 称	型号与规格	数 量	备 注
1	可调直流稳压电源	0～20 V	1	
2	可调直流恒流源	0～30 mA	1	
3	直流数字电压表	0～20 V	1	
4	直流数字电流表	0～200 mA	1	
5	可调电阻箱	0～99 999.9 Ω	1	DGJ—05
6	受控源实验电路板		1	DGJ—08

2.4.6 实验报告要求

（1）实验目的；

（2）实验原理；

（3）实验仪器与设备；

（4）实验电路（电路图必须规范，包括电流和电压参考方向、元器件标号、元器件的数值、其他一些必需的符号和标记等）；

（5）实验内容；

（6）实验数据及一切相关的计算结果等（实验数据一律用表格的形式给出）；

（7）① 根据实验数据，在坐标纸上分别画出四种受控源的转移特性和负载特性曲线，并求出相应的转移参数；

    ② 对实验的结果做出合理的分析和结论，总结对四种受控源的认识和理解；

（8）回答 2.4.7 节中的思考题。

2.4.7 思考题

（1）受控源和独立源相比有何异同点？比较四种受控源的代号、电路模型、控制量和被控制量的关系？

（2）四种控制源中的 γ, g, α 和 μ 的意义是什么？如何测得？

（3）若受控源控制量的极性反向，则试问其输出极性是否发生变化？

（4）受控源的控制特性是否适合于交流信号？

（5）如何由两个基本的 CCVS 和 VCCS 获得其他两个 CCCS 和 VCVS，它们的输入/输出如何连接？

2.5 RC 一阶电路的过渡过程

2.5.1 实验目的

（1）测定 RC 一阶电路的零输入响应、零状态响应及完全响应；研究方波激励时，RC 电路响应的基本规律和特点。

（2）掌握有关微分电路和积分电路的概念。

（3）学习电路时间常数的测量方法。

（4）学习使用示波器观测和分析电路的响应。

2.5.2 实验原理

（1）RC 过渡过程是动态的单次变化过程。要用普通示波器观察过渡过程和测量有关的参数，就必须使这种单次变化的过程重复出现。为此，我们利用信号发生器输出的方波来模拟阶跃激励信号，即利用方波输出的上升沿作为零状态响应的正阶跃激励信号，利用方波的下降沿作为零输入响应的负阶跃激励信号。只要选择方波的重复周期远大于电路的时间常数 τ，那么电路在周期性的方波脉冲信号的激励下，它的响应就和直流电接通与断开的过渡过程是基本相同的。

（2）图 2-16(b)所示的 RC 一阶电路的零输入响应和零状态响应分别按指数规律衰减和增长，其变化的快慢取决于电路的时间常数 τ。

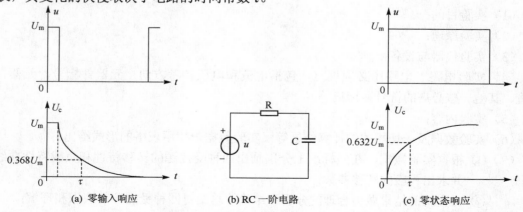

(a) 零输入响应　　　　(b) RC 一阶电路　　　　(c) 零状态响应

图 2-16　RC 一阶电路充放电过程示意图

（3）时间常数 τ 的测定方法。

用示波器测量零输入响应的波形如图 2-16(a)所示。根据一阶微分方程的求解可知，$U_C = U_m \mathrm{e}^{-t/RC} = U_m \mathrm{e}^{-t/\tau}$。当 $t=\tau$ 时，$U_C(\tau)=0.368U_m$。此时，所对应的时间就等于 τ，亦可用零状态响应波形增加到 $0.632U_m$ 所对应的时间测得，如图 2-16(c)所示。

（4）微分电路和积分电路是 RC 过渡过程中较为典型的电路，它对电路元件的参数和输入信号的周期都有特定的要求。对于一个简单的 RC 串联电路，在方波脉冲的重复激励下，当满足 $\tau=RC\ll T/2$ 时（T 为方波脉冲的重复周期），且由 R 两端的电压作为响应输出时，则该电路就是一个微分电路，因为此时电路的输出信号电压与输入信号电压的微分成正比，如图 2-17(a)所示。利用微分电路可以将方波变换成正负尖脉冲输出。

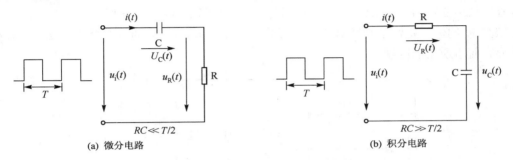

图 2-17 微分电路及积分电路的实验电路

在图2-17(a)中，根据基尔霍夫电压定律及元件特性，有 $u_i(t)=u_C(t)+u_R(t)$，而 $u_R(t)=R\,i(t)$，$i(t)=C\dfrac{\mathrm{d}u_C(t)}{\mathrm{d}t}$。如果电路元件 R 与 C 的参数选择满足关系 $u_C(t)\gg u_R(t)$，$u_i(t)\approx u_C(t)$，那么

$$u_R(t) = R\,i(t) = RC\frac{\mathrm{d}u_C(t)}{\mathrm{d}t} = RC\frac{\mathrm{d}u_i(t)}{\mathrm{d}t}$$

即输出电压 $u_R(t)$ 与输入电压 $u_i(t)$ 成近似微分关系。

若将图 2-17(a)中的 R 与 C 位置调换，如图 2-17(b)所示，由 C 两端的电压作为响应输出，且当电路的参数满足 $\tau=RC\gg T/2$，则该 RC 电路称为积分电路，因为此时电路的输出信号电压与输入信号电压的积分成正比。利用积分电路可以将方波变成三角波。

在图 2-17(b)所示电路中，如果 $u_C(t)\ll R\,i(t)$，也就是使时间常数 $\tau=RC\gg T/2$，则可近似地认为 $R\,i(t)\approx u_i(t)$，此时输出电压 $u_C(t) = \dfrac{1}{C}\displaystyle\int_{-\infty}^{t} i(\zeta)\mathrm{d}\zeta = \dfrac{1}{RC}\displaystyle\int_{-\infty}^{t} u_i(\zeta)\mathrm{d}\zeta$，即输出电压与输入电压呈积分关系。从输入/输出波形来看，上述两个电路均起着波形变化的作用，请在实验过程中仔细地观察和比较。

2.5.3 实验内容

【注意】实验线路板的器件组件，如图 2-18 所示，请认清 R，C 元件的布局及其标称值，各开关的通断位置等。

（1）从电路板上选 $R=10\,\mathrm{k\Omega}$，$C=6800\,\mathrm{pF}$ 组成如图 2-17(b)所示的 RC 充放电电路。u_i 为脉冲信号发生器（或功率函数信号发生器）输出的 $U_\mathrm{m}=3\,\mathrm{V}$，$f=1\,\mathrm{kHz}$ 的方波电压信号，并通过两根同轴电缆线，将激励源 u_i 和响应 u_C 的信号分别连至示波器的两个输入接口 Y_A 和 Y_B。这时，可在示波器的屏幕上观测到激励与响应的波形，测算出时间常数 τ，并用坐标纸按 1∶1 的比例描绘波形。

少量地改变电容值或电阻值，定性地观察对响应的影响，记录观测到的现象。

（2）令 $R=10\,\mathrm{k\Omega}$，$C=0.1\,\mathrm{\mu F}$，观测并描绘响应的波形，继续增大 C 的值，定性地观察对响应的影响。

（3）令 $C=0.01\,\mathrm{\mu F}$，$R=1000\,\Omega$，组成如图 2-17(a)所示的微分电路。在同样的方波激励信号（$U_\mathrm{m}=3\,\mathrm{V}$，$f=1\,\mathrm{kHz}$）作用下，观测并描绘激励与响应的波形。

增减 R 的值，定性地观察对响应的影响，并作记录。当 R 的值增至 1 MΩ时，输入/输出波形有何本质上的区别？

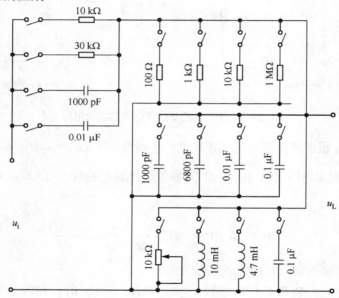

图 2-18　动态电路、选频电路实验板

附 1：过渡过程的典型应用

图 2-19 是一个 RC 过渡过程的应用实例（其中，$\mathrm{VT_1}$ 为单结晶体管）。首先电源通过 $\mathrm{R_3}$，$\mathrm{R_4}$ 向电容 C 充电。当 U_C 增加到 U_P（单结晶体管 $\mathrm{VT_1}$ 的峰值电压）值时，$\mathrm{VT_1}$ 便导通，此时 C 通过 $\mathrm{EB_1}$ 和电阻 $\mathrm{R_1}$ 放电。由于 $R_1 \ll R_3+R_4$，所以 τ 放电远远小于 τ 充电。待 U_C 降到 U_V（单结晶体管 $\mathrm{VT_1}$ 的谷点电压）值时，$\mathrm{EB_1}$ 断开，C 又重新开始新一轮的充电。如此周而复始，便在电容器 C 两端形成一系列锯齿波电压，在电阻 R 两端形成一系列尖脉冲，其波形如图 2-20 所示。

附 2：测定 RC 充放电曲线及计算时间常数 τ

在没有示波器及电容器较大时，亦可采用以下方法测定 RC 串联电路的充放电曲线。如图 2-21 所示的电路，当接通直流电源时（若电容器事先未充电），电容器两端的电压为 $U_\mathrm{C}=E(1-\mathrm{e}^{-t/\tau})$，电路中的电流为 $i=(E/R)\mathrm{e}^{-t/\tau}$。

图 2-22 是电容 C 对电阻放电的电路，首先将开关 S 闭合，使电容 C 充电至 E V，然后切断开关，于是电容就通过电阻放电。此时，电容两端的电压为 $U_C = Ee^{-t/\tau}$。

电路中的电流为 $i = (E/R)\,e^{-t/\tau}$。

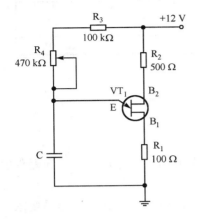

图 2-19 RC 过渡过程应用实例

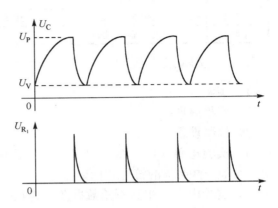

图 2-20 电容 C 及电阻 R_1 两端的波形

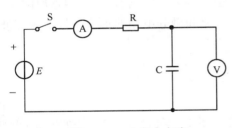

图 2-21 RC 充电电路

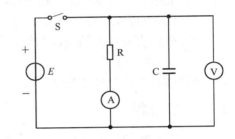

图 2-22 RC 放电电路

显然，无论是充电还是放电，只要记下不同时刻的电压或电流，就可以画出 u-t 和 i-t 曲线。RC 串联电路的时间常数，可由 RC 的数值经 $\tau = RC$ 计算得到，也可在 i-t 曲线上任意选择两点，如图 2-23 所示的 $P(i_1, t_1)$ 和 $Q(i_2, t_2)$，利用关系式

$$\tau = \frac{t_2 - t_1}{\ln \dfrac{i_1}{i_2}}$$

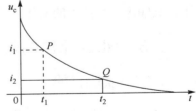

图 2-23 计算时间常数 τ 示意图

算出电路的时间常数。根据 τ 也可计算出电路参数 C 或者 R。

2.5.4 实验注意事项

（1）调节电子仪器各旋钮时，动作不要过快，过猛。实验前，需要熟悉双踪示波器的使用。观测双踪信号时，要特别注意相应开关、旋钮的操作与调节。

（2）信号源的接地端与示波器的接地端要接在一起（称为仪器共地），以防外界干扰而影响测量的准确性。

（3）示波器的辉度不要过亮，尤其是在光点长时间停留在荧光屏上不动时，应将辉度调暗，以延长示波管的使用寿命。

2.5.5　实验仪器与设备

序　　号	设 备 名 称	型号与规格	数　　量	备　　注
1	信号发生器		1	
2	超低频双踪示波器	MDS—620	1	
3	过渡过程实验电路		1	DGJ—03

2.5.6　实验报告要求

（1）实验目的；

（2）实验原理；

（3）仪器设备；

（4）实验电路（电路图必须规范，包括电流和电压参考方向、元器件标号、元器件的数值、其他一些必需的符号和标记等）；

（5）实验内容、实验原始数据及一切相关的计算结果等，原始数据和计算结果要求一律用表格的形式给出；

（6）① 根据实验观测结果，在坐标纸上绘出 RC 一阶电路充放电时 U_C 的变化曲线，由曲线测得时间常数 τ 值，并与参数值的计算结果作比较，分析误差原因；

② 根据实验观测结果，归纳、总结积分电路和微分电路的形成条件，阐明波形变换的特征；

（7）回答 2.5.7 节中的思考题。

2.5.7　思考题

（1）什么样的电信号可作为 RC 一阶电路的零输入响应、零状态响应和完全响应的激励源？

（2）已知 RC 一阶电路 $R=10\,\text{k}\Omega$，$C=0.1\,\mu\text{F}$，试计算时间常数 τ，并根据 τ 值的物理意义，拟定测量 τ 的方案。

（3）何谓积分电路和微分电路，它们必须具备什么条件？它们在方波序列脉冲的激励下，其输出信号波形的变化规律如何？这两种电路有何功能？

2.6　RLC 元件的阻抗特性

2.6.1　实验目的

（1）了解 R,L,C 元件阻抗（电阻、感抗、容抗）与频率的关系，测定它们的频率特性曲线。

（2）加深理解在正弦交流电路中，电压与电流的波形及各元件的电压与电流的相位关系。

2.6.2　实验原理

（1）在正弦交流信号作用下，R,L,C 电路元件在电路中的抗流作用与信号的频率有关，即它们的阻抗是频率的函数，电阻、电感、电容的频率特性 $R \sim f$，$X_L \sim f$，$X_C \sim f$ 曲线如图 2-24 所示。

（2）图 2-25 是测量元件阻抗频率特性的常用电路。

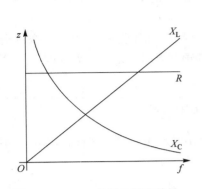

图 2-24 R,L,C 的阻抗频率特性

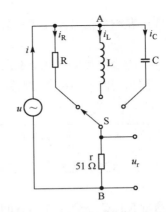

图 2-25 元件阻抗频率特性测量电路

图中的 r 是测量回路电流用的标准小电阻，亦称为采样电阻。由于 r 的阻值远远小于被测元件的阻抗值，因此可以认为 AB 之间的电压就是被测元件 R,L,C 两端的电压。由于流过采样电阻 r 的电流与 u_r 同相位，因此流过被测元件的电流可由 r 两端的电压除以 r 的阻值得到。

若用双踪示波器同时观察 r 与被测元件两端的电压，则会观察到被测元件两端的电压和流过该元件电流的波形，从而可通过示波器测出该元件的电压与电流的幅值及它们之间的相位差。

① 将元件 R,L,C 串联或并联连接，亦可用同样的方法得到串联或并联后的阻抗频率特性 $Z \sim f$。根据电压、电流的相位差，亦可判断此时的阻抗是感性负载，还是容性负载。

② 元件的阻抗角（即相位差 φ）随输入信号的频率变化而变化，亦即频率的函数。若将各个不同频率下的相位差画在以频率 f 为横坐标、阻抗角 φ 为纵坐标的坐标纸上，并用光滑的曲线连接测量点，则可得到阻抗角的频率特性曲线。

用双踪示波器测量阻抗的方法如图 2-26 所示。从荧光屏上数得一个周期占 n 格，相位差占 m 格，则实际的相位差角 φ（阻抗角）为

$$\varphi = m \times \frac{360}{n} \quad (°)$$

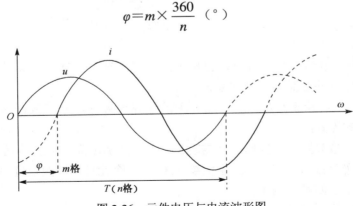

图 2-26 元件电压与电流波形图

2.6.3 实验内容

（1）测量 R,L,C 元件的阻抗频率特性。

通过电缆线将信号发生器输出的正弦信号接至如图 2-25 所示的电路，作为激励源 u，

并用交流毫伏表测量信号发生器的输出，使激励（输出）电压的有效值为 $U=3$ V，并保持不变。

使信号源的输出频率从 200 Hz 逐渐增至 5 kHz（用频率计测量），并使开关 S 分别接通 R,L,C 三个元件，用交流毫伏表测量 U_r，并计算在各频率点时，I_R,I_L 和 I_C（即 U_r/r）及 $R=U/I_R$，$X_L=U/I_L$，$X_C=U/I_C$ 之值。

【注意】在接通 C 测试时，信号源的频率应控制在 200～2500 Hz 之间。

（2）用双踪示波器观察在不同频率下各元件阻抗角的变化情况，按图 2-26 所示记录 n 和 m，并计算 φ。

（3）测量 R,L,C 三个元件串联的阻抗角频率特性。

2.6.4　实验注意事项

（1）交流毫伏表属于高阻抗电表，每次测量前必须调零。

（2）测量 φ 时，示波器的"V/div"和"t/div"的微调旋钮应旋至"校准位置"。

2.6.5　实验仪器与设备

序　号	设 备 名 称	型号与规格	数　量	备　注
1	信号发生器		1	
2	超低频双踪示波器	MDS—620	1	
3	数字式交流毫伏表	D83—3	1	
4	频率计		1	
5	实验电路的元件	$R=1$ kΩ，$r=51$ Ω，$C=1$ μF，$L≈10$ mH	1	DGJ—05

2.6.6　实验报告要求

（1）实验目的；

（2）实验原理；

（3）仪器设备；

（4）实验电路（电路图必须规范，包括电流和电压参考方向、元器件标号、元器件的数值、其他一些必需的符号和标记等）；

（5）实验内容、实验原始数据及一切相关的计算结果等，原始数据和计算结果要求一律用表格的形式给出；

（6）① 根据实验数据，在坐标纸上描绘 R,L,C 三个元件的阻抗频率特性曲线；

　　② 根据实验数据，在坐标纸上描绘 R,L,C 三个元件串联的阻抗角频率特性曲线，并总结、归纳出结论；

（7）回答 2.6.7 节中的思考题。

2.6.7　思考题

当测量 R,L,C 各个元件的阻抗角时，为什么要与它们串联一个小电阻？可否用一个小电感或大电容来代替？为什么？

2.7 交流电路参数的测定——三表法

2.7.1 实验目的

（1）掌握用三表法测量元件的交流等效参数的方法。
（2）掌握单相功率表的使用。

2.7.2 实验原理

（1）交流电路元件的等值参数 R,L,C 可以用交流电桥直接测得，也可以用交流电压表、交流电流表和功率表分别测量出元件两端的电压 U、流过该元件的电流 I 和它消耗的功率 P，然后通过计算得到。后一种方法称为"三表法"。"三表法"是用来测量 50 Hz 频率交流电路参数的基本方法。

如被测元件是一个电感线圈，则由关系

$$|Z| = \frac{U}{I} \quad 和 \quad \cos\varphi = \frac{P}{UI}$$

可得其等值参数为

$$r = |Z|\cos\varphi, \quad L = \frac{X_L}{\omega} = \frac{|Z|\sin\varphi}{\omega}$$

同理，如被测元件是一个电容器，可得其等值参数为

$$r = |Z|\cos\varphi, \quad C = \frac{1}{\omega X_C} = \frac{1}{\omega|Z|\sin\varphi}$$

（2）阻抗性质的判别方法。如果被测的不是一个元件，而是一个无源一端口网络，虽然从 U, I, P 三个量，可得到该网络的等值参数为 $R = |Z|\cos\varphi$，$X = |Z|\sin\varphi$，但不能从 X 的值判断它是等值容抗，还是等值感抗，或者说无法知道阻抗角的正负。为此，可采用以下方法进行判断。

① 在被测无源网络端口（入口处）并联一个适当容量的小电容 C′。

在一端口网络的端口再并联一个小电容 C′ 时，若小电容 $C' < \dfrac{2\sin\varphi}{\omega|Z|}$，视其总电流的增减来判断。若总电流增加，则为容性；若总电流减小，则为感性。图 2-27(a)中，Z 为待测无源网络的阻抗，C' 为并联的小电容。图 2-27(b)是图 2-27(a)的等效电路，图中 G, B 为待测无源网络的阻抗 Z 的电导和电纳，B' 为并联小电容 C′ 的电纳。在端电压有效值不变的条件下，按下面两种情况进行分析：

a. 设 $B + B' = B''$，若 B' 增大，B'' 也增大，则电路中电流 I 单调地增大，故可判断 B 为容性。

b. 设 $B + B' = B''$，若 B' 增大，而 B'' 先减小再增大，则电流 I 也是先减小再增大，如图 2-28 所示，则可判断 B 为感性。

由以上分析可见，当 B 为容性时，对并联小电容的值 C′ 无特殊要求；而当 B 为感性时，

$B' < |2B|$ 才有判定为感性的意义。$B' > |2B|$ 时，电流单调增大，与 B 为容性时相同，但并不能说明电路是感性的。因此，$B' < |2B|$ 是判断电路性质的可靠条件。由此可得判定条件为

$$C' < \left|\frac{2B}{\omega}\right|, \quad \text{即} \ C' < \frac{2\sin\varphi}{\omega|Z|}$$

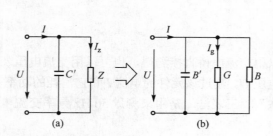

图 2-27　阻抗与导纳变换示意图

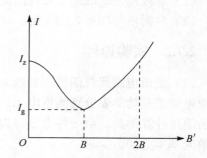

图 2-28　感性负载并联电容后电流变化示意图

② 在被测无源网络的入口串联一个适当容量的电容 C′。

若被测网络的端电压下降，则判为容性电路；反之，若端电压上升，则判为感性电路。

判定条件为 $\frac{1}{\omega C'} < |2X|$，式中 X 为被测网络的电抗，C' 为串联电容的值。

③ 用"三压法"测 φ，进行判断。

在原一端口网络入口处串联一个电阻 r，如图 2-29(a)所示，向量如图 2-29(b)所示，由图可得 r，Z 串联后的阻抗角 φ 为

$$\cos\varphi = \frac{U^2 - U_r^2 - U_z^2}{2U_r U_z}$$

测得 U, U_r, U_z，即可求得 φ。

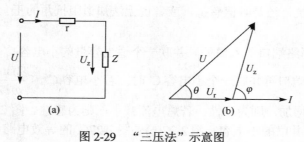

图 2-29　"三压法"示意图

2.7.3　实验内容

测试电路如图 2-30 所示。

（1）按图 2-30 接线，并经指导教师检查后，方可接通交流电源。

（2）分别测量 15 W 白炽灯（用做电阻 R）、30 W 日光灯镇流器（用做电感 L）和 4.7 μF（电容器 C）的等值参数。

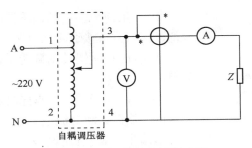

图 2-30　"三表法"测量电路

（3）测量 L,C 串联与并联后的等值参数（将测量数据记入表 2-21 中）。

（4）验证用串联、并联小电容 C′ 的方法判断负载性质的正确性。实验电路如图 2-30 所示，但不需要接功率表，并按表 2-22 的内容进行测量和记录。

表 2-21　"三表法"测量数据记录表

被 测 阻 抗	测 量 值				计 算 值		电路等值参数		
	U /V	I /A	P /W	$\cos\varphi$	Z /Ω	$\cos\varphi$	R /Ω	L /mH	C /μF
15 W 白炽灯	100								
电感线圈 L	100								
电容器 C	100								
L 与 C 串联	100								
L 与 C 并联	100								

表 2-22　"串联电容法"和"并联电容法"数据记录表

被 测 元 件	串 4.7 μF 电容		并 4.7 μF 电容	
	串前端电压　/V	串后端电压　/V	并前电流　/A	并后电流　/A
R（三个 15 W 白炽灯）	100			
C（4.7 μF）	100			
L（日光灯镇流器）	100			

2.7.4　实验注意事项

（1）本实验直接用 220 V 交流电源供电。实验中要特别注意用电安全！不要触电！在拆除电路时，一定要先断开交流电源再拆线！

（2）图 2-31 为单相自耦调压器的接线图。单相自耦调压器只有一个绕组，它的一部分用做输入（即接入交流电源），而它的全部用做输出（输出 0～250 V 可调的交流电压），单相自耦调压器通常有 4～5 个接线端子。其中，标有 1,2 字样的两个红色端子是输入端，接入 220 V 相电压。通常 1 端接交流电源的火线，2 端接交流电源的零线。标有 3,4 字样的两个黑色端子是输出端，连接负载或被测电路。

【注意】单相自耦调压器的输入端和输出端绝对不允许反接，否则，自耦调压器将会损坏！

必须严格按以下操作规程使用自耦调压器：

① 按接线图接好后，检查自耦调压器接线是否正确；

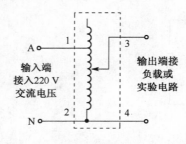

图 2-31　单相自耦调压器示意图

② 使用前应将自耦调压器的旋转手柄逆时针旋转至零位，然后方可接通交流电源；

③ 顺时针缓慢转动旋转手柄至某一所需电压后即可使用；

④ 使用完毕后，应首先将旋转手柄再次逆时针旋转至零位，然后切断交流电源。

实验中，每次改变实验线路及实验完毕，都必须按上述操作规程操作自耦调压器。

（3）该实验使用的功率表为智能交流功率表，其电压接线端应与负载并联，电流接线端应与负载串联。

2.7.5　实验仪器与设备

序　号	设备名称	型号与规格	数　量	备　注
1	交流电压表	0～300 V	1	
2	交流电流表	0～3 A	1	
3	智能交流功率表		1	DGJ—07—2
4	三相自耦调压器		1	
5	镇流器（电感线圈）	30 W 日光灯用镇流器	1	DGJ—04
6	电容器	1 μF、4.7 μF/500 V	1	DGJ—05
7	白炽灯	15 W/220 V	1	DGJ—04

2.7.6　实验报告要求

（1）实验目的；

（2）实验原理；

（3）仪器设备；

（4）实验电路（电路图必须规范，包括电流和电压参考方向、元器件标号、元器件的数值、其他一些必需的符号和标记等）；

（5）实验内容、实验原始数据及一切相关的计算结果等。原始数据和计算结果要求一律用表格的形式给出；

（6）根据实验数据，完成各项计算；

（7）回答 2.7.7 节中的思考题。

2.7.7　思考题

（1）在 50 Hz 的交流电路中，测得一个铁心线圈的 P，I 和 U，如何算出它的阻值及电感量？

（2）如何用串联电容的方法来判别阻抗的性质？试用电流 I 随 X'_C（串联容抗）的变化进行定性分析，证明当串联电容 C' 时，C' 应满足 $\dfrac{1}{\omega C'} < |2X|$。

（3）用并联小电容 C' 的方法来判定电路阻抗性质的根据是什么？

证明：$C' < \dfrac{2\sin\varphi}{\omega|Z|}$。

2.8 RC 选频网络特性测试

2.8.1 实验目的

（1）熟悉文氏电桥电路的结构特点及其应用。
（2）测定文氏电桥电路的幅频特性和相频特性。

2.8.2 实验原理

文氏电桥电路是一个 RC 串并联电路，通常取 $R_1 = R_2 = R$，$C_1 = C_2 = C$。该电路结构简单，被广泛地用于低频震荡电路中作为选频环节，可以获得很高纯度的正弦电压。电路如图 2-32 所示。

（1）用信号发生器输出一个正弦信号作为图 2-32 的激励信号 u_i，并在保持 u_i 值不变的情况下，改变输入信号的频率 f，用交流毫伏表或者示波器测出输出端对应于各个频率的输出电压 u_o，将这些数据画在以频率 f 为横轴，u_o 为纵轴的坐标纸上，用光滑曲线连接这些点，该曲线就是上述电路的幅频特性曲线。文

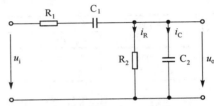

图 2-32 文氏电桥电路测量电路

氏桥路的一个特点是其输出电压幅度不仅会随输入信号的频率而变，而且还会出现一个与输入电压同相位的最大值，如图 2-33 所示。由电路分析得知，该网络的传递函数为

$$\beta = \frac{1}{3 + j(\omega RC - 1/\omega RC)}$$

当角频率 $\omega = \omega_0 = \dfrac{1}{RC}$ 时，$|\beta| = \dfrac{u_o}{u_i} = \dfrac{1}{3}$，输出电压的幅值最大，即输出电压是输入电压的 1/3，此时 u_o 与 u_i 同相。图 2-33 为文氏电桥电路的幅频特性，由图可见 RC 串并联电路具有带通特性。

（2）将上述电路的输入和输出分别接到双踪示波器的两个输入端，改变输入正弦信号的频率，观测相应的输入和输出波形间的时延 τ 及信号的周期 T，则两波形间的相位差为

$$\varphi = \frac{\tau}{T} \times 360° = \varphi_0 - \varphi_i \quad （输入相位与输出相位之差）。$$

将各个不同频率下的相位差 φ 画在以 f 为横轴，φ 为纵轴的坐标纸上，用光滑的曲线将这些点连接起来，即为被测电路的相频特性曲线，如图 2-34 所示。由电路分析理论得知，当 $\omega = \omega_0 = \dfrac{1}{RC}$，即 $f = f_0 = \dfrac{1}{2\pi RC}$ 时，$\varphi = 0$，即 u_o 与 u_i 同相位。

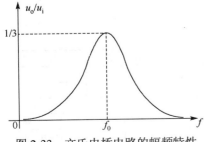

图 2-33 文氏电桥电路的幅频特性

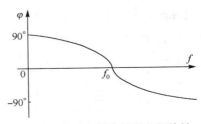

图 2-34 文氏电桥电路的相频特性

2.8.3 实验内容

1. 测量 RC 串并联电路的幅频特性

① 利用 DGJ—03 挂箱上的"RC 串并联选频网络"线路，组成图 2-32 所示的实验电路。取 $R=1\,k\Omega$，$C=0.1\,\mu F$。

② 调节信号源输出电压为 3 V 的正弦信号，接入图 2-32 电路的输入端。

③ 改变信号源的频率 f（由频率计读得），并保持 $u_i=3$ V 不变，测量输出电压 u_o（可先测量 $\beta=1/3$ 时的频率 f_0，然后再在 f_0 左右设置其他频率点进行测量）。

④ 取 $R=200\,\Omega$，$C=2.2\,\mu F$，重复上述测量，并将测量数据记入表 2-23。

表 2-23　RC 串并联电路幅频特性数据记录表

$R=1\,k\Omega$ $C=0.1\,\mu F$	F /Hz	
	U_0 /V	
$R=200\,\Omega$ $C=2.2\,\mu F$	F /Hz	
	U_0 /V	

2. 测量 RC 串并联电路的相频特性

① 将图 2-32 线路的输入 u_i 和 u_0 分别接至双踪示波器的 Y_A 和 Y_B 两个输入端，改变输入正弦信号的频率，观测不同频率点时，相应的输入与输出波形间的时延 τ 及信号的周期 T，两波形间的相位差为 $\varphi=\dfrac{\tau}{T}\times360°=\varphi_o-\varphi_i$，并将数据记入表 2-24 中。

② 取 $R=200\,\Omega$，$C=2.2\,\mu F$，重复上述测量，并将测量数据记入表 2-24 中。

表 2-24　RC 串并联电路相频特性数据记录表

$R=1\,k\Omega$ $C=0.1\,\mu F$	f /Hz	
	T /ms	
	τ /ms	
	φ	
$R=200\,\Omega$ $C=2.2\,\mu F$	F /Hz	
	T /ms	
	τ /ms	
	φ	

2.8.4 实验注意事项

由于信号源内阻的影响，输出幅度会随信号频率变化。因此，在调节输出频率时，应同时调节输出幅度。

2.8.5 实验仪器与设备

序　号	设备名称	型号与规格	数　量	备　注
1	信号发生器		1	
2	频率计		1	
3	超低频双踪示波器	MDS—620	1	
4	数字式交流毫伏表	D83—3	1	DGJ—07
5	RC 选频网络实验板		1	DGJ—03

2.8.6 实验报告要求

（1）实验目的；

（2）实验原理；

（3）仪器设备；

（4）实验电路（电路图必须规范，包括电流和电压参考方向、元器件标号、元器件的数值、其他一些必需的符号和标记等）；

（5）实验内容、实验原始数据及一切相关的计算结果等。原始数据和计算结果要求一律用表格的形式给出；

（6）① 根据实验数据，绘制文氏电桥电路的幅频特性和相频特性曲线，找出 f_0，并于理论计算值比较；

   ② 讨论实验结果；

（7）回答 2.8.7 节中的思考题。

2.8.7 思考题

（1）根据电路参数，分别估算文氏电桥电路两组参数时的固有频率 f_0。

（2）推导 RC 串并联电路的幅频、相频特性的数学表达式。

2.9 RLC 串联电路的谐振

2.9.1 实验目的

（1）学习测定 RLC 串联电路的频率特性曲线。

（2）加深对串联谐振电路特性的理解。

2.9.2 实验原理

（1）RLC 串联电路的阻抗是电源频率的函数，在图 2-35 所示的 RLC 串联电路中，当正弦交流信号源的频率 f 改变时，电路中的感抗、容抗随之而变，电路中的电流也随 f 而变。取电阻 R 两端的电压 U_o 作为响应，当输入电压 U_i 的幅值维持不变时，在不同频率的信号激励下，测出 U_o 之值。然后以 f 为横坐标，以 U_o/U_i 为纵坐标（因为 U_i 不变，故也可直接以 U_o 为纵坐标），绘出光滑的曲线，即为幅频特性曲线，亦称为谐振曲线，如图 2-36 所示。

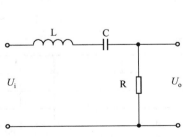

图 2-35　RLC 串联电路示意图

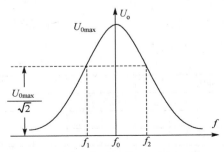

图 2-36　RLC 串联电路谐振曲线

（2）在 $f=f_0=\dfrac{1}{2\pi\sqrt{LC}}$ 处，即幅频特性曲线尖峰所在的频率点称为谐振频率。此时 $X_L=X_C$，电路呈纯阻性，电路阻抗的模最小，$X_L=X_C$ 是 R，L，C 串联电路发生谐振的条件。在输入电压 U_i 为定值时，电路中的电流达到最大值，且与输入电压 U_i 同相位。从理论上讲，此时 $U_i=U_R=U_0$，$U_L=U_C=QU_i$，亦即电感电压等于电容电压，并且是电源电压的 Q 倍；式中的 Q 称为电路的品质因数。

（3）电路品质因数 Q 值的测量方法。

一是根据公式 $Q=U_L/U_i=U_C/U_i$ 测定，U_C 与 U_L 分别为谐振时电容器 C 和电感线圈 L 上的电压；另一个方法是通过测量谐振曲线的通频带宽度 $\Delta f=f_2-f_1$，再根据 $Q=f_0/(f_2-f_1)$ 求出 Q 值。式中，f_0 为谐振频率，f_2 和 f_1 是失谐时，也就是输出电压的幅度下降到最大值的 $1/\sqrt{2}$ 时的上、下频率点。Q 值越大，曲线越尖锐，通频带越窄，电路的选择性越好。在恒压源供电时，电路的品质因数、选择性与通频带只决定于电路本身的参数，而与信号源无关。

2.9.3　实验内容

（1）按图 2-37 组成测量电路。先选用 $R=200\ \Omega$，$C=0.01\ \mu F$，$L=30\ mH$。

用交流毫伏表测电压，调节信号源的输出电压 $U_i=(4\ V)_{P-P}$（注：$(4\ V)_{P-P}$ 是指信号源输出峰-峰值为 4 V 的正弦信号），并保持不变。

（2）找出电路的谐振频率 f_0。用毫伏表测量电阻 R 两端的电压，令信号源的频率由小逐渐变大（注意：要维持信号源的输出幅度不变），当电阻两端电压 U_0 最大时，对应于频率计上的频率值即为电路的谐振频率 f_0，此时测量 U_C 与 U_L 之值（注意：及时更换毫伏表的量程）。

（3）在谐振点两侧，按频率递增或递减 500 Hz 或 1 kHz，依次各取 6～8 个测量点，逐点测量出 U_0，U_L，U_C 之值，记录于表 2-25 中。

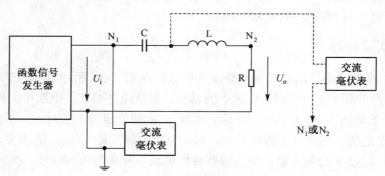

图 2-37　RLC 串联谐振实验电路

表 2-25　实验内容 3 数据记录表

F /kHz										
U_0 /V										
U_L /V										
U_C /V										
$U_i=(4\ V)_{P-P}$, $C=0.01\ \mu F$, $R=200\ \Omega$, $f_0=$　　　$f_2-f_1=$　　　$Q=$										

（4）取 $R=1\ k\Omega$，重复上述步骤 2，3 的测量过程，测量数据记入表 2-26 中。

表 2-26　实验内容 4 数据记录表

F /kHz													
U_o /V													
U_L /V													
U_C /V													
$U_i=(4\ V)_{P-P}$, $C=0.01\ \mu F$, $R=1\ k\Omega$, $f_0=$　　$f_2-f_1=$　　$Q=$													

（5）取 $C=0.1\ \mu F$，$L=30\ mH$，$R=200\ \Omega$和 $1\ k\Omega$，重复上述步骤 2，3，4 的实验过程。测量数据分别记入表 2-27 中。

表 2-27　实验内容 5 数据记录表

F /kHz													
U_o /V													
U_L /V													
U_C /V													
$U_i=(4\ V)_{P-P}$, $C=0.1\ \mu F$, $R=200\ \Omega$, $f_0=$　　$f_2-f_1=$　　$Q=$													
F /kHz													
U_o /V													
U_L /V													
U_C /V													
$U_i=(4\ V)_{P-P}$, $C=0.1\ \mu F$, $R=1\ k\Omega$, $f_0=$　　$f_2-f_1=$　　$Q=$													

2.9.4　实验注意事项

（1）应在谐振频率附近多选择几个频率测试点。在变换测试频率时，应调整信号源的输出幅度不变使其维持在$(4\ V)_{P-P}$。

（2）在测量电容电压 U_C 和电感电压 U_L 之前，应将毫伏表的量程加大。而且在测量 U_L 和 U_C 时，毫伏表的正极（即"＋"极）应接在 C 与 L 之间的公共点上，其接地端应分别触及 L 和 C 的近地点 N_2 和 N_1。

（3）实验中，信号源的外壳应与毫伏表的外壳绝缘（不共地），如果能用浮地式交流毫伏表测量，则效果更佳。

2.9.5　实验仪器与设备

序　号	设　备　名　称	型号与规格	数　量	备　注
1	信号发生器		1	
2	数字式交流毫伏表	D83—3	1	
3	频率计		1	
4	谐振电路实验电路板	$R=200\ \Omega$, $1\ k\Omega$; $C=0.01\ \mu F$, $0.1\ \mu F$; $L=30\ mH$		DGJ—03

2.9.6　实验报告要求

（1）实验目的；

（2）实验原理；

（3）仪器设备；

（4）实验电路（电路图必须规范，包括电流和电压参考方向、元器件标号、元器件的数值、其他一些必需的符号和标记等）；

（5）实验内容、实验原始数据及一切相关的计算结果等。原始数据和计算结果要求一律用表格的形式给出；

（6）① 根据实验数据，绘制出不同 Q 值时的三条幅频特性曲线，即

$$U_0＝f(f),\ U_L＝f(f),\ U_C＝f(f)$$

② 计算出通频带与 Q 值，说明不同 R 值时对电路通频带与品质因数的影响；

③ 对两种不同的测 Q 值得方法进行比较，分析误差原因；

④ 总结、归纳串联谐振电路的特性；

（7）回答 2.9.7 节中的思考题。

2.9.7　思考题

（1）根据实验线路板给出的元件参数，估算电路的谐振频率。

（2）改变电路的哪些参数可以使电路发生谐振，电路中 R 的数值是否影响谐振频率？

（3）如何判别电路发生谐振？测试谐振点的方案有哪些？

（4）电路发生串联谐振时，为什么输入电压不能太大？如果信号源给出 3 V 的电压，则当电路谐振时，用交流毫伏表测电感电压 U_L 和电容电压 U_C，应该用多大的量程进行测量？

（5）要提高 RLC 串联电路的品质因数，电路参数应如何改变？

（6）本实验在谐振时，对应的 U_L 与 U_C 是否相等？如有差异，原因何在？

（7）谐振时，电阻 R 两端的电压，往往与电源电压不相等？为什么？

2.10　互感电路观测

2.10.1　实验目的

（1）学习测定两个耦合线圈的同铭端、互感系数及耦合系数。

（2）观察互感现象，理解两个线圈相对位置的改变，以及不同介质对互感的影响。

2.10.2　实验原理

互感的大小与两个线圈的相对位置，几何尺寸、线圈的匝数及周围的媒质有关。

（1）判断互感线圈同铭端的方法。

① 直流通断法。

如图 2-38 所示，当开关 S 闭合瞬间，若毫安表的指针正偏，则可断定 1,3 为同铭端；若指针反偏，则 1,4 为同铭端。

② 交流法。

如图 2-39 所示。将两个绕组 N_1 和 N_2 的任意两端（如 2,4 端）连接在一起，在其中的一个绕组（如 N_1）两端加一个低电压，另一个绕组（如 N_2）开路，用交流电压表分别测出端电压 U_{13}, U_{12} 和 U_{34}。若 $U_{13} = |U_{12} - U_{34}|$，则 1,3 是同铭端；若 $U_{13} = U_{12} + U_{34}$，则 1,4 是同铭端。

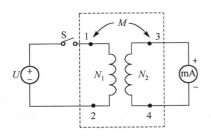 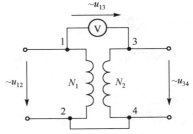

图 2-38　直流通断法判断同铭端示意图　　　　图 2-39　交流法判断同铭端示意图

（2）两线圈互感系数 M 的测定（互感电势法）。

线路如图 2-40 所示。在绕组 N_1 上施加一个较低的交流电压 U_1，通过交流电流表和交流电压表分别测出此时的 I_1 和 U_2，根据互感电势 $E_{2M} \approx U_{20} = \omega M I_1$，可得出互感系数为 $M = M_{21} = U_2/(\omega I_1)$。同理，有 $M = M_{12} = U_1/(\omega I_2)$。

（3）耦合系数 k 的测定。

两个互感线圈耦合松紧的程度，可用耦合系数 k 来表示，即 $k = M/\sqrt{L_1 L_2}$，线路可参考图 2-40。首先在 N_1 侧加一个较低的交流电压 U_1，测出 N_2 侧开路时的电流 I_1，然后再在 N_2 侧加一交流电压 U_2，测出 N_1 侧开路时的电流 I_2，最后求出各自的自感系数 L_1 和 L_2，即可算出 k 值。

（4）采用"等效电感法"测定互感系数 M，以及判断两绕组同铭端具有互感为 M，电感为 L_1 和 L_2 的两个线圈 N_1 和 N_2。当其为正向串联时，如图 2-41(a)所示。

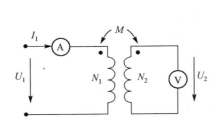 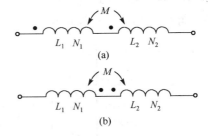

图 2-40　互感电势法测定互感系数 M 示意图　　　图 2-41　两线圈正向串联和反向串联示意图

它的等值电感 $L' = L_1 + L_2 + 2M$。

当其反向串联时，如图 2-41(b)所示，它的等值电感为

$$L'' = L_1 + L_2 - 2M$$

由正反连接的等值电感，可求得互感为

$$M = (L' - L'')/4$$

依据上述原理，可以采用"三表法"，分两次进行测量。分别测量电压、电流和功率，进而分别求出 L'（或 L''）和 L''（或 L'）。测量电路可参考图 2-30 中的线路，将其中被测阻抗 Z 换接为两个线圈的串联（注意：将两个线圈随意串联在一起，进行第一次测量，然后改变两线圈的连接方式，再进行第二次测量，测量电压保持不变）。经过前后两次测量，根据测量的电流或功率，也可以依据计算得到的等效电感值 L' 和 L''，即可判断出两线圈的同铭端。

2.10.3　实验内容

（1）分别用直流法（直流通断法）和交流法测定互感线圈的同铭端。

① 直流法（直流通断法）。

实验电路如图 2-42 所示。先将 n_1 和 n_2 两线圈的四个接线端子编为 1,2 号和 3,4 号。将 n_1,n_2 两线圈同心地套在一起，并放入细铁棒。U 为可调直流稳压电源，使其输出 10 V 直流电压。流经 n_1 线圈的电流不得超过 0.4 A。n_2 线圈侧直接接入 2 mA 量程的毫安表。将铁棒迅速地拔出和插入线圈，通过观察毫安表读数正负的变化来判定 n_1 和 n_2 两个线圈的同铭端。

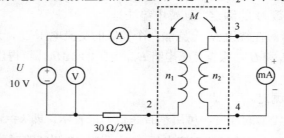

图 2-42　直流通断法判断同铭端实验电路

② 交流法。

在该方法中，由于加在 n_1 上的电压仅 2 V 左右，直接用屏内调压器很难调节，因此采用图 2-43 所示的电路来扩展调压器的调节范围。图中 W,N 为主屏上的自耦调压器的输出端，B 为 DGJ—04 挂箱中的升压铁心变压器，此处作降压用。将 n_2 放入 n_1 中，并在两线圈中插入铁棒。此处使用 2.5 A 以上量程的电流表。n_2 侧开路。

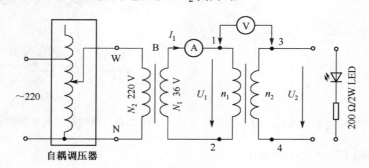

图 2-43　交流法判断同铭端及测定互感系数 M 实验电路

a．连接图中的 2,4 端。接通电源前，应首先检查自耦调压器是否调至零位，确认后方可接通交流电源，使自耦调压器输出一个很低的电压（约 12 V），流过电流表的电流小于 1.4 A，然后用 0～30 V 量程的交流电压表测量 U_{13},U_{12},U_{34}，判定同铭端。

b. 拆去 2,4 连线，并将 2,3 相接，重复上述步骤，重新判定同铭端。该项实验内容完成后，拆除 2,3 连线。

（2）采用"互感电势法"测定两线圈互感系数 M。

① 电路如图 2-43 所示，将低压交流电加在 n_1 侧，n_2 侧开路，测量 U_1,I_1,U_2，计算此时的互感系数 M（即 M_{21}）。

② 将低压交流电加在 n_2 侧，n_1 侧开路，使流过 n_2 侧电流小于 1 A，测量 U_2,I_2,U_1。计算出此时的互感系数 M（即 M_{12}）。

③ 用数字万用表的电阻挡 200 Ω量程分别测出 n_1 和 n_2 线圈的直流电阻值 R_1 和 R_2，计算出耦合系数 k。

（3）观察互感现象

在图 2-43 的 n_2 侧接入 LED 发光二极管与 200 Ω电阻串联的支路。

① 将铁棒慢慢地插入和拔出两线圈，观察 LED 亮度的变化及各电表读数的变化，记录现象。

② 将两线圈改为并排放置，并改变其间距，分别或同时插入铁棒，观察 LED 亮度的变化及仪表读数。

③ 改用铝棒替代铁棒，重复（3）中的①、（3）中的②的实验内容，观察 LED 的亮度变化，记录现象。

2.10.4 实验注意事项

（1）整个实验过程中，注意流过线圈 n_1 的电流不得超过 1.4 A，流过线圈 n_2 的电流不得超过 1 A。

（2）在测定同铭端及其他测量数据的实验中，都应将小线圈 n_2 套在大线圈 n_1 中，并插入铁心。

（3）在做交流实验前，首先要检查自耦调压器，要保证调压器手柄置于零位。因实验时加在 n_1 上的电压只有 2～3 V 左右，因此调节时要特别仔细、小心，要随时观察电流表的读数，不得超过规定值。

2.10.5 实验仪器与设备

序　号	设 备 名 称	型号与规格	数　量	备　注
1	数字式直流电压表	0～20 V	1	
2	数字式直流电流表	0～200 mA	1	
3	交流电压表	0～300 V	1	
4	交流电流表	0～3 A	1	
5	空心互感线圈	N_1, N_2	1	DGJ—04
6	单相自耦调压器		1	
7	可调直流稳压电源	0～10 V	1	
8	电阻器	30 Ω/2 W，510 Ω/2 W		DGJ—05
9	发光二极管	红色或绿色	1	DGJ—05
10	粗铁棒、细铁棒、铝棒		各 1	DGJ—04
11	变压器	36 V/220 V	1	DGJ—04

2.10.6　实验报告要求

（1）实验目的；

（2）实验原理；

（3）仪器设备；

（4）实验电路（电路图必须规范，包括电流和电压参考方向、元器件标号、元器件的数值、其他一些必需的符号和标记等）；

（5）实验内容、实验原始数据及一切相关的计算结果等。原始数据和计算结果要求一律用表格的形式给出；

（6）① 总结对互感线圈同铭端、互感系数 M 的实验测试方法；

　　② 自拟测试数据的记录表格，并完成计算任务；

　　③ 解释实验中观察到的互感现象；

（7）回答 2.10.7 节中的思考题。

2.10.7　思考题

（1）用直流法判定同铭端时，能否及如何根据 S 断开瞬间毫安表指针的正负偏转来判定同铭端？

（2）该实验用直流法判定同铭端是用插入和拔出铁心时观察毫安表的正负读数变化来确定的（应如何确定？），这与实验原理中所叙述的方法是否一致？

2.11　三相交流电路电压、电流的测量

2.11.1　实验目的

（1）熟悉三相负载的三角形连接和星形连接。

（2）检验对称三相负载进行星形连接、三角形连接时，负载线电压与相电压、线电流与相电流之间的关系。

（3）理解三相四线制供电系统中中线的作用。

2.11.2　实验原理

（1）三相负载的连接方式分星形连接（又称为"Y"连接）或三角形连接（又称为"△"连接）。当三相负载进行星形连接时，线电压 U_L 是相电压 U_P 的 $\sqrt{3}$ 倍，线电流 I_L 等于相电流 I_P，即

$$U_L = \sqrt{3}\,U_P, \quad I_L = I_P$$

在这种情况下，流过中线的电流 $I_0 = 0$，因此可以省去中线。

当对称负载进行三角形连接时，有

$$I_L = \sqrt{3}\,I_P, \quad U_L = U_P$$

（2）不对称三相负载进行星形连接时，必须采用三相四线制接法，即 Y_0 接法。其中，中线有其重要的作用，保证三相不对称负载的每相电压维持对称不变。倘若中线断开，会导致三相负载电压的不对称，致使负载轻的那一相的相电压过高，负载遭受损坏，而负载重的一相相电压又过低，负载不能正常工作。对于三相照明负载，要无条件的一律采用 Y_0 接法。

（3）当不对称负载进行三角形连接时，$I_L \neq \sqrt{3} I_P$，但只要电源的线电压 U_L 对称，加在三相负载上的电压仍然是对称的，对各相负载工作没有影响。

2.11.3 实验内容

1. 负载星形连接（三相四线制供电）

实验电路如图 2-44 所示。三相负载（三组灯泡）经三相自耦调压器接通三相对称电源，将三相调压器的旋柄置于输出为 0 V 的位置（即逆时针旋到底）。经指导教师检查后，方可开启实验台电源，然后调节调压器的输出，使输出的三相线电压为 220 V，并按下述内容完成各项实验，分别测量三相负载的线电压、相电压、相电流、中线电流、电源与负载中点间的电压。将测量数据记入表 2-28 中。并观察各相灯泡的亮暗变化程度，特别要注意观察中线的作用。

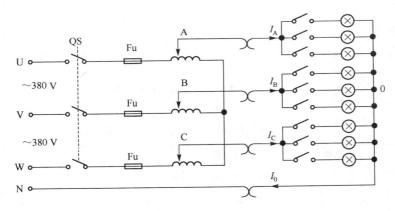

图 2-44　三相负载"Y"连接时的实验电路

表 2-28　三相负载"Y"连接实验数据记录表

测量内容 负载情况	开灯盏数			线电流 /A			线电压 /V			相电压 /V			中线电流 I_0 /A	中点电压 U_{N0} /V
	A 相	B 相	C 相	I_A	I_B	I_C	U_{AB}	U_{BC}	U_{CA}	U_{A0}	U_{B0}	U_{C0}		
Y_0 接平衡负载	3	3	3											
Y 接平衡负载	3	3	3											
Y_0 接不平衡负载	1	2	3											
Y 接不平衡负载	1	2	3											
Y_0 接 B 相断开	1		3											
Y 接 B 相断开	1		3											
Y 接 B 相短路	1		3											

2．相序测定

测定相序有时是必需的。例如，将一台三相异步电动机接在三相电源上，要求电机转子按顺时针方向转动，这便需要事先测定相序。

实验方法如下：

将图 2-44 中的任意一相负载换成电容器（$C＝2\ \mu F$），断开中线，观察电路中的现象。

① 进行相序测量时，接有电容的一相为 A 相，灯泡亮的一相为 B 相。

② 将电源的三根导线中的任意两根互换，观察电路中灯泡的亮度如何变化。

3．负载三角形连接（三相三线制供电）

按图 2-45 连接实验电路。经指导教师检查后接通三相电源，并调节三相自耦调压器，使其输出线电压为 220 V，并按表 2-29 中的内容进行测量。

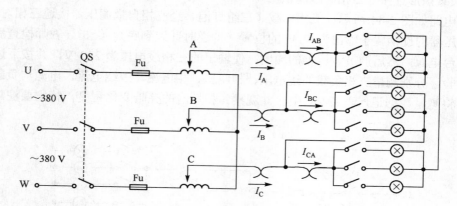

图 2-45　三相负载"△"连接时的实验电路

表 2-29　三相负载"△"连接实验数据记录表

测量数据 负载情况	开灯盏数			线电压 /V			线电流 /A			相电流 /A		
	AB 相	BC 相	CA 相	U_{AB}	U_{BC}	U_{CA}	I_A	I_B	I_C	I_{AB}	I_{BC}	I_{CA}
平衡	3	3	3									
不平衡	1	2	3									

2.11.4　实验注意事项

（1）本次实验采用三相交流电压，线电压为 380 V，应穿绝缘鞋进入实验室。实验时要注意人身安全，不可触及导电部件，防止意外事故发生。

（2）每次接线完毕，同组同学应自查一遍，然后由指导教师检查后，方可接通电源，必须严格遵守先断电、再接线、后通电，先断电、后拆线的实验操作原则。

（3）星形负载进行短路实验时，必须首先断开中线，以免发生短路事故！

（4）为避免烧坏灯泡，DGJ—04 实验挂箱内设有过压保护装置，当任一相电压大于 245～250 V 时，既有声光报警并跳闸。因此，在进行 Y 形连接、负载不平衡或缺相实验时，所加电压应以最高相电压小于 240 V 为宜。

2.11.5 实验仪器与设备

序 号	设 备 名 称	型 号 与 规 格	数 量	备 注
1	交流电压表	0～450 V	1	
2	交流电流表	0～5 A	1	
3	数字式万用表	UT58A	1	
4	三相负载（三组灯泡）	220 V/15 W 白炽灯	9	DGJ—04
5	三相自耦调压器		1	
6	电门插座	220 V/15 W	3	DGJ—04

2.11.6 实验报告要求

（1）实验目的；

（2）实验原理；

（3）仪器设备；

（4）实验电路（电路图必须规范，包括电流和电压参考方向、元器件标号、元器件的数值、其他一些必需的符号和标记等）；

（5）实验内容、实验原始数据及一切相关的计算结果等。原始数据和计算结果要求一律用表格的形式给出；

（6）① 用实验测得的数据验证对称三相电路中的 $\sqrt{3}$ 关系；

② 用实验数据和观察到的现象，总结三相四线制供电系统中中线的作用；

③ 不对称三角形连接的负载，能否正常工作？实验是否能证明这一点？

④ 根据不对称负载三角形连接时的相电流值作向量图，并求出线电流值，然后与实验测得的线电流作比较，分析之；

（7）回答 2.11.7 节中的思考题。

2.11.7 思考题

（1）三相负载根据什么条件进行星形或三角形连接？

（2）试分析三相星形连接不对称负载在无中线情况下，当某负载开路或短路时会出现什么情况？如果接上中线，情况又如何？

（3）本次实验中为什么要通过三相调压器将 380 V 的线电压降为 220 V 的线电压使用？

2.12 三相电路功率的测量

2.12.1 实验目的

（1）掌握测量三相功率的一瓦特表法和二瓦特表法。

（2）进一步掌握功率表的接线和使用方法。

2.12.2 实验原理

（1）对于三相四线制供电的三相星形连接的负载（即 Y_0 接法），可用一个功率表测量各相的有功功率 P_U，P_V，P_W，则三相负载的总有功功率 $\sum P = P_U + P_V + P_W$。这就是一瓦特表法，如图 2-46 所示。若三相负载是对称的，则只要测量一相的功率，再乘以 3 即可得到三相总的有功功率。

（2）三相三线制供电系统中，不论三相负载是否对称，也不论负载是星形接法还是三角形接法，都可以用二瓦特表法测量三相负载的总有功功率。测量线路如图 2-47 所示。若负载为感性或容性，且当相位差 $\phi > 60°$ 时，线路中的一只功率表的指针将反偏（数字式功率表将出现负读数），这时应将功率表电流线圈的两个接线端子调换（不可调换电压线圈接线端子），其读数记为负值。而三相总的有功功率 $\sum P = P_1 + P_2$（此处是代数和）。

在图 2-47 中，功率表 W_1 的电流线圈串联接入 U 线，通过线电流 I_A，加在功率表 W_1 电压线圈的电压为 U_{UW}；功率表 W_2 的电流线圈串联接入 V 线，通过线电流 I_V，加在功率表 W_2 电压线圈的电压为 U_{VW}；在这样的连接方式下，我们来证明两个功率表的读数之代数和就是三相负载的总有功功率。

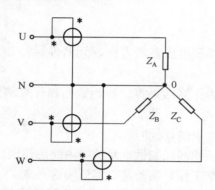

图 2-46　一瓦特表法测量三相功率示意图　　图 2-47　二瓦特表法测量三相功率示意图

在三相电路中，若三相负载是星形连接，则各相负载的相电压在此用 U_U, U_V, U_W 表示。若三相负载是三角形连接，可用一个等效的星形连接的负载来代替，则 U_U, U_V, U_W 表示代替以后三相电路的负载的相电压。

因为
$$U_{UW} = U_U - U_W, \quad U_{VW} = U_V - U_W$$

所以
$$I_U U_{UW} + I_V U_{VW} = I_U (U_U - U_W) + I_V (U_V - U_W)$$
$$= I_U U_U + I_V U_V - (I_U + I_V) U_W$$

由于在这里讨论的是三相三线制电路，故有
$$I_U + I_V + I_W = 0, \qquad I_W = -(I_U + I_V)$$

代入上式得
$$I_U U_{UW} + I_V U_{VW} = I_U U_U + I_V U_V + I_W U_W = P_U + P_V + P_W$$

其中，P_U, P_V, P_W 分别是 U, V, W 各相的功率，则三相功率 $\sum P = P_U + P_V + P_W$。

由此可知，采用两瓦特表按图 2-47 所示的接线方式可以测量三相功率 P，即
$$\sum P = P_1 + P_2$$

在上述证明过程中，并没有三相电源和三相负载对称的条件，因此，这种测量三相功率的二瓦特表法，不论三相电路是否对称，都是适用的。但必须注意，在上述证明过程中，应用了 $I_U + I_V + I_W = 0$ 的条件，三相三线制是符合这个条件的，而三相四线制不对称电路不

符合这个条件，所以，这种测量三相功率的二瓦特表法只适用于三相三线制，而不适用于三相四线制不对称电路。

二瓦特表法的接线规则如下：

① 两个功率表的电流线圈分别任意串联接入两线，使通过电流线圈的电流为三相电路的线电流，且电流线圈的同铭端必须接到电源侧。

② 两个功率表电压线圈的同铭端必须接到该功率表电流线圈所在的线，而两个功率表电压线圈的非同铭端同时接到没有接功率表电流线圈的第三线上。

③ 用二瓦特表测量三相功率时，电路的功率等于两个功率表读数的代数和，即必须把每个功率表读数相应的符号考虑在内，这一点要特别注意。

除图 2-47 的 I_U, U_{UW} 和 I_V, U_{VW} 接法外，还有 I_V, U_{UV} 和 I_W, U_{UW}，以及 I_U, U_{UV} 和 I_W, U_{VW} 两种接线方式。

（3）对于三相三线制供电的三相负载，可用一瓦特表法测量三相负载的总无功功率 Q，测量原理线路如图 2-48 所示。

图2-48 所示功率表读数的 $\sqrt{3}$ 倍，即为对称三相电路总的无功功率。除了此图给出的一种连接方式（I_U, U_{VW}）外，还有另外两种连接法，即接成（I_V, U_{UW}）和（I_W, U_{UV}）。

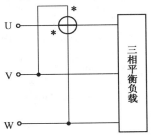

图 2-48 一瓦特表法测量三相无功功率示意图

2.12.3 实验内容

（1）用一瓦特表法测定三相对称 Y_0 接（即星形连接有中线）及不对称 Y_0 接负载的总功率 $\sum P$。实验电路按图 2-49 接线。线路中的电流表和电压表用来监视该相的电流和电压，不要超过功率表电压线圈和电流线圈的量程。

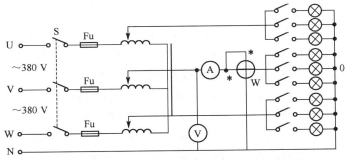

图 2-49 一瓦特表法测定三相负载功率实验电路

经指导教师检查后，接通三相电源，调节三相自耦调压器，使其输出线电压为 220 V，按表 2-30 的要求进行测量及计算。

表 2-30 一瓦特表法测定三相负载功率实验数据记录表

负 载 情 况	开灯盏数			测 量 数 据			计 算 值
	U 相	V 相	W 相	P_U /W	P_V /W	P_W /W	$\sum P$ /W
Y_0 对称负载	3	3	3				
Y_0 不对称负载	1	2	3				

首先将三只表（电压表、电路表、功率表）按图 2-49 接入 V 相进行测量，然后分别将三只表换接到 U 相和 W 相，再进行其他数据的测量和记录。

（2）用二瓦特表法测定三相负载的总功率

① 按图 2-50 接线，将三相灯泡负载接成星形接法（即星形连接无中线）。

经指导教师检查后，接通三相电源，调节三相自耦调压器，使其输出线电压为 220 V，按表 2-31 的要求进行测量及计算。

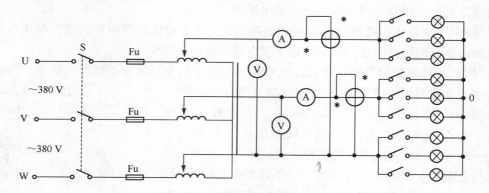

图 2-50　二瓦特表法测定三相负载功率实验电路

表 2-31　二瓦特表法测定三相负载功率实验数据记录表

负 载 情 况	开灯盏数			测 量 数 据			计 算 值
	U 相	V 相	W 相	P_U /W	P_V /W	P_W /W	ΣP /W
Y_0 对称负载	3	3	3				
Y_0 不对称负载	1	2	3				
△不对称负载	1	2	3				
△对称负载	3	3	3				

② 将三相灯泡负载改接成三角形接法，重复①的测量步骤，将数据记入表 2-31 中。

③ 将两只功率表依次按另外两种接法接入电路，重复①、②的测量（表格自拟）。

（3）用一瓦特表法测定三相对称星形负载的无功功率，按图 2-51 所示的电路接线。

① 每相负载由白炽灯和电容器并联而成，并由开关控制其接入。检查接线无误后，接通三相电源，将三相自耦调压器的输出线电压调为 220 V，读取图中三表的读数（电压表、电流表、功率表），并计算无功功率 ΣQ，将测量数据记入表 2-32 中。

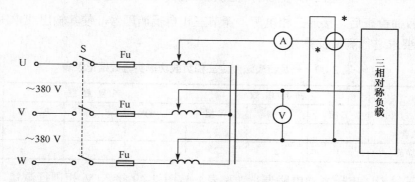

图 2-51　一瓦特表法测定三相对称星形负载无功功率的实验电路

表 2-32　一瓦特表法测定三相对称星形负载无功功率实验数据记录表

接　法	负载情况	测量数据			计　算　值
		U /V	I /A	Q /var	$\sqrt{3}\,Q$
I_U U_VW	① 三组对称灯泡（每相开三盏灯）				
	② 三相对称电容器（每相 4.7 µF）				
	③ 为①、②的并联负载				
I_V U_UW	① 三组对称灯泡（每相开三盏灯）				
	② 三相对称电容器（每相 4.7 µF）				
	③ 为①、②的并联负载				
I_W U_UV	① 三组对称灯泡（每相开三盏灯）				
	② 三相对称电容器（每相 4.7 µF）				
	③ 为①、②的并联负载				

② 分别按（I_V, U_UW）和（I_W, U_UV）接法，重复①的测量，并比较各自的 ΣQ 值。将测量数据记入表 2-36 中。

注：$\Sigma Q = \sqrt{3}\,Q$。

2.12.4　实验注意事项

每次实验完毕，均需将三相自耦调压器旋转手柄逆时针调回零位。每次改变接线，均需断开三相电源，以确保人身安全。

2.12.5　实验仪器与设备

序　号	设备名称	型号与规格	数　量	备　注
1	交流电压表	0～500 V	2	
2	交流电流表	0～5 A	2	
3	数字式万用表	UT58A	1	
4	单相功率表		2	DGJ—07
5	三相自耦调压器		1	
6	三相负载（三组灯泡）	220 V/15 W　白炽灯	9	DGJ—04
7	三相电容负载		各 3	DGJ—05

2.12.6　实验报告要求

（1）实验目的；

（2）实验原理；

（3）仪器设备；

（4）实验电路（电路图必须规范，包括电流和电压参考方向、元器件标号、元器件的数值、其他一些必需的符号和标记等）；

（5）实验内容、实验原始数据及一切相关的计算结果等。原始数据和计算结果要求一律用表格的形式给出；

（6）① 完成数据表格中的各项测量和计算任务，比较一瓦特表法和二瓦特表的测量结果；
　② 总结、分析三相电路功率测量的方法与结果；
（7）回答 2.12.7 节中的思考题。

2.12.7　思考题

（1）二瓦特表法测量三相电路有功功率的原理。
（2）一瓦特表法测量三相对称负载无功功率的原理。
（3）测量功率时，为什么在线路中通常都接有电流表和电压表？

2.13　功率因数的提高

2.13.1　实验目的

（1）掌握用交流电压表、交流电流表和功率表（"三表法"）测量元件的交流等效参数的方法。
（2）研究正弦稳态交流电路中电压、电流向量之间的关系。
（3）掌握日光灯线路的接线。
（4）用"三表法"设计一个提高日光灯功率因数的测量电路。
（5）理解提高电路功率因数的意义并掌握其方法。
（6）验证基尔霍夫定律向量形式的正确性。

2.13.2　预备知识和实验原理

（1）交流电路元件的等值参数 R,L,C 可以用交流电桥直接测得，也可以用交流电压表、交流电流表和功率表分别测量出元件两端的电压 U、流过该元件的电流 I 和它消耗的功率 P，然后通过计算得到。后一种方法称为"三表法"。"三表法"是用来测量 50 Hz 频率交流电路参数的基本方法。

如果被测元件是一个电感线圈，则由关系

$$|Z| = \frac{U}{I} \text{ 和 } \cos\varphi = \frac{P}{UI}$$

可得其等值参数为

$$r = |Z|\cos\varphi, \ L = \frac{X_L}{\omega} = \frac{|Z|\sin\varphi}{\omega}$$

同理，如果被测元件是一个电容器，则可得其等值参数为

$$r = |Z|\cos\varphi, \ C = \frac{1}{\omega X_C} = \frac{1}{\omega|Z|\sin\varphi}$$

（2）阻抗性质的判别方法。如果被测的不是一个元件，而是一个无源一端口网络，则虽然从 U,I,P 三个量可得到该网络的等值参数为 $R=|Z|\cos\varphi$，$X=|Z|\sin\varphi$，但不能从 X 的值判断它是等值容抗，还是等值感抗，或者说无法知道阻抗幅角的正负。为此，可采用以下方法进行判断。

① 在被测无源网络端口（入口处）并联一个适当容量的小电容 C′。

在一端口网络的端口再并联一个小电容 C′，若小电容的值 $C' < \dfrac{2\sin\varphi}{\omega|Z|}$，则视其总电流的增减来判断。若总电流增加则为容性，若总电流减小则为感性。图 2-52(a) 中，Z 为待测无源网络的阻抗，C' 为并联的小电容。图 2-52(b) 是图 2-52(a) 的等效电路，图中 G,B 为待测无源网络的阻抗 Z 的电导和电纳，B' 为并联小电容 C′ 的电纳。在端电压有效值不变的条件下，按下面两种情况进行分析：

a．设 $B + B' = B''$，若 B' 增大，B'' 也增大，则电路中电流 I 单调地增大，故可判断 B 为容性。

b．设 $B + B' = B''$，若 B' 增大，而 B'' 先减小再增大，电流 I 也是先减小再增大，如图 2-53 所示，则可判断 B 为感性。

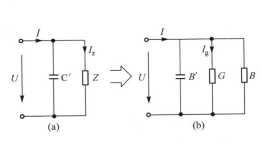

图 2-52　阻抗与导纳变换示意图

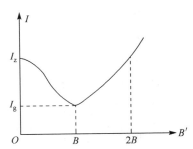

图 2-53　感性负载并联电容后电流变化示意图

由以上分析可见，当 B 为容性时，对并联小电容的值 C' 无特殊要求；而当 B 为感性时，$B' < |2B|$ 才有判定为感性的意义。$B' > |2B|$ 时，电流单调增大，与 B 为容性时相同，这并不能说明电路是感性的，因此，$B' < |2B|$ 是判断电路性质的可靠条件。由此得判定条件为

$$C' < \left|\frac{2B}{\omega}\right|, \quad \text{即} \ C' < \frac{2\sin\varphi}{\omega|Z|}$$

② 在被测无源网络的入口串联一个适当容量的电容 C′。

若被测网络的端电压下降，则判为容性电路；反之，若端电压上升，则判为感性电路。

判定条件为 $\dfrac{1}{\omega C'} < |2X|$，式中 X 为被测网络的电抗，C' 为串联电容的值。

③ 用"三压法"测 φ，进行判断。

在原一端口网络入口处串联一个电阻 r，如图 2-54(a) 所示，向量如图 2-54(b) 所示，由图可得 r,Z 串联后阻抗角 φ 为

$$\cos\varphi = \frac{U^2 - U_r^2 - U_z^2}{2U_r U_z}$$

测得 U, U_r, U_z 即可求得 φ。

（3）在单相正弦交流电路中，用交流电流表测得各支路的电流值，用交流电压表测得回路中各元件两端的电压值，它们之间的关系满足向量形式的基尔霍夫定律，即 $\Sigma I = 0$ 和 $\Sigma U = 0$。

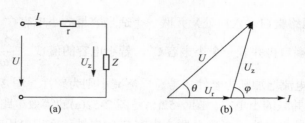

图 2-54　"三压法"示意图

（4）图2-55 所示的 RC 串联电路，在正弦稳态信号 U 的激励下，U_R 与 U_C 保持有 90° 的相位差，即当 R 的阻值改变时，U_R 的向量轨迹是一个半圆。U,U_C 与 U_R 三者形成一个电压直角三角形，如图 2-56 所示。当 R 的阻值改变时，可改变 φ 角的大小，从而达到移相的目的。

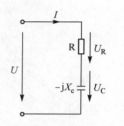

图 2-55　RC 串联电路

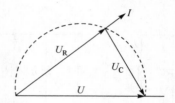

图 2-56　电压直角三角形

（5）对于一个无源一端口网络，如图 2-57 所示，其所吸收的功率为 $P = UI\cos\varphi$，其中 $\cos\varphi$ 称为功率因数。功率因数的大小，决定于电压和电流之间的相位差角 φ，或这个一端口网络等值复阻抗的幅角 φ。

提高功率因数，就是设法补偿电路中的无功电流分量。对于电感性负载，可以并联一个电容器，使流过电容器中的无功电流分量与电感性负载电流的无功分量相互补偿，以减小电压和电流之间的相位差，从而提高功率因数。

常用的日光灯，按其工作原理，用镇流器和启辉器作为它的配件，如图 2-58 所示。其中，镇流器是一个具有铁心的电感线圈，它使日光灯电路为一个感性电路，其功率因数不高，约为 0.5 左右。对于不同规格的日光灯，用不同规格的日光灯电容器，就是为了提高功率因数而考虑的。

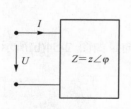

图 2-57　无源一端口网络

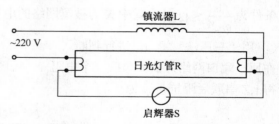

图 2-58　日光灯照明电路

当接通电源后，经日光灯的两个灯丝，把 220 V 的电压加在启辉器的两个电极上。在启辉器内部的两个电极中，弯曲的电极是用两种热膨胀系数不同的金属片压制而成的，内侧的金属片热膨胀系数大。启辉器内部充满惰性气体，当加上 220 V 电压后，惰性气体被击穿放电，从而使两个电极受热。弯曲的电极受热后膨胀变形，使两个电极接触，从而接通了灯丝的加热电路，灯丝开始加热。另一方面，当启辉器两个电极接触后，启辉器就停止了放电，两电极因温度下降而复原，从而断开灯丝加热电路。就在这一瞬间，日光灯因承受较高电压使日光灯放电，灯管内部所涂的荧光粉，因受紫外线激发而发出可见光。

2.13.3　实验内容

测试电路如图 2-59 所示。

（1）按图 2-59 接线，经指导教师检查后，方可接通交流电源。

（2）分别测量 15 W 白炽灯（用做电阻 R）、30 W 日光灯镇流器（用做电感 L）和 4.7 μF（电容器 C）的等值参数。

（3）测量 L, C 串联与并联后的等值参数（将测量数据记入表 2-33 中）。

（4）验证用串联、并联小电容 C′ 的方法判断负载性质的正确性。自行设计实验电路，并按表 2-34 的内容进行测量和记录。

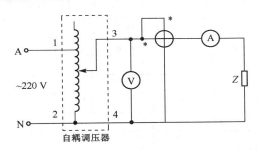

图 2-59　"三表法"测量电路

表 2-33　"三表法"测量数据记录表

被测阻抗	测　量　值				计　算　值		电路等值参数		
	U /V	I /A	P /W	$\cos\varphi$	Z /Ω	$\cos\varphi$	R /Ω	L /mH	C /μF
15 W 白炽灯	100								
电感线圈 L	100								
电容器 C	100								
L 与 C 串联	100								
L 与 C 并联	100								

表 2-34　"串联电容法"和"并联电容法"数据记录表

被　测　元　件	串 4.7 μF 电容		并 4.7 μF 电容	
	串前端电压　/V	串后端电压　/V	并前电流　/A	并后电流　/A
R（三个 15 W 白炽灯）	100			
C（4.7 μF）	100			
L（日光灯镇流器）	100			

（5）验证电压三角形。取 R 为 220 V,15 W 的白炽灯泡，电容器为 4.7 μF/450 V。设计一个验证电压三角形的实验电路进行实验，并将测量数据记录于表 2-35 中。

（6）连接日光灯电路，并使其正常工作（须经指导教师认可后，方可接通电源）。

（7）提高日光灯电路的功率因数。

设计一个提高日光灯电路功率因数的实验电路（该电路应能同时测量电路中的总电流、电容支路电流和灯管支路电流），经指导教师认可后进行实验。根据表 2-36 的要求进行实验，并将测量数据记入表 2-36 中。

表 2-35 验证电压三角形数据记录表

测 量 值			计 算 值		
U /V	U_R /V	U_C /V	U（与 U_R，U_C 组成 $Rt\Delta$） $U' = \sqrt{U_R^2 + U_C^2}$	$\Delta U = U - U'$ /V	$\Delta U / U'$ /(%)
100					

表 2-36 提高日光灯功率因数实验数据记录表

电容值 /μF	测 量 数 据						计 算 值	
	P /W	$\cos\varphi$	U /V	I /A	I_L /A	I_C /A	I' /A	$\cos\varphi$
0			220					
0.47			220					
1			220					
2.2			220					
2.67			220					
3.2			220					
4.7			220					
5.7			220					
6.9			220					
7.9			220					

注：将 0.47 μF，1 μF，2.2 μF，4.7 μF 的电容单独或并联使用，取得上述各电容值。

（8）通过计算，求得当日光灯电路功率因数等于 1 时，需要并联一个多大的电容，并将计算结果与实验结果进行比较。

2.13.4 实验注意事项

（1）本实验直接用 220 V 交流电源供电。

实验中要特别注意用电安全！不要触电！在拆除电路时，一定要先断开交流电源再拆线！

（2）图 2-60 为单相自耦调压器的接线图。

单相自耦调压器只有一个绕组，它的一部分用做输入（即接入交流电源），而它的全部用做输出（输出 0～250 V 可调的交流电压）。

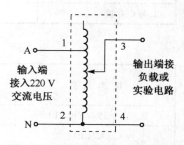

图 2-60 单相自耦调压器示意图

单相自耦调压器通常有 4～5 个接线端子，其中，标有 1,2 字样的两个红色端子是输入端，接入 220 V 相电压。通常 1 端接交流电源的火线，2 端接交流电源的零线。标有 3,4 字样的两个黑色端子是输出端，连接负载或被测电路。

【注意】单相自耦调压器的输入端和输出端绝对不允许反接，否则，自耦调压器将会损坏！

必须严格按以下操作规程使用自耦调压器：
① 按接线图接好后，检查自耦调压器接线是否正确；
② 使用前应将自耦调压器的旋转手柄逆时针旋转至零位，然后方可接通交流电源；
③ 顺时针缓慢转动旋转手柄至某一所需电压后即可使用；
④ 使用完毕后，应首先将旋转手柄再次逆时针旋转至零位，然后切断交流电源。

实验中，每次改变实验线路及实验完毕，都必须按上述操作规程操作自耦调压器。

（3）该实验使用的功率表为智能交流功率表，其电压接线端应与负载并联，电流接线端应与负载串联。

2.13.5　实验仪器与设备

序　号	设 备 名 称	型号与规格	数　量	备　注
1	交流电压表	0～300 V	1	
2	交流电流表	0～3 A	1	
3	智能交流功率表		1	DGJ—07—2
4	三相自耦调压器		1	
5	镇流器、启辉器	与 30 W 日光灯管配套	各 1	DGJ—04
6	电容器	1 μ，2.2 μ，4.7 μ/500 V	各 1	DGJ—05
7	白炽灯及灯座	15 W/220 V	1～3	DGJ—04
8	日光灯灯管	30 W	1	
9	电流插座		3	DGJ—04

2.13.6　实验报告要求

（1）实验目的；
（2）实验原理；
（3）仪器设备；
（4）实验电路（电路图必须规范，包括电流和电压参考方向、元器件标号、元器件的数值、其他一些必需的符号和标记等）；
（5）实验内容、实验原始数据及一切相关的计算结果等，原始数据和计算结果要求一律用表格的形式给出；
（6）① 完成数据表格中的计算，进行必要的误差分析；
　　　② 根据实验数据，对应电容器为 2.2 μF 的测量数据，分别绘制电压、电流向量图，验证向量形式的基尔霍夫定律；
　　　③ 在坐标纸上绘制 $I = f(C)$ 和 $\cos\varphi = f(C)$ 曲线，并进行必要的分析；
　　　④ 讨论提高电路功率因数的意义和方法；
（7）回答 2.13.7 节中的思考题。

2.13.7 思考题

（1）在日常生活中，当日光灯上缺少启辉器时，常用一根导线将启辉器的两端短接一下，然后迅速断开，使得日光灯点亮（DGJ—04 实验挂箱上有短路按钮，可用它代替启辉器点亮日光灯），或用一个启辉器点亮多个同类型的日光灯。这是为什么？

（2）功率表的读数为什么大于日光灯的额定功率？原因何在？请说明。

（3）并联电容及改变电容时，为什么功率表的读数及日光灯支路电流的读数不变？请说明理由。

（4）提高功率因数为什么只采用"并联电容器法"，而不用"串联电容器法"？并联的电容器是否越大越好？

（5）日光灯的接线顺序是镇流器、日光灯管的一端灯丝、启辉器、日光灯管的另一端灯丝。若将上述连接顺序改为日光灯管的一端灯丝、镇流器、启辉器、日光灯管的另一端灯丝，则请问日光灯能否正常发光，会发生什么情况，为什么？

（6）在电度表后面并联一个合适的电容，能否提高电路的功率因数，能否减小电度表的读数？

（7）用怎样的方法可判断当日光灯电路功率因数最高时，电路的阻抗性质？

（8）用并联小电容 C' 的方法判定电路性质的根据是什么？试证明 $C' < \dfrac{2\sin\varphi}{\omega|Z|}$。

2.14 双口网络参数测试

2.14.1 实验目的

（1）加深理解双口网络的基本理论。
（2）掌握直流双口网络传输参数的测量技术。

2.14.2 实验原理

对于任何一个线性网络，我们关心的往往只是输入端口和输出端口的电压和电流之间的相互关系，并通过实验测定方法求取一个极其简单的等值双口电路来代替原网络，此即为"黑盒理论"的基本内容。

（1）一个双口网络两端口的电压和电流四个变量之间的关系，可以用多种形式的参数方程来表示。本实验采用输出口的电压 U_2 和电流 I_2 作为自变量，以输入口的电压 U_1 和电流 I_1 作为因变量，所得的方程称为双口网络的传输方程，如图 2-61 所示的无源线性双口网络（又称为四端网络）的传输方程为 $U_1 = AU_2 + BI_2$，$I_1 = CU_2 + DI_2$。式中的 A,B,C,D 为双口网络的传输参数，其值完全决定于网络的拓扑结构及各支路元件的参数值，这四个参数表征了双口网络的基本特性，它们的含义是：

图 2-61　无源线性双口网络

$A = U_{1O} / U_{2O}$　　（令 $I_2 = 0$，即输出口开路时）

$B = U_{1S} / I_{2S}$　　（令 $U_2 = 0$，即输出口短路时）

$C = I_{1O} / U_{2O}$　　（令 $I_2 = 0$，即输出口开路时）

$D = I_{1S} / I_{2S}$　　（令 $U_2 = 0$，即输出口短路时）

由上可知，只要在网络的输入口加上电压，在两个端口同时测量其电压和电流，即可求出 A,B,C,D 四个参数，此即为"双口同时测量法"。

（2）若要测量一条远距离输电线构成的双口网络，采用同时测量法则很不方便。这时可采用"分别测量法"，即先在输入口加电压，而将输出口开路和短路，在输入口测量电压和电流，由传输方程可得

$$R_{1O} = U_{1O} / I_{1O} = A/C \qquad （令 I_2 = 0，即输出口开路时）$$
$$R_{1S} = U_{1S} / I_{1S} = B/D \qquad （令 U_2 = 0，即输出口短路时）$$

然后，在输出口加电压，而将输入口开路和短路，测量输出口的电压和电流。此时，可得

$$R_{2O} = U_{2O} / I_{2O} = D/C \qquad （令 I_1 = 0，即输入口开路时）$$
$$R_{2S} = U_{2S} / I_{2S} = B/A \qquad （令 U_1 = 0，即输入口短路时）$$

$R_{1O}, R_{1S}, R_{2O}, R_{2S}$ 分别表示一个端口开路和短路时另一端口的等效输入电阻，这四个参数中有三个是独立的（因为 $AD - BC = 1$）。至此，可求出四个传输参数分别为

$$A = \sqrt{R_{1O} / (R_{2O} - R_{2S})}, \quad B = R_{2S}A, \quad C = A / R_{1O}, \quad D = R_{2O}C$$

（3）双口网络级联后的等效双口网络的传输参数亦可采用上述的方法之一求得。从理论推得两个双口网络级联后的传输参数与每一个参加级联的双口网络的传输参数之间有如下关系：

$$A = A_1A_2 + B_1C_2, \quad B = A_1B_2 + B_1D_2, \quad C = C_1A_2 + D_1C_2, \quad D = C_1B_2 + D_1D_2$$

2.14.3　实验内容

双口网络实验电路如图 2-62 所示。将直流稳压电源的输出电压调至 10 V，作为双口网络的输入。

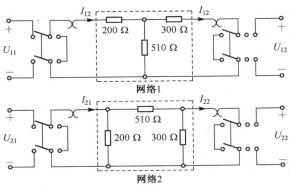

图 2-62　双口网络实验电路

请自行拟订实验步骤和设计数据记录表格，完成以下实验内容。

（1）用"同时测量法"分别测定两个双口网络的传输参数 A_1, B_1, C_1, D_1 和 A_2, B_2, C_2, D_2，并列出它们的传输方程。

（2）将两个双口网络级联，即将网络 1 的输出接至网络 2 的输入。用"两端口分别测量法"测量级联后等效双口网络的传输参数 A, B, C, D，并验证等效双口网络传输参数与级联的两个双口网络传输参数之间的关系。

2.14.4 实验注意事项

（1）用电流插头及插座测量电流时，要注意判别电流表的极性及选取适合的量程（根据电路中的参数值，估算电流表的量程）。

（2）计算传输参数时，I, U 均取其正值。

2.14.5 实验仪器与设备

序　号	设 备 名 称	型号与规格	数　量	备　注
1	可调直流稳压电源	0～30 V	1	
2	数字式直流电压表	0～20 V	1	
3	数字式直流毫安表	0～200 mA	1	
4	双口网络实验电路板		1	DGJ—03

2.14.6 实验报告要求

（1）实验目的；

（2）实验原理；

（3）仪器设备；

（4）实验电路（电路图必须规范，包括电流和电压参考方向、元器件标号、元器件的数值、其他一些必需的符号和标记等）；

（5）实验内容、实验原始数据及一切相关的计算结果等，原始数据和计算结果要求一律用表格的形式给出；

（6）① 完成对数据表格的测量和计算任务；

　　　② 列写参数方程；

　　　③ 验证级联后等效双口网络的传输参数与级联的两个双口网络传输参数之间的关系；

　　　④ 总结、归纳双口网络的测试技术；

（7）回答 2.14.7 节中的思考题。

2.14.7 思考题

（1）试述双口网络"同时测量法"与"分别测量法"的测量步骤、优缺点及其适用条件。

（2）本实验方法可否用于交流双口网络的测定？

2.15 回转器基本特性及其并联谐振

2.15.1 实验目的

（1）掌握回转器的基本特性。

（2）测量回转器的基本参数。

（3）了解回转器的应用。

2.15.2 实验原理

（1）回转器是一种有源非互易的新型双口网络元件，电路符号及其等效电路如图 2-63(a)、(b) 所示。

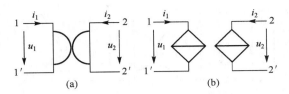

图 2-63　回转器电路符号及其等效电路

理想回转器的导纳方程为

$$\begin{bmatrix} i_1 \\ i_2 \end{bmatrix} = \begin{bmatrix} 0 & g \\ -g & 0 \end{bmatrix} \begin{bmatrix} u_1 \\ u_2 \end{bmatrix}, \text{ 或写成 } i_1 = gu_2,\ i_2 = -gu_1$$

也可写成电阻形式为

$$\begin{bmatrix} u_1 \\ u_2 \end{bmatrix} = \begin{bmatrix} 0 & -R \\ R & 0 \end{bmatrix} \begin{bmatrix} i_1 \\ i_2 \end{bmatrix}, \text{ 或写成 } u_1 = -Ri_2,\ u_2 = Ri_1$$

式中的 g 和 R 称为回转电导和回转电阻，统称为回转常数。

（2）若在 2-2′端接一个电容器 C，则从 1-1′端看进去就相当于一个电感器，即回转器能把一个电容元件"回转"成一个电感元件；相反，也可以把一个电感元件"回转"成一个电容元件，所以也称为阻抗逆变器。

2-2′端接一个电容器 C 后，从 1-1′端看进去的导纳 Y_i 为

$$Y_i = \frac{i_1}{u_1} = \frac{gu_2}{-i_2/g} = \frac{-g^2 u_2}{i_2}$$

由于

$$\frac{u_2}{i_2} = -Z_L = -\frac{1}{j\omega C}$$

因此

$$Y_i = g^2 / j\omega C = \frac{1}{j\omega L}$$

式中，$L = \dfrac{C}{g^2}$ 为等效电感。

（3）由于回转器有阻抗逆变作用，在集成电路中得到重要的应用。因为在集成电路制造中，制造一个电容元件比制造电感元件容易得多，所以可以用一个带有电容负载的回转器来获得数值较大的电感元件。

图 2-64 为用运算放大器组成回转器的电路图。

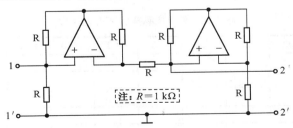

图 2-64　用运算放大器组成的回转器

2.15.3　实验内容

实验电路如图 2-65 所示。

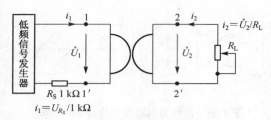

图 2-65　测量回转器基本参数实验电路

1．测量回转器的基本特性

在图 2-65 中的 2-2′端接纯电阻负载（电阻箱），信号源频率固定在 1 kHz，信号源输出电压 $U \leqslant 3$ V。用交流毫伏表测量负载电阻 R_L 时的 U_1, U_2 和 U_{R_s}，并计算相应的电流 I_1, I_2 和回转常数 g，一并记入表 2-37 中。

表 2-37　回转器基本参数数据记录表

R_L/Ω	测量值			计算值				
	U_1 /V	U_2 /V	U_{R_s} /V	I_1 /A	I_2 /A	$g' = I_1/U_2$	$g'' = I_2/U_1$	g
500 Ω								
1 kΩ								
1.5 kΩ								
2 kΩ								
3 kΩ								
4 kΩ								
5 kΩ								

注：$g = (g' + g'')/2$。

2．用回转器模拟电感元件

自行搭接实验电路，采用 $C = 0.1$ μF 的电容负载，将回转器模拟成电感元件；取低频信号源的输出电压 $U \leqslant 3$ V，频率 $f = 1$ kHz 的交流信号，用示波器观察 i_1 与 u_1 之间的相位关系是否具有感抗特性。

3．测量等效电感

电路同上，取低频信号源输出电压 $U \leqslant 3$ V，并保持恒定。用交流毫伏表测量不同频率时的 U_1, U_2, U_{R_s} 值，并计算出 $I_1 = U_{R_s}/1$ kΩ、$g = I_1/U_2$、$L' = U_1/(2\pi f I_1)$、$L = C/g^2$ 及误差 $\triangle L = L' - L$，分析 U, U_1, U_{R_s} 之间的向量关系。测量数据记入表 2-38 中。

表 2-38　等效电感实验数据记录表

频率　/Hz	200	400	500	700	800	900	1000	1200	1300	1500	2000
U_2 /V											
U /V											
U_{R_s} /V											
I_1 /A											
$g/1$ /Ω											
L' /H											
L /H											
$\triangle L$											

注：$\triangle L = L' - L$（单位为 H）。

4．用模拟电感组成 R, L, C 并联谐振电路

① 取 $R=1\ \text{k}\Omega$，用回转器模拟电感，与电容器 $C=1\ \mu\text{F}$ 构成并联谐振电路；自行搭接实验电路。取低频信号源输出 $U \leqslant 3\ \text{V}$ 并保持恒定，使信号源由低到高输出不同频率的交流信号，同时用交流毫伏表测量 1-1′端的电压 U_1，并确定谐振频率；测量数据记入表 2-39 中。

② 取 $R=3\ \text{k}\Omega$，重复上述步骤，测量数据记入表 2-39 中。

③ 当 $R=1\ \text{k}\Omega$ 和 $R=3\ \text{k}\Omega$ 时，分别求的电路的品质因数和谐振频率，并将数据记入表 2-40 中。

表 2-39　并联谐振数据记录表

取 $R=1\ \text{k}\Omega$，测量 U_1 的幅频特性									
频率 f									
U_1 /V									
频率 f									
U_1 /V									
取 $R=3\ \text{k}\Omega$，测量 U_1 的幅频特性									
频率 f									
U_1 /V									
频率 f									
U_1 /V									

表 2-40　品质因数及谐振频率记录表

	品质因数 Q	谐振频率 f_0
$R=1\ \text{k}\Omega$		
$R=3\ \text{k}\Omega$		

2.15.4　实验注意事项

（1）回转器的正常工作条件是 u 或 u_1,i_1 的波形必须是正弦波。为了避免运算放大器进入饱和状态使波形失真，输入电压不宜过大。

（2）实验过程中，示波器及交流毫伏表电源应使用两线插头。

2.15.5　实验仪器与设备

序　号	设 备 名 称	型号与规格	数　　量	备　　注
1	低频信号发生器		1	
2	数字式交流毫伏表	D83—3	1	
3	超低频双踪示波器	MDS—620	1	
4	可变电阻箱	0～99999.9 Ω	1	DGJ—05
5	电容器	0.1 μF、1 μF	1	DGJ—08
6	电阻器	1 kΩ	各 1	DGJ—08
7	回转器实验电路板		1	DGJ—08

2.15.6　实验报告要求

（1）实验目的；

（2）实验原理；

（3）仪器设备；

（4）实验电路（电路图必须规范，包括电流和电压参考方向、元器件标号、元器件的数值、其他一些必需的符号和标记等）；

（5）实验内容、实验原始数据及一切相关的计算结果等，原始数据和计算结果要求一律用表格的形式给出；

（6）① 根据实验数据计算回转器的回转电导，并与理论值进行比较；

　　② 描绘用示波器观察到的模拟电感器的 u_1-i_1 波形轨迹；

　　③ 在同一坐标平面绘制不同品质因数 Q 时的并联谐振电路 U_1 的幅频特性曲线。

第3章 模拟电子技术实验

本章包含 12 个实验，其中前 10 个实验为基础实验，后 2 个实验为设计性实验。教师可根据专业要求和课程教学要求因材施教，选择相关内容教学。

3.1 常用电子仪器的使用

3.1.1 实验目的

（1）了解电子电路实验中常用仪器，如示波器、信号发生器、交流毫伏表等的主要技术指标、性能及正确的使用方法。

（2）初步掌握用 MOS—620FG 双踪示波器观察正弦信号波形和读取波形参数的方法。

（3）学习用万用表测量晶体二极管、三极管的极性及熟悉各种电抗元器件。

3.1.2 实验原理

在模拟电子电路实验中经常使用的电子仪器有示波器、信号发生器、交流毫伏表、直流稳压电源等。

实验中，示波器的作用主要是监视输出波形，从而随时掌握被测实验电路的动态工作过程；信号发生器的作用主要是为被测实验电路提供需要的输入信号；交流数字毫伏表的作用主要是测量输入和输出的交流信号电压有效值；直流稳压电源的作用主要是给被测实验电路提供直流的能量。同时，各仪器之间按信号的流向、连线简捷、调节顺手、观察与读数方便等原则进行合理布局，并且为防止外界干扰，各仪器的公共接地端应连接在一起，从而得到如图 3-1 所示的各仪器与被测实验装置的布局与连接图。以下分别介绍各仪器的基本操作或主要技术指标。

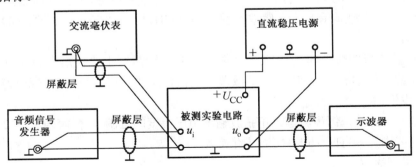

图 3-1　仪器的相互连接

1. MOS—620FG 双踪示波器

（1）MOS—620FG 双踪示波器的原理及工作过程详见说明书，现介绍其基本操作。

① 断开电源，将以下旋钮和开关置于下列位置：

垂直位移↑↓　（POSITION）　　　　　　　　中间位置

水平位移←→（POSITION）	中间位置
辉度（INTEN）	中间位置
垂直方式（Y MODE）	CH1
扫描方式（SWEEP MODE）	AUTO
时间/格 （TIME/DIV）	1 ms
触发电平（TRIGGER LEVEL）	顺时针旋到底

② 接通电源，约 15 s 后出现扫迹。

③ 调节"垂直位移↑↓（POSITION）"旋钮、"水平位移←→（POSITION）"旋钮使扫迹在屏幕中间位置。

④ 用"辉度（INTEN）"旋钮将扫迹的亮度调至需要的程度。

⑤ 调节"聚焦（FOUCS）"旋钮使扫迹纤细清晰。

⑥ 将下列控制器置于下列位置：

垂直方式	CH1
交流–地–直流	DC
伏特/格（CH1）	5 mV
微调（CH1）	CAL
触发源	CH1

⑦ 用探头将待观测信号连接到通道 1 输入端。

⑧ 将探头衰减比置于×1，调节"触发电平（TRIGGER LEVEL）"旋钮使仪器触发。

上述操作可实现最普通的触发（交流耦合内触发自动扫描工作方式），在荧光屏上显示出高度为六格的信号。

（2）为显示稳定的波形，需注意示波器面板上的下列各控制开关（或旋钮）的位置。

① "扫描速率"旋钮（TIME/DIV）——它的位置应根据被观察信号的周期来确定。

② "触发源选择"开关——通常选为内触发。

③ "触发方式"开关通常可先置于"AUTO"位置，以便找到扫描线或波形，如波形稳定情况较差，再置于"NORM"位置，但必须同时调节电平旋钮，使波形稳定。

（3）示波器有四种显示方式，属单踪显示有"CH1"、"CH2"、"ADD"，属双踪显示有"DUAL"。

（4）在测量波形的幅值时，应注意"垂直微调"旋钮置于"校准"位置（顺时针旋到底）。在测量波形周期时，应将 "水平微调"旋钮置于"校准"位置（顺时针旋到底）。

2. 信号发生器

输出正弦波、方波、锯齿波等，正弦波输出电压幅度的范围（峰-峰值）为 2～20 V，输出电压频率的范围为 40 Hz～5 MHz（见附录 A.4）。

3. 交流毫伏表

测量正弦交流电压有效值，工作频率范围：5 Hz～2 MHz；工作电压范围：0.1 mV ～300 V（见附录 A.5）。

4. 直流稳压电源

输出直流电压，双通道分别可输出 0～30 V 连续可调直流电压。使用时注意正负方向，并避免因正负极短路而影响仪器正常工作。

3.1.3 实验内容

（1）学会使用信号发生器，使得信号发生器输出 1 kHz，50 mV 正弦波。

（2）学会使用示波器，观测频率分别为 100 Hz，1 kHz，10 kHz，100 kHz，有效值均为 10 mV 的正弦波波形，并根据波形计算频率及幅值。完成数据表格 3-1。

表 3-1 示波器测量波形数据

信号发生器频率读数	实 测 值		信号电压毫伏表读 /mV	实 测 值	
	周期 /ms	频率 /Hz		峰-峰值 /mV	有效值 /mV
100 Hz					
1 kHz					
10 kHz					
100 kHz					

（3）学会使用交流毫伏表测量交流信号的幅度。

（4）学会使用直流稳压电源，并将 Ⅰ 路调至直流输出 10 V，Ⅱ 路调至直流输出 12 V。

（5）用万用电表测量电子器件的参数并进行数据记录（数据表格自拟）。

3.1.4 实验仪器与设备

（1）MOS—620FG 双踪示波器；

（2）信号发生器；

（3）交流数字毫伏表；

（4）直流稳压电压；

（5）万用表。

3.1.5 实验报告要求

（1）整理数据写出完整的实验报告（内容包括名称、目的、原理、电路图、仪器、任务、原始数据、计算、误差、分析及结论、思考题和小结）；

（2）简述示波器操作过程。

3.1.6 思考题

用示波器在测量 10 kHz，有效值为 100 mV 的正弦波之前，水平扫描速度与垂直衰减旋钮应分别置于哪个挡位才能最容易地使示波器直接显示大小合适的波形？

3.2 集成运算放大器的基本运算电路

3.2.1 实验目的

（1）掌握集成运算放大器的反相输入、差动输入方式的基本接线和运算关系。

（2）掌握反向比例运算、反相加法器、差动放大器（减法器）、微分器等运算电路基本接线和运算关系。

（3）熟悉理想集成运算放大器模型。

3.2.2　实验原理

本实验所采用的集成运放的型号为 μA741（或 F007），引脚排列如图3-2所示。它是 8 脚双列直插式组件，2 脚和 3 脚为反相和同相输入端，6 脚为输出端，7 脚和 4 脚为正、负电源端，1 脚和 5 脚为失调调零端。在 1 脚与 5 脚之间可接入一个几十欧姆的电位器并将滑动触头接到负电源端。8 脚为空脚。

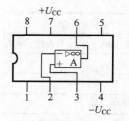

图 3-2　μA741 引脚排列

集成运算放大器按照输入方式可分为同相、反相、差动三种接法。按照运算关系可分为比例、加减、积分和微分、对数与反对数及乘除等运算，利用输入方式与运算关系的组合，可接成各种运算电路。

1．反相比例运算电路

反向比例运算电路如图3-3所示。根据电路分析，这种电路的输出电压为

$$u_{\mathrm{o}} = -\frac{R_{\mathrm{f}}}{R_1} u_{\mathrm{i}} \tag{3-1}$$

上式表明，输出电压与输入电压是比例运算关系，如果 R_1 和 R_{f} 的阻值足够精确，而且运算放大器的开环电压放大倍数很高，就可以认为 u_{o} 与 u_{i} 间的关系只取决于 R_{f} 和 R_1 的比值，而与运算放大器本身的参数无关。

2．反相加法器电路

如果运算放大器的反相端同时加入几个信号，接成如图 3-4 的形式，就构成了反相加法器电路，它能对同时加入的几个信号电压进行代数相加运算。

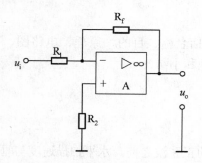

图 3-3　反相比例运算电路

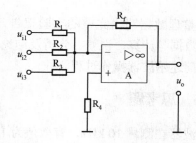

图 3-4　反相加法器

如果把运算放大器看做是理想的，那么输出电压与输入电压之间的关系为

$$u_{\mathrm{o}} = -\left(\frac{u_{\mathrm{i1}}}{R_1} + \frac{u_{\mathrm{i2}}}{R_2} + \frac{u_{\mathrm{i3}}}{R_3} + \cdots\right) R_{\mathrm{f}} \tag{3-2}$$

如果几个输入电阻 $R_1 = R_2 = R_3 = \cdots$，并以 R 表示，那么

$$u_o = -\frac{R_f}{R}(u_{i1} + u_{i2} + u_{i3} + \cdots) \tag{3-3}$$

为了保证运算放大器的两个输入端处于平衡对称的工作状态，克服失调电压、失调电流的影响，在电路中应尽量保证运算放大器两个输入端的外电路的电阻相等。因此，在反相输入的运算放大器电路中，同相端与地之间要串接补偿电阻 R_4，R_4 的阻值应是反相输入电阻与反馈电阻的并联值，即 $R_4 = R_1 /\!/ R_2 /\!/ R_3 /\!/ R_f$。

3. 差动运算放大电路（减法器）

差动输入运算放大器电路如图3-5所示。根据电路分析，当 $R_1 = R_2$ 和 $R_3 = R_4$ 时，这种电路的输出电压为

$$u_o = (u_{i2} - u_{i1})\frac{R_f}{R_1} \tag{3-4}$$

说明了输出与输入之间具有相减关系，所以这种电路又称为减法器。

电路中，同相输入电路参数与反相输入电路应保持对称，即同相输入端的分压电路也应由 R_1 和 R_f 来构成。

4. 微分器

微分器的输出电压与输入电压的微分成正比，在线性系统中作为微分来使用，而在脉冲数字电路中用做波形变换。在图3-6所示的电路中，

$$u_o = -R_f C\frac{du_i}{dt} \tag{3-5}$$

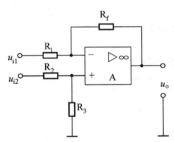

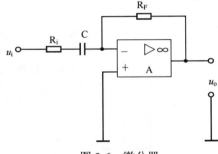

图 3-5 差动放大器电路   图 3-6 微分器

图中 R_i 的作用是限制高频增益，使高频增益下降为 R_f / R_i。只有当输入信号频率 $f < f_c = 1/(2\pi R_i C)$ 时电路才起微分作用。

3.2.3 实验内容

1. 反相比例运算电路

（1）按图 3-3 在如图 3-7 所示的实验电路板上连线，取 $R_1 = R_2 = 10\,\text{k}\Omega$，$R_f = 100\,\text{k}\Omega$。

（2）调节电位器 RP_1，选取表格中所给四组输入电压值，测量输出电压 u_o（注意，u_o 应在 ± 12 V 以内，以避免运算放大器进入饱和状态）并填入表 3-2 中，然后与理论计算值进行比较，看是否满足比例关系。

2. 反相加法器电路

（1）按图3-4在如图3-7所示的实验板上连线。取 $R_1 = R_2 = R_4 = R_f = 10\,\text{k}\Omega$。

（2）调节电位器 RP_1，RP_2，选取表格中所给四组输入电压值，测量输出电压 u_o（注意，

u_o 应在 ±12 V 以内，避免运算放大器进入饱和）并填入表3-3中，然后与理论计算值进行比较，看是否满足按比例相加的关系。

3. 差动放大器电路（减法器）

（1）按图3-5在实验板上连线。取 $R_1 = R_2 = R_3 = R_f = 100\ \text{k}\Omega$。

（2）调节 RP_1, RP_2，选取表格中所给四组输入电压值，测量 u_o，并填入表3-4中，然后与理论计算值比较，看是否满足减法关系。

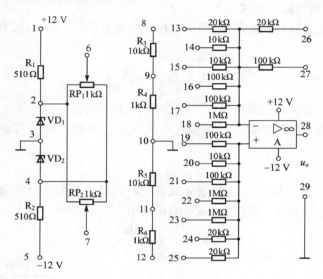

图 3-7　运算放大器实验板电路图

表 3-2　反相比例放大器输出值测量

	u_{i1} /V	u_o /V	U_o（计算值）
1	（+0.5）		
2	（−0.5）		
3	（−0.3）		
4	（+0.2）		

表 3-3　反相加法器输出值测量

	u_{i1} /V	u_{i2} /V	u_o /V	u_o（计算值）
1	（+1.0）	（+1.0）		
2	（−0.5）	（−1.0）		
3	（+0.5）	（−1.0）		
4	（−1.0）	（+0.3）		

表 3-4　差动放大器输出值测量

	u_{i1} /V	u_{i2} /V	u_o /V	u_o（计算值）
1	（−1.0）	（+0.5）		
2	（+0.2）	（+1.0）		
3	（−1.0）	（−0.5）		
4	（+0.5）	（+1.0）		

4. 微分器

（1）按图3-6在实验板上连线。取 $R_1=10\,\mathrm{k\Omega}$，$R_f=100\,\mathrm{k\Omega}$，$C=0.01\,\mathrm{\mu F}$。

（2）在输入端输入 $f=1\,\mathrm{kHz}$ 的方波信号。用示波器观测 u_i, u_o 的波形，测出 u_o 的峰值，并与计算值比较。

表 3-5 微分器输入输出波形及测量

输入信号 u_i 波形	输出信号 u_o 波形
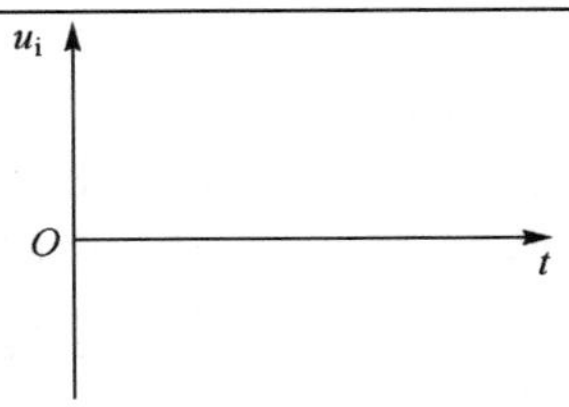 u_i 〇 t	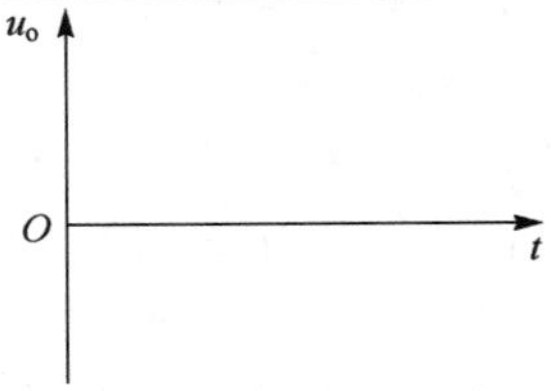 u_o 〇 t
$u_{im}=$	$u_{om}=$

3.2.4 实验仪器与设备

（1）ACL—I型模拟电子技术实验箱；

（2）双踪示波器；

（3）信号发生器；

（4）数字直流电压表。

3.2.5 实验报告要求

对实验结果进行整理与分析，填好数据表格，画出波形并计算有关数值。

3.2.6 思考题

在反相加法器的实验电路中，输入直流电压 $u_{i1}=1.2\,\mathrm{V}$，$u_{i2}=2.4\,\mathrm{V}$，取 $R_1=R_4=10\,\mathrm{k\Omega}$，$R_2=R_f=100\,\mathrm{k\Omega}$，可不可以？为什么？

3.3 晶体管单级低频放大器

3.3.1 实验目的

（1）测定单级放大器的静态工作点及电压放大倍数。

（2）观察静态工作点对放大器输出波形的影响。

（3）测定共射接法的单管放大器的输入电阻和输出电阻。

（4）测定共射接法的幅频特性。

（5）学习按图接线和查线，熟悉仪器使用。

3.3.2 实验原理

1. 静态工作点及常用的偏置电路

放大是对模拟信号最基本的处理。晶体管是放大电路的核心元件。图 3-10 所示电路中输入电压信号接入基极-发射极回路，放大后的信号在集电极-发射极回路，根据发射极是两个回路的公共端，判断出该电路为共射放大电路。使晶体管工作在放大状态的外部条件是，发射结正向偏置且集电结反向偏置。

任何组态放大器的基本任务都是不失真地放大信号。合理选取静态工作点是实现这一要求的前提。确定工作点最常用的是分压式偏置电路和混合偏置电路。这两种电路都具有自动调节静态工作点的能力，所以当环境温度变化或管子参数变化时，Q 点能基本保持不变。即实现了静态工作点的稳定。本实验电路有两种偏置方式可供选择，一种是简单偏置电路，一种是分压式偏置电路。实验者应对二者进行对比。

一般来说，静态工作点近似选在输出特性曲线上交流负载线的中点（如图 3-8 所示），以获得最大动态范围。若工作点选的太高或太低，可能引起饱和失真和截止失真。对于小信号放大器来说，由于输出交流信号的幅度很小，非线性失真往往不是主要问题，因此工作点 Q 可按其他要求灵活考虑。如在不失真前提下，工作点选得高一点有利于提高放大倍数，而工作点选得低一点有利于降低直流损耗和提高管子的输入电阻 r_{be}。

$$r_{be} = 200 + (1+\beta)\frac{26\ mV}{I_E\ mA} \tag{3-6}$$

2. 放大倍数 A_U 的测量

放大倍数是直接衡量放大电路放大能力的重要指标。电压放大倍数是输出电压与输入电压之比，见式(3-12)。特别注意，在实测电压放大倍数时，必须用示波器观察输出端的波形，只有在不失真的情况下，测试数据才有意义。其他技术指标也是如此。

3. 低频放大器输入电阻 r_i 的测量

放大器输入电阻 r_i 的定义是从放大器输入端看进去的等效电阻，即

$$r_i = \frac{U_i}{I_i} \tag{3-7}$$

测量 r_i 的方法颇多，如直接用仪器（电桥）测量，也可用换算法和替代法测量。以下介绍的是换算法测量的原理（如图3-9 所示）。

为了测量放大器的输入电阻，可在电路输入端与信号源间串入一已知电阻 R_s，在放大器正常工作的情况下，用交流毫伏表测出 U_s 和 U_i，则由下式可求得：

$$r_i = \frac{U_i}{I_i} = \frac{U_i}{U_s - U_i} \cdot R_s \tag{3-8}$$

式中，U_s 为信号源电压，U_i 为放大器的输入电压。

4. 低频放大器输出电阻 r_o 的测量

放大器的输出电阻 r_o 的定义是输入电压源短路（但保留内阻），从放大器输出端看进去的等效电阻，即

$$r_o = \frac{U}{I}\bigg|_{R_L = \infty, U_s = 0} \tag{3-9}$$

测量输出电阻的方法也很多，这里仅介绍用换算法测量输出电阻的原理（如图 3-9 所示）。

在图 3-9 中，放大器输入端加一固定信号电压，分别测量 R_L 开路和接上时的输出电压 U_o' 和 U_o，按下式可计算输出电阻 r_o：

$$r_o = \left(\frac{U_o'}{U_o} - 1\right)R_L \tag{3-10}$$

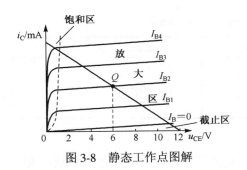

图 3-8 静态工作点图解

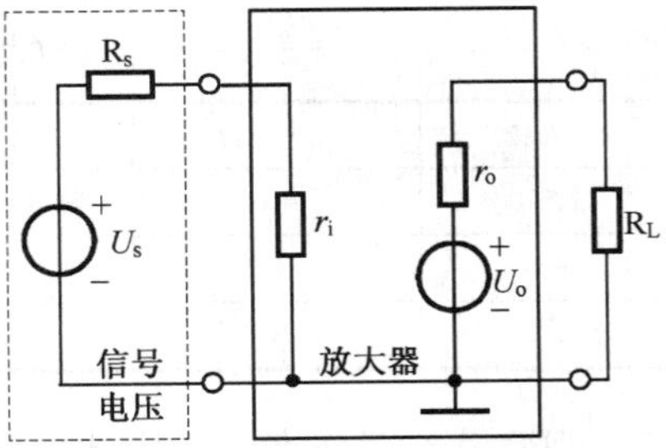

图 3-9 输入电阻和输出电阻的测量

5. 低频放大器幅频特性的测量

维持输入信号电压 U_s 幅值不变，改变输入信号频率，测量频率变化时的电压放大倍数（要求输出信号不失真），即可得到放大器幅频特性。当增益下降到中频段增益的 0.707 倍时（或 −3 dB）所对应的频率就是上限截止频率 f_H 和下限截止频率 f_L，两者之差称为放大器的通频带或 3 dB 带宽，即

$$f_{3dB} = f_H - f_L \tag{3-11}$$

3.3.3 实验内容

1. 测定静态工作点

基极选择分压偏置，$R_c = 1.5 \text{ k}\Omega$，$R_e = R_{e1} // R_{e2}$，$R_L = \infty$，调节 RP_1，使 $U_{ce} = 6 \text{ V}$，测出 U_b, U_c, U_e。

表 3-6 静态工作点测定

测 量 值			计 算 值		
U_b /V	U_c /V	U_e /V	U_{be} /V	U_{ce} /V	I_c /mA

2. 测定电压放大倍数

从输入端输入 1 kHz，5 mV 的正弦波信号 U_i，观察输出波形，若输出波形无明显失真，则测出输出电压 U_o，并算出其电压放大倍数（当 R_c 的值变化时需重新调整静态工作点）：

$$A_U = \frac{U_o}{U_i} \tag{3-12}$$

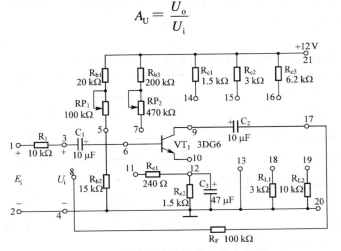

图 3-10 单管放大电路实验板电路图

表 3-7　电压放大倍数的测量（u_{ce}＝6 V，　U_i＝5 mV）

R_c /kΩ	R_L /kΩ	U_o /V	A_U	记录一组 U_o 和 U_i 波形
1.5	∞			
3	∞			
3	3			

记录一组 U_o 和 U_i 波形栏内有坐标图，纵轴 u_o，横轴 t，原点 O。

3. 观察静态工作点对输出波形失真的影响

置 R_c＝1.5 kΩ，R_L＝3 kΩ，U_i＝20 mV，保持输入信号不变，分别增大和减小 RP_1，使波形出现失真，绘出 u_o 的波形，并测出失真情况下的 U_{ce} 值，把结果记入表3-8中。

4. 观察由输入信号引起的非线性失真

保持静态工作点不变（即 U_{ce}＝6 V），增大输入信号电压，观察输出波形出现非线性失真情况，并绘出波形填入表3-8最后一行中。

表 3-8　输出波形（R_c＝1.5 kΩ，R_L＝3 kΩ，U_i＝20 mV）

U_{ce} /V	u_o 波形	失真情况	管子工作状态
≤3	u_o 坐标图（纵轴 u_o，横轴 t，原点 O）		
≥9	u_o' 坐标图（纵轴 u_o'，横轴 t，原点 O）		
增大 u_i	u_o'' 坐标图（纵轴 u_o''，横轴 t，原点 O）		

5. *观察静态工作点对电压放大倍数的影响

置 R_c＝1.5 kΩ，R_L＝∞，U_i 适当，调节 RP，用示波器监视输出的电压波形，在 U_o 不失真的条件下，测量数组 I_c 和 U_o 值，记入表3-9中。

表 3-9　静态工作点对放大倍数的影响（R_c＝1.5 kΩ，R_L＝∞，U_i＝5 mV）

U_{ce} /V				
I_c /mA				
U_o /V				
A_U				

6. *测定放大器输入和输出电阻

置 R_c＝1.5 kΩ，R_L＝3 kΩ，U_{ce}＝6 V，从 1 端输入 1 kHz、5 mV 的正弦波信号，在输出无明显失真的情况下，用交流毫伏表测出 1 点及 3 点的信号电压，并填入表3-10中。然后，按实验原理中的第二种方法求出 r_i。

保持 U_s 不变，断开 R_L 测量输出电压 U_o，记入表 3-10 中，根据实验原理中的方法计算出输出电阻 r_o。

表 3-10 输入输出电阻的测量（$R_c = 3\,\text{k}\Omega$，$R_L = 3\,\text{k}\Omega$，$U_{ce} = 6\,\text{V}$）

U_s /mV	U_i /mV	r_i /kΩ		U_L /V	U_o /V	r_o /kΩ	
		测 量 值	计 算 值			测 量 值	计 算 值

7. *测量幅频特性

取 $U_{ce} = 6\,\text{V}$，$R_c = 1.5\,\text{k}\Omega$，$R_L = 3\,\text{k}\Omega$。保持输入信号 U_i 或 U_s 的幅度不变，改变输入信号频率（由低到高）。逐点测出相应的输出电压 U_o，记入表 3-11 中，特性平直部分可少测几个点，而弯曲部分应多测几个点。

表 3-11 放大器幅频特性测量

		f_L		f_o		f_H	
f /kHz							
U_o /V							
$A_U = U_o/U_i$							

* 表示选做内容。

3.3.4 实验仪器与设备

（1）ACL—I 型模拟电子技术实验箱；
（2）双踪示波器；
（3）信号发生器；
（4）交流数字毫伏表；
（5）万用表。

3.3.5 实验报告要求

（1）将实验测得数据（静态工作点、电压放大倍数）与估算结果加以比较。
（2）绘出实验内容 3 的输出波形，分析输出波形失真的原因。
（3）实验测得的输入/输出电阻与估算结果加以比较。
（4）用对数坐标纸绘出幅频特性曲线。

3.3.6 思考题

（1）直流负载线和交流负载线所表示的物理意义是什么？
（2）根据放大倍数公式

$$A_U = -\beta \frac{R_c /\!/ R_L}{r_{be}} \tag{3-13}$$

可知，加大 R_c 的值可以提高 A_U，如果无限制地增大 R_c，A_U 是否可以无限增大？为什么？
（3）测定输出电阻 r_o 为何能用式 3-10 来计算？负载电阻 R_L 改变时，对输出电阻有何影响？

3.4 场效应管放大器

3.4.1 实验目的

（1）掌握场效应管放大器的动态技术指标的测试方法。

（2）熟悉结型场效应管的特性曲线及参数。

3.2.2 实验原理

场效应管是一种较新型的半导体器件，其外形与普通晶体管相似，但两者的控制特性截然不同。普通晶体管是电流控制元件，通过控制基极电流达到控制集电极电流或发射极电流的目的，即信号源必须提供一定的电流才能工作，因此它的输入电阻较低，仅有几千欧。场效应管则是电压控制元件，它的输出电流决定于输入端电压的大小，基本上不需要信号源提供电流，所以它的输入电阻很高，可高达 $10^9 \sim 10^{10}\ \Omega$，这是它的突出特点。此外，场效应管还具有热稳定性好、抗辐射能力强、噪声系数小等优点，所以现在已被广泛应用于放大电路和数字电路中。场效应管按结构可分为结型和绝缘栅型两种。本次实验用的是 N 沟道结型场效应管 3DJ6F。

1. 结型场效应管的特性曲线和参数

（1）输出特性。结型场效应管的输出特性是指在栅源电压 v_{GS} 一定的情况下，漏极电流 i_D 与漏源电压 v_{DS} 之间的关系曲线，如图 3-11(a)所示。

（2）转移特性。所谓转移特性是在一定漏源电压 v_{DS} 下，栅源电压 v_{GS} 对漏极电流 i_D 的控制特性曲线，如图 3-11(b)所示。

（3）直流参数主要有饱和漏极电流 I_{DSS}，夹断电压 U_P 等。表 3-12 为 3DJ6F 典型的参数值及测试条件。

（4）交流参数主要有低频跨导 g_m，即

$$g_m = \frac{\Delta i_D}{\Delta v_{GS}}\bigg|_{v_{DS}=常数} \tag{3-14}$$

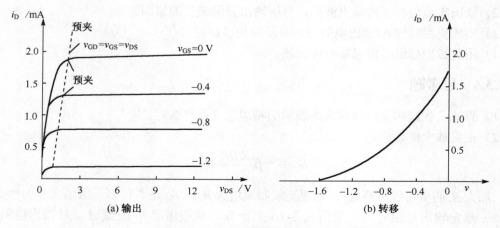

(a) 输出　　　　　　　　　(b) 转移

图 3-11　N 沟道结型场效应管输出特性曲线和转移曲线

表 3-12　3DJ6F 典型参数值

参 数 名 称	饱和漏电流 I_{DSS} /mA	夹断电压 U_P /V	跨导 g_m /μs
测试条件	$v_{DS} = 10\ V$ $v_{GS} = 0\ V$	$v_{DS} = 10\ V$ $i_{DS} = 50\ \mu A$	$v_{DS} = 10\ V$ $i_{DS} = 3\ mA$ $f = 1\ kHz$
参数值	1～3.5	<｜−9｜	＞100

2．场效应管放大器的性能指标分析

图 3-12 为结型场效应管组成的共源极放大电路。

（1）静态分析：

$$v_{GS} = v_G - v_S = (R_{g1} / R_{g2} + 1)v_{DD} - i_D R_S \tag{3-15}$$

$$i_D = I_{DDS}(1 - v_{GS} / U_P)^2 \tag{3-16}$$

（2）动态分析：

$$A_U = -g_m R'_L = -g_m R_d /\!/ R_L \tag{3-17}$$

$$r_i = R_G + R_{g1} /\!/ R_{g2} \tag{3-18}$$

$$r_o \approx R_d \tag{3-19}$$

$$g_m = -(2I_{DSS} / U_P)(1 - v_{GS} / U_P) \tag{3-20}$$

注意，g_m 也可由特性曲线用作图法求得。

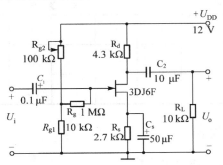

图 3-12　场效应管共源极放大电路

3．输入电阻的实验测量方法

理论上讲，单管放大器测量性能指标的方法，场效应放大器都适用，但是场效应管的 r_i 比较大，如果直接测输入电压 U_S 和 U_i，则限于测量仪器输入电阻有限，必然会带来较大的误差，因此为了减小误差，常利用被测放大器的隔离作用，通过测量输出电压 U_o 来计算输入电阻。即在信号源与放大器输入端之间串入已知电阻 R，测量放大器的输出电压 $U_{o1} = A_U U_s$。保持 U_S 不变，再把 R 短路（即使 $R = 0$），测量放大器的输出电压 U_{o2}。由于两次测量中 A_U 和 U_S 保持不变，故

$$U_{o2} = A_U U_i = [r_i /(R + r_i)]U_s A_U \tag{3-21}$$

可得出

$$r_i = U_{o2}R/(U_{o1} - U_{o2}) \tag{3-22}$$

式中，R 和 r_i 不要相差太大，本实验可取 $R = 100 \sim 200 \text{ k}\Omega$

3.4.3 实验内容

1. 静态工作点的测量和调整。

（1）按图 3-12 连接电路，接 $+12$ V 电源，用直流电压表测 U_G, U_S, U_D。检查静态工作点是否在特性曲线的中间部分。若合适，则记录数据于表3-13 中。

（2）若不合适，则调整 RP_1, R_g。调好后，再测，记录数据于表3-13 中。

2. 测量电压放大倍数、输出电阻。

在放大器的输入端加入 $f = 1$ kHz 的正弦信号 U_i（$50 \sim 100$ mV），并用示波器监视输出电压 U_o 的波形。在输出电压 U_o 没有失真的条件下，用交流毫伏表分别测量 $R_L = \infty$ 和 $R_L = 10$ kΩ 时的输出电压 U_o，记入表3-14 中。

表 3-13 静态工作点的测量

测　量　值						计　算　值		
U_G	U_S	U_D	U_{DS}	U_{GS}	I_D	U_{DS}	U_{GS}	I_D

表 3-14　A_U 和 r_o 的测量

测　量　值					计　算　值		U_i 和 U_o 的波形
	U_i	U_o	A_U	r_o	A_U	r_o	
$R_L = \infty$							
$R_L = 10$ kΩ							

3.4.4 实验仪器与设备

（1）ACL—I 型模拟电子技术实验箱；

（2）双踪示波器；

（3）交流数字毫伏表；

（4）信号发生器；

（5）万用表。

3.4.5 实验报告要求

（1）整理实验数据，将测得的数据 A_U, r_i, r_o 和理论值进行比较；

（2）比较场效应管放大器与晶体三极管放大器，总结场效应管放大器的特点；

（3）分析测试中的问题，总结实验收获。

3.4.6 思考题

（1）场效应管放大器输入回路电容 C_1 的值为什么可以小一点？
（2）为什么在测场效应管输入电阻时要用测输出电压的方法？

3.5 两级负反馈放大器

3.5.1 实验目的

（1）了解电压串联负反馈对放大器性能的影响。
（2）掌握负反馈放大器性能指标的测量方法。
（3）学习静态工作点的调试方法，训练按图接线和查线的能力，进一步熟悉仪器使用方法。

3.5.2 实验原理

1. 负反馈的基本概念与分类

凡是将电子电路输出端的信号的一部分或全部通过一定的电路形式作用到输入回路，用来影响输入量的措施就称为反馈。使放大电路净输入量增大的反馈称为正反馈，使放大电路净输入量减小的反馈称为负反馈。

通常，引入了交流负反馈的放大电路称为负反馈放大电路，负反馈放大器有电压串联、电压并联、电流串联和电流并联四种基本组态。正确分类是掌握负反馈的关键。

分类的具体方法：

根据净输入信号的增减可知电路是正反馈还是负反馈。

根据反馈信号和输入信号在输入回路的连接方式——串联或并联，即可知电路是串联反馈或并联反馈。

用输出端交流短路法判别电压反馈和电流反馈。

2. 负反馈放大器的分析

对负反馈进行定量计算是比较复杂的，关键是求基本放大器的 A。求 A 的原则是不计反馈的作用，而考虑反馈网络的负载效应。具体方法如下：

电压反馈令 $\quad U_o = 0 \quad X_f = F$
电流反馈令 $\quad I_o = 0 \quad X_f = F$

除去了反馈，求得输入回路。

串联反馈令 $\quad I_i = 0$
并联反馈令 $\quad U_i = 0$

除去了直通效应，求得输出回路。

这样，就组成了本实验内容中的基本放大器（即没有负反馈作用，但有反馈网络负载效应的放大器）。

3. 负反馈放大器对性能的影响

（1）放大倍数降低，但稳定性提高。

$$\frac{\Delta A_{\mathrm{f}}}{A_{\mathrm{f}}} = \frac{1}{1+A'F} \cdot \frac{\Delta A}{A} \tag{3-23}$$

式中，$\Delta A = A' - A$，A' 是 A 变化以后的数值，若 ΔA 较小，上式可表达为

$$\frac{\mathrm{d}A_{\mathrm{f}}}{A_{\mathrm{f}}} = \frac{1}{1+AF} \cdot \frac{\mathrm{d}A}{A} \tag{3-24}$$

（2）展宽频带。

上限频率增加为

$$f_{\mathrm{Hf}} = f_{\mathrm{H}}(1+A_{\mathrm{M}}F) \tag{3-25}$$

下限频率下降为

$$f_{\mathrm{Lf}} = f_{\mathrm{L}}(1+A_{\mathrm{M}}F) \tag{3-26}$$

带宽为

$$f_{\mathrm{3dBF}} = f_{\mathrm{Hf}} - f_{\mathrm{Lf}} \approx f_{\mathrm{3dB}}(1+A_{\mathrm{M}}F) \tag{3-27}$$

（3）减小非线性失真及抑制干扰和噪声。

混入信号源内部的干扰和噪声负反馈放大器无法抑制。

（4）对输入/输出电阻的影响。

凡串联负反馈，输入电阻增大；凡并联负反馈，输入电阻减小，而与反馈的取样对象无关。

凡电压负反馈，输出电阻减小；凡电流负反馈，输出电阻增大，而与输入端的连接方式无关。

3.5.3 实验内容

1. 调整各级静态工作点

电路接成基本放大器电路，$U_{\mathrm{CC}} = 12\,\mathrm{V}$，分别调节 $\mathrm{RP}_1, \mathrm{RP}_2$，使得 $U_{\mathrm{ce1}} = 10\,\mathrm{V}$，$U_{\mathrm{ce2}} = 6\,\mathrm{V}$，用万用表测量并记录各级静态工作点，记入表3-15中。

表 3-15　静态工作点的测量

	U_{b} /V	U_{e} /V	U_{c} /V	I_{c} /mA
第一级				
第二级				

2. 测定电压放大倍数

测量在开环（8 连 9 可近似地认为得出了没有负反馈作用但有反馈网络负载效应的基本放大器 S）与闭环（7 连 9）中频段电压放大倍数。

从输入端输入 1 kHz 约 5 mV 的正弦波信号，在输出波形无明显失真情况下，分别测出带负载与不带负载时开环与闭环的输出电压，计算电压放大倍数，分析是否符合

$$A_{\mathrm{Uf}} = \frac{A_{\mathrm{U}}}{1+A_{\mathrm{U}}F_{\mathrm{U}}} \tag{3-28}$$

用示波器监视输出波形 U_{o}。在 U_{o} 不失真的情况下，用交流毫伏表测量 $U_{\mathrm{o1}}, U_{\mathrm{oL1}}, U_{\mathrm{o2}}, U_{\mathrm{oL2}}$，记入表3-16中。

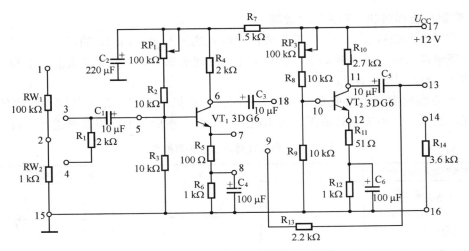

图 3-13　负反馈放大器实验板电路图

表 3-16　放大器电压放大倍数与输出电阻的测量

	U_i /mV	U_{o1} /mV	U_{oL1} /mV	U_{o2} /mV	U_{oL2} /mV	A_U	A_{UL}	$r_o = \left(\dfrac{U_{o2}}{U_{oL2}} - 1\right) R_L$
基本放大器								
负反馈放大器		—	—					

3．测定串联负反馈对输入电阻的影响

测量和计算负载时开环、闭环的输入电阻，数据记入表 3-17 中，并加以比较（测量方法见单级放大器实验）。

表 3-17　放大器输入电阻的测量

	E_i /mV	U_i /mV	$r_i = \dfrac{U_i}{E_i - U_i} R_i$ /kΩ
基本放大器			
负反馈放大器			

4．测定电压负反馈对输出电阻影响

根据表3-16中的记录数据，计算开环与闭环的输出电阻，并加以比较（测量方法见单级放大器实验）。

5．测量空载时，负反馈对幅频特性的影响

在开环与闭环两种情况下，分别从输入端输入一个正弦波信号。维持输入幅值不变，改变信号频率，在输出波形无明显失真情况下，测出不同频率（50 Hz～2 MHz）的输出电压，并绘出开环、闭环的幅频特性曲线（在转折处多测几点）。找出上下限频率 f_H 和 f_L，记入表3-18中。

表 3-18　负反馈对幅频特性的影响

	f_L	f_H	Δf
基本放大器			
负反馈放大器			

6. 观察负反馈对非线形失真的改善

（1）实验电路改接成基本放大器形式，在输入端加入 $f=1\,kHz$ 的正弦信号，输出端接示波器，逐渐增大输入信号的幅度，使输出波形出现失真，记下此时的失真波形和在最大不失真时输入、输出电压的幅度；

（2）再将实验电路改接成负反馈放大器形式，逐渐增大输入信号的幅度，使输出波形出现失真，记下最大不失真时输入、输出电压的幅度，然后与上一步数据进行比较。

表 3-19　负反馈对非线形失真的改善

非线形失真时输入/输出电压	U_i /mV	U_o /V	非线形失真波形
基本放大器			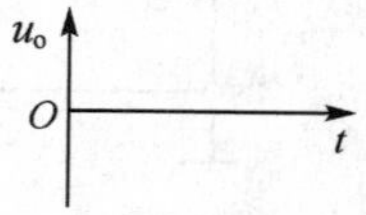
负反馈放大器			

3.5.4　实验仪器与设备

（1）ACL—Ⅰ型模拟电子技术实验箱；
（2）双踪示波器；
（3）交流数字毫伏表；
（4）信号发生器；
（5）万用表。

3.5.5　实验报告要求

（1）整理好实验数据，并列表与理论值及估算值比较，分析误差原因；
（2）对比负反馈放大器与基本放大器各项性能指标，总结负反馈对放大各项性能指标的影响。

3.5.6　思考题

实验内容第 2 点中的 9 接 8，为什么能得到没有负反馈作用但有反馈网络负载效应的基本放大器？（建议本实验分两次完成。）

3.6　差分放大器

3.6.1　实验目的

（1）通过实验，加深对差分放大器性能特点的理解。
（2）掌握对差分放大器电路的调整及其性能指标的测试方法。

3.6.2　实验原理

我们以如图 3-14 所示的差分放大电路为例，说明其工作原理及其主要性能指标。其中 VT_1，VT_2 组成了差分放大器，它由两个元件参数相同的基本共射放大电路组成。当 11 接 12

时，构成典型的差分式放大器。调零电位器 RP 用来调节 V_1,V_2 管的静态工作点，使得输入信号 $U_i=0$ 时，双端输出电压 $U_o=0$。R_e 为两管共用的发射极电阻，它对差模信号无负反馈作用，因而不影响差模电压放大倍数，但对共模信号有较强的负反馈作用，故可以有效地抑制零漂，稳定静态工作点。当 11 接 13 时，构成具有恒流源的差分式放大器，用晶体管恒流源代替发射极电阻 R_e，可以进一步提高差分式放大器抑制共模信号的能力。

1. 静态工作点的估算

典型电路
$$I_e \approx \frac{|U_{ee}| - U_{be}}{R_e} \quad (认为 \ U_{B1} = U_{B2} \approx 0) \tag{3-29}$$

$$I_{c1} = I_{c2} = \frac{1}{2} I_e \tag{3-30}$$

恒流源电路
$$I_{c3} \approx I_{e3} \approx \frac{\dfrac{R_2}{R_1+R_2}(U_{cc}+|U_{ee}|) - U_{be}}{R_{e3}} \tag{3-31}$$

$$I_{c1} = I_{c2} = \frac{1}{2} I_{c3} \tag{3-32}$$

2. 差模电压放大倍数和共模电压放大倍数

当差分式放大器的射极电阻 R_e 足够大，或采用恒流源电路时，差模电压放大倍数 A_{UD} 由输出方式决定，而与输入方式无关。

双端输出：　$R_e = \infty$，RP 在中心位置

$$A_{UD} = \frac{\Delta U_o}{\Delta U_i} = \frac{-\beta R_c}{R_{b1} + R_{b0} + \dfrac{1}{2}(1+\beta)RP} \tag{3-33}$$

单端输出：
$$A_{UD1} = \frac{\Delta U_{C1}}{\Delta U_i} = \frac{1}{2} A_{UD} \tag{3-34}$$

$$A_{UD2} = \frac{\Delta U_{C2}}{\Delta U_i} = -\frac{1}{2} A_{UD} \tag{3-35}$$

当输入共模信号时，若为单端输出，则有

$$A_{UC1} = A_{UC2} = \frac{\Delta U_{C1}}{\Delta U_1} = \frac{-\beta R_c}{R_{b1} + r_{be} + (1+\beta)\left(\dfrac{1}{2}RP + 2R_e\right)} \approx -\frac{R_c}{2R_e} \tag{3-36}$$

若为双端输出，在理想情况下，则

$$A_{UC} = -\frac{\Delta U_C}{\Delta U_i} = 0 \tag{3-37}$$

实际上，由于元件不可能完全对称，因此 A_{UC} 也不绝对等于零。

3. 共模抑制比 K_{CMRR}

为了表征差分式放大器对有用信号（差模信号）的放大作用和对共模信号的抑制能力，通常用一个综合指标来衡量，即共模抑制比

$$K_{\mathrm{CMRR}} = \left| \frac{A_{\mathrm{UD}}}{A_{\mathrm{UC}}} \right| \quad \text{或} \quad K_{\mathrm{CMRR}} = 20\lg \left| \frac{A_{\mathrm{UD}}}{A_{\mathrm{UC}}} \right| \quad \text{(dB)} \tag{3-38}$$

差分式放大器的输入信号可采用直流信号，也可采用交流信号。本实验由信号源提供频率 $f = 1\,\mathrm{kHz}$ 的正弦信号作为输入信号。

3.6.3　实验内容

1. 典型差分式放大器性能测试

把如图3-14所示的实验电路板插在模拟电路实验箱上。

1）测量静态工作点

调节放大器零点：

信号源不接入。将放大器输入端 1,5 与地短接，接通电源，用万用表测量输出电压 U_{o}，调节调零电位器 RP，使 $U_{\mathrm{o}} = 0$。调节要仔细，力求准确。

测量静态工作点：

零点调好以后，用万用表测量 VT_1, VT_2 管各电极电位及射极电阻 R_{e} 两端电压 U_{Re}，记入表3-20中。

2）测量差模电压放大倍数

将信号源的输出端接放大器输入 1 端，地端接放大器输入 5 端，构成双端差模输入方式（注意，此时信号源浮地），给放大器输入 1 kHz，100 mV 的交流正弦信号，用示波器监视输出端（单端输出 U_{c1} 或 U_{c2}），在输出波形无失真的情况下，用交流数字毫伏表测 U_{c1}，U_{c2}，记入表3-21中。

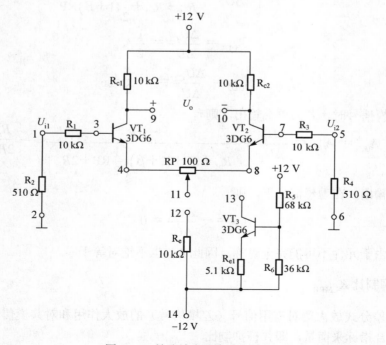

图 3-14　差分放大器实验电路图

表 3-20 静态工作点的测量

测　量　值	U_{c1} /V	U_{b1} /V	U_{e1} /V	U_{c2} /V	U_{b2} /V	U_{e2} /V	U_{Re} /V
计　算　值	I_{c1} /mA	I_{c2} /mA	I_{b1} /mA	I_{b2} /mA	U_{ce1} /V	U_{ce2} /V	

3）测量共模电压放大倍数

将放大器 1,5 短接，信号发生器接 1 端与放大器的地之间，构成共模输入方式，调节输入信号为 $f = 1\,\mathrm{kHz}$，$U_i = 1\,\mathrm{V}$，在单端输出电压波形无失真的情况下，测量 U_{c1}，U_{c2} 之值，并记入表3-21中。

2．具有恒流源的差分式放大电路性能测试

构成具有恒流源的差分式放大电路。重复内容 1 的要求，把结果记入表3-21中。

3.6.4　实验仪器与设备

（1）ACL—I 型模拟电子技术实验箱；
（2）双踪示波器；
（3）信号发生器；
（4）交流数字毫伏表；
（5）万用表。

3.6.5　实验报告要求

（1）整理实验数据，将实验值与理论计算值进行比较讨论；
（2）分析实验数据，总结差分放大器的特点。

表 3-21　差分放大器放大倍数的测量

	典型差分式放大电路		具有恒流源差分式放大电路	
	差　模　输　入	共　模　输　入	差　模　输　入	共　模　输　入
U_I	100 mV	1 V	100 mV	1 V
U_{c1} /V				
U_{c2} /V				
$A_{UD} = \dfrac{U_o}{U_i} = -\dfrac{|U_{c1}|+|U_{c2}|}{U_i}$				
$A_{UC} = \dfrac{U_o}{U_i} = \dfrac{|U_{c2}|-|U_{c1}|}{U_i}$				
$K_{CMR} = \left\|\dfrac{A_{UD}}{A_{UC}}\right\|$				

3.6.6　思考题

（1）能否用毫伏表直接测量双端输出电压有效值 U_o，为什么？
（2）当 K_{CMRR} 为有限值，且保持信号源 U_s 幅度不变时，试问：单端输入和双端输入两种情况下，其输出 U_o 值是否相同？为什么？

3.7 集成运放指标测试

3.7.1 实验目的

（1）熟悉集成运算放大器主要指标的定义。
（2）掌握运算放大器主要指标的测试方法。

3.7.2 实验原理

集成运算放大器的结构特点，决定了集成运算放大器的技术指标很多。各种主要参数均比较适中的是通用型运算放大器，对某些技术指标有特殊要求的是各种特种运算放大器。为了正确选用集成运放，有必要了解它的主要参数指标。集成运放组件的各项指标通常是用专用仪器进行测试的，以下详细介绍各主要参数实验室常用的简易测试方法及调零消振的方法。

本实验采用的集成运放型号为 μA741，引脚排列如图 3-2 所示。

1. 输入失调电压 U_{IO}

输入失调电压 U_{IO} 是表征运放内部电路对称性的指标。其定义为，欲使运放的输出电压为零，在运放的输入级差分放大器所加的输入电压的数值。理想运放输入信号为零时，其输出直流电压也应为零。但实际上，如果无外界调零的措施，由于运放内部差动输入级参数的不完全对称，输出电压则往往不为零。所以，这种零输入时输出不为零的现象称为集成运放的失调。

测试失调电压电路如图 3-15 所示。闭合开关 S_1 及 S_2 使电阻 R_B 短接，测量出此时输出失调电压 U_{o1}，则输入失调电压为

$$U_{IO} = \frac{R_1}{R_1 + R_F} U_{o1} \tag{3-39}$$

测试中应注意：

① 将运放调零端开路；
② 要求电阻 R_1 和 R_2，R_3 和 R_F 的参数严格对称；
③ 实际测出的 U_{o1} 可能为正，也可能为负，高质量的运放 U_{IO} 一般在 1 mV 以下。

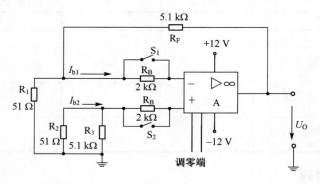

图 3-15 失调电压测试电路

2. 输入失调电流 I_{IO}

输入失调电流 I_{IO} 定义为：当输入信号为零时，运放的两个输入端的基极偏置电流之差，即

$$I_{IO}=|I_{B1}-I_{B2}| \tag{3-40}$$

输入失调电流的大小反映了运放内部差动输入级两个晶体管 β 的不对称程度，测试电路如图 3-15 所示。首先，闭合开关 S_1 及 S_2，在低输入电阻下，测出输出电压 U_{o1}，然后断开 S_1 及 S_2，两个输入电阻 R_B 接入。由于 R_B 阻值较大，流经它们的输入电流的差异，将变成输入电压的差异，因此，也会影响输出电压的大小，可见测出两个电阻 R_B 接入时的输出电压 U_o，若从中扣除输入失调电压 U_{IO} 的影响，则得到输入失调电流为

$$I_{IO}=|I_{B1}-I_{B2}|=\left|U_{o2}-U_{o1}\right|\frac{R_1}{R_1+R_F}\cdot\frac{1}{R_B} \tag{3-41}$$

测试中应注意：

① 将运放调零端开路；

② 两输入端电阻 R_B 必须精确配对；

③ I_{B1} 和 I_{B2} 本身的数值很小（微安级）。

3. 开环差模放大倍数 A_{UO}

开环差模放大倍数 A_{UO} 定义为集成运放在没有外部反馈时的直流差模电压放大倍数，即开环输出电压 U_o 与两个差分输入端之间所加信号电压 U_{id} 之比

$$A_{UO}=\frac{U_o}{U_{id}} \tag{3-42}$$

A_{UO} 的测试方法很多。A_{UO} 本来是直流电压放大倍数。但为了测试方便，通常采用低频（几十赫兹以下）正弦交流信号进行测量，由于集成运放的开环电压放大倍数很高，难以直接进行测量，故一般采用闭环测量方法。现如图 3-16 所示采用交、直流电压输入，并且同时闭环的测试方法。被测运放一方面通过 R_F,R_1,R_2 完成直流闭环。以抑制输出电压漂移，另一方面通过 R_F 和 R_S 实现交流闭环，外加信号 U_s 经 R_1,R_2 分压使 U_{id} 足够小，以保证运放工作在线性区。为了减小输入偏置电流的影响，同相输入端电阻 R_3 应与反相输入端电阻相匹配。

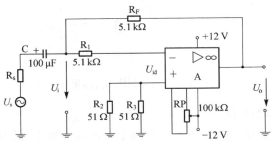

图 3-16 开环差模增益 A_{UO} 的测试电路

被测运放的开环电压放大倍数为

$$A_{UO}=\frac{U_o}{U_{id}}=\left(1+\frac{R_1}{R_2}\right)\left|\frac{U_o}{U_i}\right| \tag{3-43}$$

测试中应注意：

① 测试前电路应首先消振及调零;

② 为了使被测运放工作在线性区, 输出信号幅度应较小, 无明显失真;

③ 输入信号频率应较低, 一般用 $50 \sim 100\ \text{Hz}$。

4. 共模抑制比 K_{CMRR}

共模抑制比定义为集成运放的差模电压放大倍数与共模电压放大倍数之比的绝对值[见式(3-38)]。

共模抑制比是衡量运放优劣很重要的参数, 理想运放对输入的共模信号其输出为零。但在实际的集成运放中, 其输出不可能没有共模信号的成分, 输出端共模信号愈小, K_{CMRR} 愈大, 说明电路对称性愈好, 即运放对共模干扰信号的抑制能力愈强。K_{CMRR} 的测试电路如图 3-17 所示, 原理同减法电路。此时差模电压放大倍数为

$$A_{\text{UD}} = -\frac{R_{\text{F}}}{R_1} \tag{3-44}$$

当接入共模输入信号 U_{ic} 时, 测得 U_{oc}, 则共模电压放大倍数为

$$A_{\text{UC}} = \frac{U_{\text{oc}}}{U_{\text{ic}}} \tag{3-45}$$

求出共模抑制比 $\qquad K_{\text{CMRR}} = \left| \frac{A_{\text{UD}}}{A_{\text{UC}}} \right| = \frac{R_{\text{F}}}{R_1} \cdot \frac{U_{\text{oc}}}{U_{\text{ic}}} \tag{3-46}$

测试中应注意:

① 测试前电路应首先消振及调零;

② R_1 和 R_2, R_3 和 R_{F} 之间阻值严格对称;

③ 输入信号 U_{ic} 幅度必须小于集成运放的最大共模输入电压 U_{icm}。

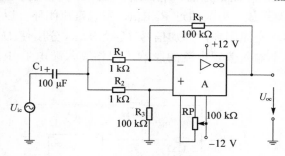

图 3-17 共模抑制比 K_{CMRR} 的测试电路

5. 最大共模输入电压 U_{icm}

最大共模输入电压 U_{icm} 定义为运放的两个输入端所能承受的最大的共模输入电压。 当超过此电压时, 集成运放共模抑制能力显著下降, 输出波形产生失真, 有些运放还会出现"自锁"现象以及永久性的损坏。

U_{icm} 的测试电路如图3-18所示。被测运放接成电压跟随器形式, 用示波器观察输出电压波形, 找到最大不失真输出波形, 从而确定 U_{icm} 值。

6. 输出电压最大动态范围 U_{opp}

输出电压最大动态范围 U_{opp} 定义为最大不失真输出电压峰峰值。集成运放的输出电压动态范围与电源电压、外接负载及信号源频率都有关。测试电路如图 3-19 所示。

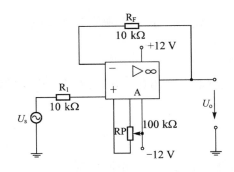

图 3-18　U_{icm} 的测试电路

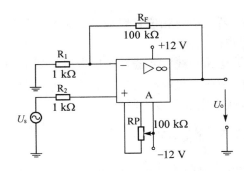

图 3-19　输出电压最大动态范围 U_{opp} 的测量

改变 U_s 幅度，观察输出电压波形，找到 U_o 削顶失真开始时刻，从而确定 U_o 的不失真范围，这就是运放在某一定电源电压下可能输出的电压峰峰值 U_{opp}。

7．调零

为提高运算精度，保证输入为零时，输出也为零，在运算前，应首先对直流输出电位进行调零。具体方法是：当运放有外接调零端子时，可按组件要求接入调零电位器 **RP**，调零时将输入端接地，调零端接入电位器 **RP**，用直流电压表测量输出电压 U_o，仔细调节 RP，使 U_o 为零（即失调电压为零）。如果运放没有调零端子，需要调零时，可按图 3-20 所示电路进行调零。

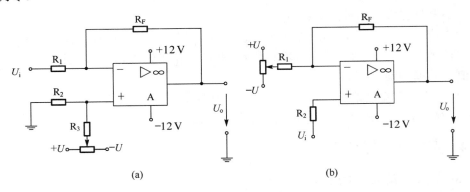

(a)　　　　　　　　　　　　　(b)

图 3-20　运放没有调零端子时的调零方法

如果运放不能调零，大致有如下原因：

① 组件正常，接线有错误；

② 组件正常，但负反馈不够强，为此可将 R_F 短路，观察是否能调零；

③ 组件正常，但由于它所允许的共模输入电压太低，可能出现自锁现象，因而不能调零。为此可将电源断开后，再重新接通，如能恢复正常，则属于这种情况；

④ 组件正常，但电路有自激现象，应进行消振；

⑤ 组件内部损坏，应更换好的集成运放。

8．消振

如果运算放大器输入信号为零，又有输出，则称为自激。自激会使各种运算功能无法实现，严重时还会损坏器件。在实验中，可用示波器监视输出波形是否出现自激。为消除运放的自激，常采用如下措施：

① 若运放有相位补偿端子。可利用外接 RC 补偿电路，产品手册中有补偿电路及元件参数提供；

② 电路布线、元器件布局应尽量减小分布电容；

③ 在正、负电源线与地之间接上几十微法的电解电容和 0.01～0.1 μF 的陶瓷电容相并联，以减小电源引线的影响。

3.7.3　实验内容

实验前看清运放管脚排列及电源电压极性及数值，切忌正、负电源接反。

1. 测量输入失调电压 U_{IO}

按图3-15连接实验电路，闭合开关 S_1, S_2，用数字直流电压表测量输出电压 U_{o1}，计算 U_{IO} 并填入表3-22中。

表 3-22　集成运放性能参数测量

U_{IO} /mA		I_{IO} /nA		A_{UD} /dB		K_{CMR} /dB	
实 测 值	典 型 值	实 测 值	典 型 值	实 测 值	典 型 值	实 测 值	典 型 值

2. 测量输入失调电流 I_{IO}

电路如图3-15所示，打开 S_1, S_2 开关，用数字电压表测量 U_{o2}，计算 I_{IO} 记入表3-22中。

3. 测量开环差模电压放大倍数 A_{UD}

按图3-16连接实验电路，运放输入端加频率为 100 Hz，大小为 30～50 mV 的正弦信号。用示波器监视输出波形。用交流毫伏表测量 U_o 和 U_i，并计算 A_{UD}，记入表3-22中。

4. 测量共模抑制比 K_{CMRR}

按图3-17连接实验电路，运放输入端加 $f = 10$ Hz，$U_{ic} = 1～2$ V 的正弦信号。监视输出波形。测量 U_{oc} 和 U_{ic}，计算 A_{UD} 及 K_{CMR}，记入表3-22中。

3.7.4　实验仪器与设备

（1）ACL—I 型模拟电子技术实验箱；

（2）双踪示波器；

（3）信号发生器；

（4）交流数字毫伏表；

（5）万用表；

（6）集成运算放大器 μA741 及实验相关元件。

3.7.5　实验报告要求

（1）将所测得的数据与典型值进行比较；

（2）对实验结果及实验中碰到的问题进行分析、讨论。

3.7.6　思考题

（1）当测量输入失调参数时，为什么运放反相及同相输入端的电阻要精选，以保证严格对称？

（2）当测量输入失调参数时，为什么要将运放调零端开路，而在进行其他测试时，则要求对输出电压进行调零？

3.8 文氏电桥振荡器

3.8.1 实验目的

了解用集成运算放大器构成的 RC 振荡电路的工作原理及调试方法。

3.8.2 实验原理

利用集成运算放大器的优良特性，根据自激振荡原理，采用正负反馈相结合，将一些线性和非线性的元件与集成运放进行不同组合，可以方便地构成性能良好的正弦波振荡器和各种波形发生器电路。由于集成运算放大器本身高频特性的限制，一般只能构成频率较低的 RC 振荡器。本实验仅限于对最基本的波形发生电路进行实验研究。

集成运算放大器输入端接上具有选频特性的 RC 文氏电桥可以构成文氏电桥振荡器，产生正弦波信号。RC 文氏电桥的 RC 串并联电路的选频特性如图 3-21(a) 所示。一般取 $R_1 = R_2 = R$，$C_1 = C_2 = C$，则 RC 串并联电路有对称的选频特性曲线如图 3-21(b)所示。当频率 $f_o = 1/2\pi RC$ 时，可在 R,C 并联的两端得到最大的电压值 $u_{f+} = u_o/3$，把这个电压输入运算放大器的同相端作为正反馈信号，把电阻 R_3,R_4 的分压电压作为负反馈信号 u_{f-} 输入运算放大器的反相端。如图 3-22 所示，调节电阻 RP，使负反馈电压 u_{f-} 接近正反馈电压 u_{f+}，但又稍小于正反馈电压 u_{f+}，这时电路满足振荡的幅值和相位条件，而且输出波形失真最小。如果负反馈电压远小于正反馈电压，即 $u_{f-} \ll u_{f+}$，虽电路满足振荡条件，但因正反馈过强，使输出波形严重失真。如果负反馈电压远大于正反馈电压 $u_{f-} \gg u_{f+}$，则电路不满足振荡条件，不能起振。因为 RC 串并联电路在振荡频率 f_o 时的输出电压 u_{f+} 是输入电压（即运算放大器的输出电压 u_o）的 1/3。

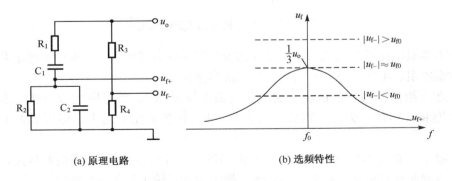

(a) 原理电路　　　　　　　　　　(b) 选频特性

图 3-21　RC 文氏电桥

实际上要始终精确保持 $|u_{f-}|$ 与 $|u_{f+}|$ 接近是困难的，为此在电阻 R_3 的一部分阻值上并联二极管，电路如图 3-22 所示。当输出电压 u_o 幅度增大时，二极管两端的电压也增大，使二极管的导通电阻减小，负反馈增强，从而阻止输出电压 u_o 的增加；反之，当输出电压 u_o 减

小时，负反馈减弱，使输出电压 u_o 幅值增大，这样就起到了稳定输出电压幅度的作用。除了二极管，常用的稳幅元件还有热敏电阻等。

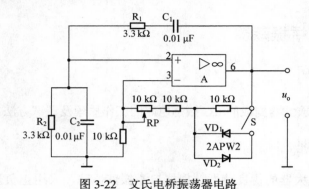

图 3-22　文氏电桥振荡器电路

3.8.3　实验内容

（1）把如图3-23所示的实验电路板插装在 ACL—I 型模拟电路实验箱上。

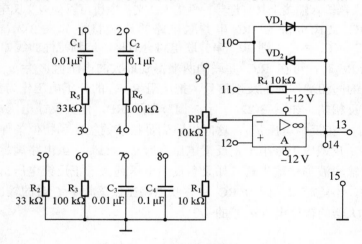

图 3-23　文氏电桥振荡器实验板电路

（2）本实验电路板共提供了四种不同的 RC 串并联方式供选择。实验者可选其中的一种连线。注意电阻、电容的选取必须使两个阻值容值相等。

（3）在不接入二极管的情况下调节负反馈电位器 RP，使电路起振，并使输出的上下半波产生饱和（平顶）失真。然后，再调节 RP，使失真刚好消失，得到最大不失真的正弦信号。

（4）描下失真及不失真波形，并在示波器屏幕上读出波形的峰-峰值和周期，标注在波形图中，再据此计算出波形有效值和频率。把上述测量结果记入表3-23中。

（5）在得到最大不失真输出波形的情况下，断开负反馈（即让 9 端悬空），观察波形，并记录波形及各项数据。

（6）接入稳幅二极管 VD_1, VD_2，再调节 RP，使输出波形为最大不失真的正弦波。观察波形的稳定情况，并与不接入稳幅二极管的情况进行比较。

（7）换另三组 R_1, R_2, C_1, C_2 的值，观察正弦波输出信号的频率变化。

表 3-23　RC 振荡电路的实验结果

	失真波形	最大不失真波形	无负反馈失真波形	
	$U_{om}=$ 　V, $U_o=$ 　V, $T=$ 　ms, $f=$ 　Hz	$U_{om}=$ 　V, $U_o=$ 　V, $T=$ 　ms, $f=$ 　Hz	$U_{om}=$ 　V, $T=$ 　ms, $f=$ 　Hz	
R_1, R_2 电阻值　/kΩ	33	33	100	100
C_1, C_2 电容值　/μF	0.01	0.1	0.01	0.1
T /ms				
频率计算值 $f=\dfrac{1}{2\pi RC}$ /Hz				
频率测量值* /Hz				
波形稳定情况　二极管接入时				
波形稳定情况　二极管断开时				
负反馈强弱对输出波形的影响				

* 频率测量值指根据所测周期 T 计算出 $f=1/T$。

3.8.4　实验仪器与设备

（1）ACL—I 型模拟电子技术实验箱；
（2）双踪示波器；
（3）数字交流毫伏表；
（4）万用表。

3.8.5　实验报告要求

实验结果与分析。
（1）描绘 RC 振荡电路的最大不失真波形及失真波形，标明峰值、周期和频率，并与理论计算值进行比较；
（2）根据实验过程中，观察波形从无到有、从正弦到失真波形，分析负反馈强弱对起振条件及输出波形的影响；
（3）分析 VD_1, VD_2 的稳幅作用。

3.8.6　思考题

已知 F007 型运放的 $G \cdot BW = 1\,\text{MHz}$；试问：能否用它设计制作 100 kHz 的文氏振荡器？如有可能，试确定各元件值。

3.9 集成稳压电源

3.9.1 实验目的

（1）应用集成稳压器实现稳压电源。
（2）掌握集成稳压器扩展性能的方法。

3.9.2 实验原理

目前集成稳压器已成为模拟集成电路的重要分支，广泛地应用于各种电子设备中。集成稳压器具有体积小，重量轻，使用方便，温度特性好和可靠性高等一系列优点。常见的集成稳压器分为多端式和三端式。三端式集成稳压器外部只有三个引线端子，分别接输入端、输出端和公共接地端，一般不需外接元件，并且内部有限流保护、过热保护及过压保护，使用方便、安全。

三端式集成稳压器分为固定输出和可调输出两种。固定输出又分为正电压输出和负电压输出。W78 系列三端式稳压器输出正电压，W79 系列输出负电压。一般都分为 5 V,6 V,8 V,12 V,15 V,18 V,24 V 七种，输出电流最大可达 1.5 A（加散热片）。同类型 W78M 系列稳压器的输出电流为 0.5 A，W78L 系列稳压器的输出电流为 0.1 A。图 3-24 为 W7809 的外形

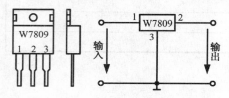

图 3-24　W7809 的外形和管脚图

和管脚图。其中，1 为输入端，2 为输出端，3 为公共端。它的主要参数有：输出直流电压 $U_o = +9$ V，输出电流 L: 0.1 A，M: 0.5A，电压调整率为 10 mV/V，输出电阻 $r_o = 0.15\ \Omega$，输入电压 U_i 的范围 12～16 V。在选取型号时，为了保证集成稳压器工作在线性区，一般 U_i 要比 U_o 大 3～5 V。

用三端式稳压器 W7809 构成的单电源电压输出串联型稳压电源的实验电路图如图 3-25 所示。电路分为降压、整流、滤波、稳压四部分。其中，降压部分电路采用变压器实现；整流部分电路采用由四个二极管组成的桥式整流电路（图 3-25 中选用的桥式整流器成品又称为桥堆，型号为 ICQ—4B,内部连线和外部管脚引线如图 3-26 所示）；滤波部分电路用电解电容 C_1，C_3。同时，在输入端必须接入电容器 C_2（数值为 0.33 μF），用以滤除输出端的高频干扰信号。

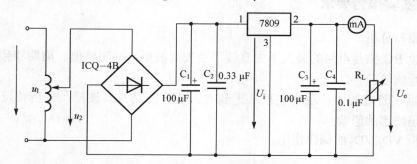

图 3-25　三端式稳压器 W7809 构成的单电源电压输出串联型稳压电源

在实际应用中，为了满足条件要求，用三端稳压器设计的电路形式是多种多样的。以下介绍几种常用电路：

（1）正、负双电压输出电路：如图 3-27 所示，选用 W7818 和 W7918 三端稳压器，则可满足要求 $U_{o1} = +18\text{V}$，$U_{o2} = -18\text{V}$，当然这时的 U_I 也应为单电源电压输出时的两倍。

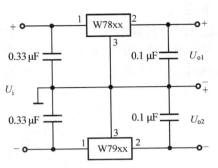

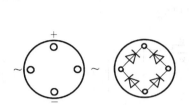

图 3-26　桥堆内部连线和外部管脚

图 3-27　正、负双电压输出电路

（2）输出电压扩展电路：当集成稳压器本身的输出电压和输出电流不能满足要求时，可通过外接电路来进行性能扩展。图 3-28 是一种简单的输出电压扩展电路。由于 W7812 稳压器的 3,2 端间输出电压稳定为 12 V，因此只要适当选择 R 的值，使稳压管工作在稳压区，则输出电压 $U_o = 12 + U_{DW}$，可以高于稳压器的输出电压。

（3）输出电流扩展电路：图 3-29 是通过外接晶体管 VT 及电阻 R_1 来进行电流扩展的电路。电阻 R_1 的阻值由外接晶体管的发射结导通电压 U_{be}、三端式稳压器的输入电流 I_i 和 VT 的基极电流决定，即

$$R_1 = \frac{U_{be}}{I_R} = \frac{U_{be}}{I_i - I_b} = \frac{U_{be}}{I_{o1} - \dfrac{I_c}{\beta}} \tag{3-47}$$

式中，$I_c = I_o - I_{o1}$ 为晶体管 VT 的集电极电流，β 为电流的放大系数，锗管 U_{be} 约为 0.3 V，硅管 U_{be} 约为 0.7 V。

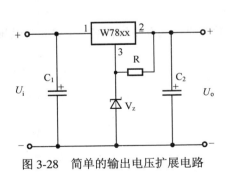

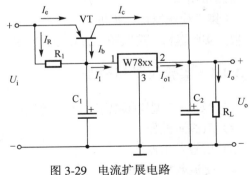

图 3-28　简单的输出电压扩展电路

图 3-29　电流扩展电路

3.9.3　实验内容

1. 整流滤波电路测试

按图3-30连接实验电路，调压器输出手柄旋至零。接通 220 V 交流电源，缓慢增大调压器输出电压，使 $U_2 = 18$ V，测量输出端直流电压 U_L 及纹波电压。用示波器观察 u_2, u_L 的波形，把数据及波形记入自拟表格中。

2．集成稳压器性能测试

断开电源。按图3-25改接实验电路，取负载电阻 $R_L=120\ \Omega$。

1）初测

接通电源，缓慢增大调压器输出电压，注意观察集成稳压器输出电压的变化。调节 $U_2=18\ V$，测量滤波电路输出电压 U_L，集成稳压器输出电压 U_o，它们的数值应与理论值大致符合，否则说明电路出了故障。设法查找故障并加以排除。

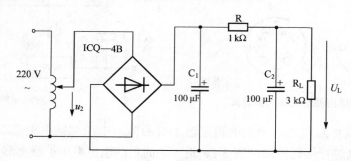

图 3-30 整流滤波电路

电路经初测进入正常工作状态后，才能进行各项指标的测试。

2）各项性能指标测试

① 输出电压 U_o 和最大输出电流 I_{omax}。

在输出端接负载电阻 $R_L=120\ \Omega$，由于 W7812 输出电压 $U_o=12\ V$，因此流过 R_L 的电流为 $I_{omax}=12/120=100\ mA$。这时 U_o 应基本保持不变，若变化较大，则说明集成块性能不良。

② 稳压系数 S 的测量。

③ 输出电阻 r_o 的测量。

④ 输出纹波电压的测量。

将测量结果记入自拟表格中。

3）集成稳压器性能扩展

根据实验器材，选取图3-28和图3-29中各元器件，并自拟测试方法与表格。记录实验结果。

3.9.4　实验仪器与设备

（1）ACL—Ⅰ型模拟电子技术实验箱；

（2）双踪示波器；

（3）信号发生器；

（4）交流数字毫伏表；

（5）万用表；

（6）毫安表。

3.9.5　实验报告要求

（1）整理实验数据，计算 S 和 r_o，并与手册上的典型值进行比较；

（2）分析讨论实验中发生的现象和问题。

3.9.6 思考题

在测量稳压系数 S 和输出电阻值 r_o 时，应怎样选择测试仪表？

3.10 OTL 功率放大器

3.10.1 实验目的

（1）进一步理解功率放大电路的特点及 OTL 功率放大器的工作原理。
（2）学会 OTL 电路的调试及主要性能指标的测量方法。

3.10.2 实验原理

图 3-31 所示的是 OTL 低频功率放大器电路图。其中 VT_1 为推动级（也称前置放大级），VT_2，VT_3 是一对参数对称的 NPN 型和 PNP 型三极管，它们组成互补推挽 OTL 功率放大电路。由于每一个管子都接成射极输出器形式，因此具有输出电阻低、负载能力强等优点，适合于作为功率输出级。

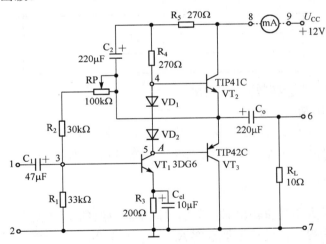

图 3-31 OTL 低频功率放大器电路图

OTL 电路的主要性能指标如下。

1. 最大不失真输出功率 P_{om}

理想情况下，

$$P_{om} = \frac{1}{8}\frac{U_{CC}^2}{R_L} \tag{3-48}$$

在实验中，可通过测量 R_L 两端的电压有效值来求得实际的大小，即

$$P_{om} = \frac{U_o^2}{R_L} \tag{3-49}$$

2. 效率 η

$$\eta = \frac{P_{\text{om}}}{P_V} \times 100\% \tag{3-50}$$

式中，P_V 为直流电源供给的平均功率。

理想情况下，$\eta_{\text{max}} = 78.5\%$。在实验中，可测量电源供给的平均电流 I_{dc}，从而求得 $P_V = U_{\text{CC}} I_{\text{dc}}$，负载上的交流功率已用上述方法求出，因而也就可以计算实际效率了。

3.10.3 实验内容

1. 测定静态工作点

按图 3-31 接好线路，接通 +12 V 电源，用手触摸输出级三极管，若电流太大，管子升温显著，应立即断开电源检查原因，如果无异常现象，可开始调试。

调节电位器 RP，用数字直流电压表（万用表直流电压挡）测量 5（A）点电位，使 $U_A = 8$ V 调整好后，测量各级静态工作点，记入表 3-24 中

表 3-24 静态工作点的测量（$U_A = 8$ V）

	VT$_1$	VT$_2$	VT$_3$
U_B /V			
U_C /V			
U_E /V			

2. 最大输出功率 P_{om} 和效率 η 的测试

1）测量最大输出功率 P_{om}

输入端接 $f = 1$ kHz 的正弦信号 v_i，输出端用示波器观察输出电压 v_o 波形。逐渐增大 v_i，使输出电压达到最大不失真输出，用交流毫伏表测出负载 R_L 上的电压 U_{om}，按式(3-49)计算 P_{om}。

2）测量效率 η

当输出电压为最大不失真输出时，测出直流电源供给的平均电流 I_{dc}，电流 I_{dc} 可在 8,9 两端接毫安表直接测得。由此可近似求得 $P_V = U_{\text{CC}} I_{\text{dc}}$，再根据上面测得的 P_{om}，按式(3-50)计算 η。

3）观察交越失真波形

当保持最大不失真功率时，输入信号大小及静态工作点位置不变，将 VD$_1$,VD$_2$ 在电路中短接（即 4 与 5 相连接），观察并记录输出波形。

表 3-25 OTL 功率放大器数据表格

最大不失真输出功率 P_{om} 及效率 η			交越失真波形
$R_L = 10$ Ω	$U_{\text{om}} =$ V	$P_{\text{om}} =$ W	
$U_{\text{CC}} = 12$ V	$I_{\text{DC}} =$ A	$P_V =$ W	
	$\eta =$ %		
噪声电压	$U_N =$ mV		

4）噪声电压的测试

测量时将输入短路（$U_i = 0$），观察输出噪声波形，并用交流毫伏表测量输出电压，即为噪声电压 U_N。本电路若 $U_N < 15\,\text{mV}$，即满足要求。

5）试听

输入信号改接收音机（或录音机）输出，输出端接试听音响及示波器，开机试听，并观察语言和音乐信号的输出波形。

3.10.4 实验仪器与设备

（1）ACL—I 型模拟电子技术实验箱；

（2）双踪示波器；

（3）交流数字毫伏表；

（4）信号发生器；

（5）万用表。

3.10.5 实验报告要求

（1）整理实验数据，计算最大不失真输出功率、效率等数据，并与理论值进行比较，画出交越失真波形；

（2）讨论实验中发生的问题及解决办法；

（3）分析自举电路的作用。

3.10.6 思考题

（1）为什么引入自举电路能够扩大输出电压的动态范围？

（2）交越失真产生的原因是什么？怎样克服交越失真？为了不损坏输出管，调试中应注意什么问题？

3.11 RC 有源滤波器的设计

3.11.1 实验目的

（1）熟悉用集成运算放大器构成的有源低通滤波器和高通滤波器。

（2）掌握有源滤波器的设计方法和幅频特性的测试。

3.11.2 实验任务与要求

滤波器是选频电路，它能使所选择的频率信号通过，而抑制（或极大衰减）带外的信号。由 RC 元件与运算放大器组成的滤波器称为 RC 有源滤波器。因受运算放大器带宽的限制，此类滤波器只适用于低频范围。根据滤波器通过信号频率的范围可分为低通（LPF）、高通（HPF）、带通（BPF）、带阻（BRF）和全通滤波器（APF）等。

本实验主要研究二阶 RC 有源滤波器的设计和调试。

（1）设计一个二阶 RC 有源低通滤波器，要求截止频率 $f_H = 1\,\text{kHz}$，增益 $A_U = 2$；

（2）设计一个二阶带阻滤波器，要求中心频率 $f_0 = 50\,\text{Hz}$，增益 $A_U = 1$。

3.11.3 实验内容

（1）根据设计要求确定滤波器的线路图。

（2）根据设计要求查表确定的 RC 元件的数值。

（3）在模拟电路实验箱上组装电路，进行各项动态指标调试，使之达到设计要求，分别测量低通滤波器的截止频率 f_H 和带阻滤波器的中心频率 f_0 及它们的增益 A_U，并测量幅频特性。

（4）自拟实验步骤，并将测试结果填入自己所设计的数据表格中。所有实验完成后，写出设计性实验报告。

3.11.4 实验报告要求

（1）整理数据，绘出幅频特性曲线图；

（2）根据数据，分析各性能指标是否满足要求。

3.11.5 思考题

有一个 500 Hz 的正弦波信号，经放大后发现有一定的噪声和 50 Hz 的干扰，用怎样的滤波电路可改善信噪比？

3.12 串联型晶体管稳压电源的设计

3.12.1 实验目的

（1）学会串联型晶体管稳压电源的设计组装及调试。

（2）研究单相桥式整流、电容滤波电路及稳压电路的特性。

（3）掌握串联型晶体管稳压电源主要技术指标的测试方法。

3.12.2 实验任务与要求

设计一个串联型晶体管稳压电源，性能要求为

（1）输出电压可调，范围为 8～13 V（范围上下限误差＜±1 V）；

（2）输出电流可调（输出电压为 10 V 时），范围为 12～25 mA（范围误差＜±5 mA）；

（3）稳压电路中调整管与比较放大均采用三极管，不需要考虑过流保护电路。

3.12.3 实验内容

（1）根据设计要求确定电路形式与结构。

（2）根据已知条件确定电路中各元器件的参数。

（3）在模拟电路实验箱上组装电路，进行各项动态指标调试，使之达到设计要求，并测量稳压电源的各个性能指标。

（4）测量并记录单相桥式整流、电容滤波电路及稳压电路的输出波形及输出特性。

（5）自拟实验步骤，并将测试结果填入自己所设计的数据表格中；所有实验完成后，写出设计性实验报告。

3.12.4　实验报告要求

（1）整理测量数据，绘出单相桥式整流、电容滤波电路及稳压电路的输出波形和输出特性曲线；

（2）分析数据及曲线，得出结论。

3.12.5　思考题

电源变压器副边的输出如果选择 9 V，那么稳压电路的输出电压可调范围的理论与实际值各是多少？为什么不同？

第4章 数字电子技术实验

本章包含 16 个实验，其中前 11 个实验为基础实验，后 5 个实验为设计性实验。教师可根据专业要求和课程教学要求因材施教，选择相关教学内容。

4.1 基本逻辑门电路

4.1.1 实验目的

（1）掌握与门、或门、非门、与非门、或非门、异或门的基本逻辑功能及使用方法。
（2）掌握对集成门电路引脚的判断及使用方法。
（3）学习逻辑门电路的基本应用。

4.1.2 实验原理

1．正负逻辑的概念

在数字电路中，逻辑"1"与逻辑"0"可表示两种不同电平的取值，根据实际取值的不同，有正、负逻辑之分。正逻辑中，高电平用逻辑"1"表示，低电平用逻辑"0"表示；负逻辑中，高电平用逻辑"0"表示，低电平用逻辑"1"表示。本书所涉及的数字电路实验均采用正逻辑，以后不再说明。

2．门电路的基本功能

数字电路中的四种基本操作是与、或、非及触发器操作，前三种为组合电路，后一种为时序电路。与非、或非和异或的操作仍然是与、或、非的基本操作。与、或、非、与非、或非和异或等基本逻辑门电路为常用的门电路，它们的逻辑符号、逻辑表达式和真值表均列于表 4-1 中，应熟练掌握。

表 4-1 常用门电路逻辑符号及逻辑功能

逻辑符号	逻辑功能	真值表	逻辑符号	逻辑功能	真值表
A —&— Y B	$Y = AB$ 与	A B | Y 0 0 | 0 0 1 | 0 1 0 | 0 1 1 | 1	A —≥1○— Y B	$Y = \overline{A+B}$ 或非	A B | Y 0 0 | 1 0 1 | 0 1 0 | 0 1 1 | 0
A —&○— Y B	$Y = \overline{AB}$ 与非	A B | Y 0 0 | 1 0 1 | 1 1 0 | 1 1 1 | 0	A —1○— Y	$Y = \overline{A}$ 非	A | Y 0 | 1 1 | 0
A —≥1— Y B	$Y = A + B$ 或	A B | Y 0 0 | 0 0 1 | 1 1 0 | 1 1 1 | 1	A —=1— Y B	$Y = A \oplus B$ 异或	A B | Y 0 0 | 0 0 1 | 1 1 0 | 1 1 1 | 0

3．数字集成电路的引脚识别及型号识别

1）引脚识别

集成电路的每一个引脚各对应一个脚码，每个脚码所表示的阿拉伯数字（如 1, 2, 3, …）是该集成电路物理引脚的排列次序。使用器件时，应在手册中了解每个引脚的作用和每个引脚的物理位置，以保证正确地使用和连线。每个双列直插式集成电路都有定位标志，以帮助使用者确定脚码为 1 的引脚。从图 4-1 可见，定位标志有半圆和圆点两种表达形式，最靠近定位标志的引脚规定为物理引脚的第 1 脚，脚码为 1，其他引脚的排列次序及脚码按逆时针方向依次加 1 递增。

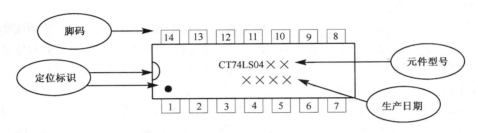

图 4-1　数字集成电路的脚码及型号

2）型号识别

如图 4-1 所示，每一个 TTL 数字集成电路上都印有该器件的型号，国标的 TTL 命名示例如下。

图标示例：　C　T　74LS04　C（或 M）　J（或 D 或 P 或 F）
　　　　　　　①　②　　③　　　④　　　　　　　⑤

说明：① C：中国；② T：TTL 集成电路；③ 74：国际通用 74 系列（如果是 54，则表示国际通用 54 系列），LS：低功耗肖特基电路，04：器件序号（04 为六反相器）；④ C：商用级（工作温度 0～70℃），M：−55～125℃（只出现在 54 系列）；⑤ J：黑瓷低熔玻璃双列直插封装，D：多层陶瓷双列直插封装，P：塑料双列直插封装，F：多层陶瓷扁平封装。

如果将型号中的 CT 换为国外厂商缩写字母，则表示该器件为国外相应产品的同类型号。例如，SN 表示美国得克萨斯公司，DM 表示美国半导体公司，MC 表示美国摩托罗拉公司，HD 表示日本日立公司。

集成电路元件型号的下方有一组表示年、周数生产日期的阿拉伯数字，注意不要将元件型号与生产日期混淆。

4．实验中所用的门电路引脚图

参看附录 C "部分集成电路引脚图" 中 74LS00（与非门）、74LS02（或非门）、74LS04（非门）、74LS08（与门）、74LS32（或门）、74LS86（异或门）的外部引脚，注意观察集成电路的工作电压接第几引脚，观察每个集成电路中有几个基本门电路，每个门的输入、输出引脚个数及位置，以便于正确连线。

5．门电路功能验证方法

利用 "RTDZ—4 电子技术综合实验台"，以测试 74LS08 与门功能为例，简要说明门电路功能验证方法。测试 74LS08 与门功能就是验证该门电路的真值表，测试电路如图 4-2 所示。

① 首先，将电子技术实验台上的 RTDZ—05 板的 "＋5 V" 和 "⊥" 端分别对应接至

实验台的 5 V 直流电源输出端的"＋5 V"和"⊥"端处，保证 RTDZ—05 挂板电路被提供了 5 V 工作电压。

② 74LS08 的 14 引脚和 7 引脚为集成电路工作电压端，分别接到实验台的 5 V 直流电源输出端的"＋5 V"和"⊥"端处。注意 TTL 数字集成电路的工作电压为 5 V（实验允许 ±5％的误差）。

③ 74LS08 的 1 引脚（A 端）、2 引脚（B 端）为被测与门的两个输入端，分别接 RTDZ—05 板的"十六位逻辑电平输出"端，该挂板有 16 个逻辑电平输出端，每个端口均可输出 TTL 逻辑高电平或低电平，可以任选。每个逻辑电平输出端对应一个钮子开关，可控制输出端的输出逻辑状态。

④ 74LS08 的 3 引脚（Y 端）为与门输出端，接 RTDZ—05 板的"十六位逻辑电平输入及高电平显示输入"端，用于显示被测与门的输出状态。该挂板有 16 个"十六位逻辑电平输入及高电平显示输入"端，每个端对应一个 LED 显示，输入高电平时，LED 亮，输入低电平时，LED 灭，端口可以任选。

⑤ 完成连线后，图 4-2 中的开关 S_1 接"⊥"时，A 端为逻辑"0"；S_1 接"＋5 V"时 A 端为逻辑"1"。由于 S_1,S_2 共有四种开关位置的组合，对应了被测电路的四种输入逻辑状态，即 00,01,10,11，因而可以改变 S_1,S_2 开关位置，观察"十六位逻辑电平输入及高电平显示"电路中的 LED 的亮（表示"1"）和灭（表示"0"），以真值表的形式记录被测门电路的输出逻辑状态。表格形式如表 4-2 所示。

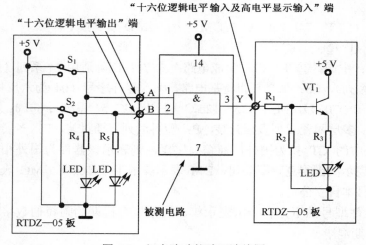

图 4-2　门电路功能验证连线图

表 4-2　74LS08 与门功能测试记录

输　　入		输　　出	
A	B	Y　理　　论	Y　实　测
0	0		
0	1		
1	0		
1	1		

⑥ 比较实测值与理论值。若比较结果一致，说明被测门的功能是正确的，门电路完好。

如果实测值与理论值不一致，应检查集成电路的工作电压是否正常，实验连线是否正确，判断门电路是否损坏。

6. 故障排除方法

在门电路组成的组合电路中，若输入一组固定不变的逻辑状态，则电路的输出端应按照电路的逻辑关系输出一组正确结果。若存在输出状态与理论值不符的情况，则必须进行查找和排除故障的工作，方法如下：

首先用万用表（直流电压挡）测所使用的集成电路的工作电压，确定工作电压是否为正常的电源电压（TTL 集成电路的工作电压为 5 V，实验中 4.75～5.25 V 也算正常），工作电压正常后再进行下一步工作。

根据电路输入变量的个数，给定一组固定不变的输入状态，用所学的知识正确判断此时该电路的输出状态，并用万用表逐一测量输入、输出各点的电压。逻辑"1"或逻辑"0"的电平必须在规定的逻辑电平范围内才算正确，如果不符，则可判断故障所在。实验室规定 TTL 逻辑"1"电平为 3.4～3.5 V，逻辑"0"电平为 0～0.3 V。通常出现的故障有集成电路无工作电压，连线接错位置，连接短路、断路。

7. TTL 集成电路的使用注意事项

（1）接插集成块时，认清定位标志，不允许插错。

（2）工作电压 5 V，电源极性绝对不允许反接。

（3）闲置输入端处理。

① 悬空。相当于正逻辑"1"，TTL 门电路的闲置端允许悬空处理。中规模以上电路和 CMOS 电路不允许悬空。

② 根据对输入闲置端的状态要求，可以在 U_{CC} 与闲置端之间串入一个 1～10 kΩ电阻或直接接 U_{CC}，此时相当于接逻辑"1"。也可以直接接地，此时相当于接逻辑"0"。

③ 输入端通过电阻接地，电阻值的大小将直接影响电路所处的状态。当 $R \leqslant 680\,\Omega$（关门电阻）时，输入端相当于接逻辑"0"；当 $R \geqslant 4.7\,k\Omega$（开门电阻）时，输入端相当于接逻辑"1"。对于不同系列器件，其开门电阻 R_{ON} 与关门电阻 R_{OFF} 的阻值是不同的。

④ 除三态门（TS）和集电极开路（OC）门之外，输出端不允许并联使用。

⑤ 输出不允许直接接地和接电源，但允许经过一个电阻 R 后，再接到直流＋5 V，R 取 3～5.1 kΩ。

4.1.3 实验内容

（1）分别验证 74LS00（与非门）、74LS02（或非门）、74LS04（非门）74LS08（与门）、74LS32（或门）、74LS86（异或门）的功能，并用真值表形式记录实验数据。

（2）如何用 74LS00 四个与非门中的一个与非门实现非门的功能？如何用 74LS02 中的一个或非门实现非门的功能？如何用 74LS86 中的一个异或门实现非门的功能？画原理图，验证结果。

（3）逻辑设计。

设计一个三人表决电路，要求如下：A,B,C 分别代表三个投票人，三人权力均等，少数服从多数，不能投弃权票。"1"表示"同意"，"0"表示"反对"。Y 代表投票结果，"1"表示通过，"0"表示不通过。设计实现该逻辑功能的电路，写出全部设计过程，连线，验证设计结果是否正确。

设计步骤提示：

确定输入和输出变量的个数，对输入和输出变量逻辑赋值，列真值表，写逻辑表达式，化简逻辑表达式，画逻辑图，选取芯片并连线，验证设计结果。

*说明：只能使用本次实验所给的元器件实现，所用的器件越少越好。

4.1.4　实验仪器与设备

（1）RTDZ—4 电子技术综合实验台或其他数字实验箱、实验台；

（2）TD890 数字万用表一块；

（3）74LS00，74LS02，74LS04，74LS08，74LS32，74LS86 各一块。

4.1.5　实验报告要求

预习本次实验的全部内容，掌握门电路的真值表及逻辑符号表达方式；了解各门电路的外部引脚排列及功能验证的正确使用方法；了解所使用的数字实验装置；提前进行实验 3 的逻辑设计。实验报告要求如下：

（1）写明实验名称、目的、原理、所用实验设备仪器和器件；

（2）说明实验内容（1）中验证门电路功能的方法，参考表 4-2 形式列真值表，比较理论值与实验测得结果是否一致。如果实验中出现实测值与理论值不一致情况，分析原因，自己排除故障。

（3）在实验内容（2）中认真思考实现非门的方法，用逻辑图表明接线，说明实验方法，用真值表记录实验数据，给出实验结论。

（4）按照实验内容（3）的要求，设计三人表决电路。写出设计步骤，画逻辑图，说明实验方法，验证设计结果，给出设计结论。

（5）实验小结（收获、体会、成功经验、失败教训）。

4.1.6　思考题

（1）什么是正逻辑和负逻辑？

（2）本次实验使用了哪几种型号的数字集成电路？

（3）功能验证中出现错误结果，需要排除故障，检查步骤是什么？

（4）A,B 各是一个 1 位数据，用最简单的方法判断 A 和 B 是否相等，画出逻辑图并说明原理。

（5）如图4-3所示，与非门共有 A,B 两个输入端，A 端接 100 Hz 方波，B 端为控制端。当 B 端接"1"时，允许 100 Hz 方波通过该门，选通 A。选通情况下的输入、输出波形如图4-3(a)所示。当 B 端接"0"时，不允许 100 Hz 方波通过该门，禁止 A，此时输入、输出波形如图 4-3(b)所示。这就是通常所说的门控作用。试分析分别用与门、或门、或非门、异或门作为控制门，当信号选通及禁止时，B 端应选的逻辑状态及控制门相应的输出波形。

（6）如何用 74LS20 中的一个 4 输入与非门实现一个 2 输入与非门功能？

（7）如何用 74LS08 实现 4 输入与门功能？

（8）如何用 74LS32 实现 4 输入或门功能？

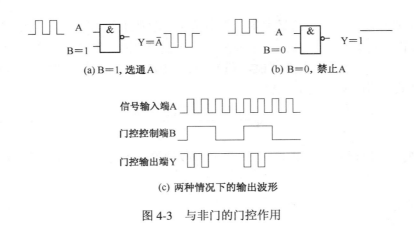

(a) B=1，选通A   (b) B=0，禁止A

信号输入端A

门控控制端B

门控输出端Y

(c) 两种情况下的输出波形

图 4-3　与非门的门控作用

4.2　集电极开路门与三态输出门的应用

4.2.1　实验目的

（1）掌握 TTL 集电极开路（OC）门的逻辑功能。
（2）了解集电极负载电阻 R_L 选用方法。
（3）掌握 TTL 三态（3S）输出门的逻辑功能及应用。

4.2.2　实验原理

普通的 TTL 门电路不允许把两个或两个以上集成逻辑门的输出端直接并接在一起使用，而集电极开路门（Open-Collector TTL Gate 简称 OC 门）和三态门（Tristate TTL Gate）是两种特殊的 TTL 门电路，允许把它们的输出端直接并接在一起使用。本实验主要研究这两种门电路的使用方法。

1. TTL 集电极开路门（OC 门）

图4-4是一个 TTL 二输入集电极开路与非门的内部电路和逻辑符号，图4-5是 74LS03 集电极开路四2输入与非门的外部引脚图。在图4-4中 OC 门的输出管 VT_3 的集电极是悬空的，必须通过一个外接上拉电阻 R_1 与电源 U_{CC} 相连接，以保证门电路的输出电平和驱动电流能满足所接负载的设计要求。输出端接上拉电阻后的逻辑功能与普通门电路的逻辑功能一致。OC 门的使用方法如下：

1）利用 OC 门"线与"特性完成特定逻辑功能

在图4-6中，将两个 OC 与非门输出端直接并接在一起，则它们的输出逻辑表达式为 $F= F_A \cdot F_B = \overline{A_1 A_2} \cdot \overline{B_1 B_2} = \overline{A_1 A_2 + B_1 B_2}$，实现了把两个以上 OC 与非门"线与"完成"与或非"的逻辑功能。如果将两个 OC 与门输出端直接并接在一起，则它们的输出逻辑表达式为 $F= F_A \cdot F_B = A_1 A_2 \cdot B_1 B_2 = A_1 A_2 B_1 B_2$，实现了把两个 OC 与门"线与"完成"与"的逻辑功能。

2）OC 门用于驱动

利用 OC 门可实现逻辑电平的转换，还可驱动工作电流较大的电子器件。在使用时，一定要注意使流入输出管 VT_3 的最大集电极电流小于手册上的 I_{OLMAX} 值。图4-7是用OC门驱动发光二级管的低电平驱动电路。当门电路输出为高电平时，发光二极管 LED 截止；当门电路输出为低电平时，发光二极管 LED 导通，负载电流通过 R_L 和 LED 流入 OC 门中 VT_3 的集电极，负载电阻应参照式 4-1 选取。

$$R_L = \frac{U_{CC} - U_{OL} - U_D}{I_D} \tag{4-1}$$

其中，U_D 是发光二极管的工作电压，I_D 是发光二极管的工作电流，U_{OL} 是门电路输出低电平的典型值。

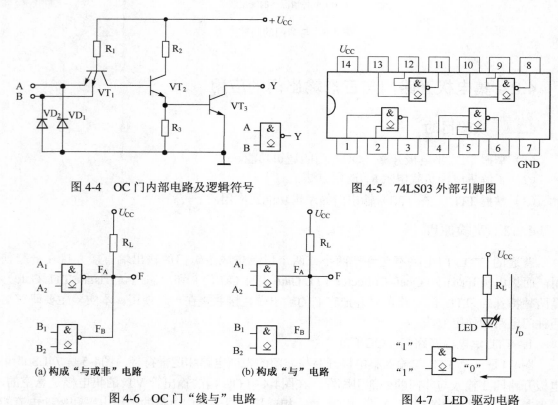

图4-4　OC门内部电路及逻辑符号　　　　图4-5　74LS03外部引脚图

(a) 构成"与或非"电路　　　(b) 构成"与"电路

图4-6　OC门"线与"电路　　　　图4-7　LED驱动电路

3）OC门输出并联使用时上拉电阻 R_L 的选择

图4-8电路由 n 个OC与非门"线与"驱动总数为 m 个输入端的 TTL 与非门，为保证OC与非门输出电平符合逻辑要求，上拉电阻 R_L 阻值的选择范围为

$$R_{LMAX} = \frac{U_{CC} - U_{OH}}{nI_{OH} + mI_{IH}} \tag{4-2}$$

$$R_{LMIN} = \frac{U_{CC} - U_{OL}}{I_{LM} - NI_{IL}} \tag{4-3}$$

式中　I_{OH} ——OC门输出高电平 U_{OH} 时的漏电流；

　　　I_{LM} ——OC门输出低电平 U_{OL} 时允许最大灌入负载电流；

I_{IH}——负载门高电平输入电流；

I_{IL}——负载门低电平输入电流；

U_{CC}——R_{L} 外接电源电压；

n——OC 门个数；

N——负载门个数；

m——接入电路的负载门输入端总个数。

2. TTL 三态门（3S 门）

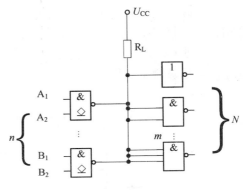

图 4-8 OC 门负载电阻的确定

TTL 三态门的输出端除了通常输出高电平、低电平两种状态外，还有第三种输出状态——高阻态。在高阻状态下，电路与负载之间相当于开路。三态门有一个控制端 E（或 $\overline{\mathrm{E}}$），其控制方式为高有效（或低有效），本实验所用三态门的型号是 74LS125 四总线缓冲器，图 4-9 是其一个门的逻辑符号，控制端 $\overline{\mathrm{E}}$ 为低有效。当 $\overline{\mathrm{E}}=0$ 为正常工作状态，实现 $Y = A$ 的逻辑功能；当 $\overline{\mathrm{E}} = 1$ 时为禁止状态，输出为高阻态。图 4-10 为 74LS125 的外部引脚排列。表 4-3 为其功能表。

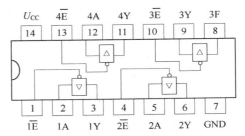

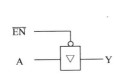

图 4-9　74LS125 逻辑符号

图 4-10　74LS125 引脚排列

利用三态门的高阻态特性可实现总线传输或总线双向传输功能，图 4-11 中是把几个 TTL 三态门的输出端连在一起构成总线传输结构，只能有一个控制端处于使能状态，不允许同时有两个以上三态门的控制端处于使能状态，否则输出会产生信号短路，信号混乱并发生电路故障。

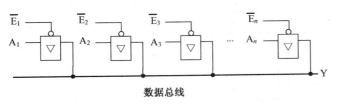

图 4-11　74LS125 引脚排列

表 4-3　74LS125 功能表

输　　入		输　　出
$\overline{\mathrm{E}}$	A	Y
0	0	0
0	1	1
1	0	高阻态
1	1	高阻态

4.2.3　实验内容

1. TTL 集电极开路与非门 74LS03 上拉电阻 R_{L} 的确定

参考图4-12接线，用两个集电极开路与非门实现"线与"并驱动一个 TTL 与非门输入电路。设电路中 $U_{\mathrm{OH}} = 3.5\ \mathrm{V}$，$U_{\mathrm{OL}} = 0.3\ \mathrm{V}$。

① 通过"十六位逻辑电平输出"按键改变 OC 门的输入状态，使 OC 门"线与"输出高电平。调节 RP，使 OC 门输出 $U_{OH} = 3.5$ V，测得此时 R_L 的值为 R_{LMAX}。

② 使 OC 门"线与"输出低电平，调节 RP，使输出 $U_{OL} = 0.3$ V，测得此时 R_L 的值为 R_{LMIN}。记录测试结果。

表 4-4　测 R_L 实验记录

输　入　逻　辑				输出电压　/V	上拉电阻　/Ω
A	B	C	D	U_1	R_L
0	0	0	0	3.5 V	
1	1	1	1	0.3 V	

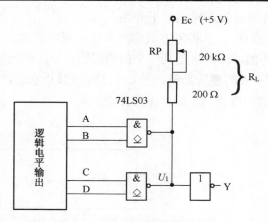

图 4-12　74LS03 负载电阻确定

2. 集电极开路门的应用

（1）选取 R_L 为 R_{LMAX} 与 R_{LMIN} 值之间的任意一值，验证图 4-12 所示电路的逻辑功能，写出输出逻辑表达式 Y＝_____。

表 4-5　逻辑功能记录（自己完善该表内容,应具有 16 条记录。）

输　　入				输　　出	
A	B	C	D	Y 理　论	Y 实　测
0	0	0	0		
0	0	0	1		
⋮	⋮	⋮	⋮		
1	1	1	0		
1	1	1	1		

（2）电平转换。

参考图4-13连线，用 TTL OC 门 74LS03 驱动 CMOS 电路，实现电平转换。

（3）三态门的逻辑功能。

① 参考图4-10，三态门选用 74LS125，任选其中一个三态门，其输入端 A、使能控制端 E 分别接"十六位逻辑电平输出"端。输出端 Y 接实验台"五功能逻辑笔"输入端，参照下表操作，并记录实验结果。说明在什么情况下 74LS125 三态门的输出为高阻态？

表 4-6　电平转换实验记录

输　入　逻　辑		Y 端输出电压值　/V
A	B	
0	0	
0	1	
1	0	
1	1	

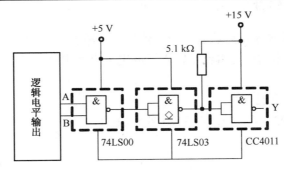

图 4-13　实现电平转换

表 4-7　三态门逻辑功能实验记录

输入 A	三态控制 E	逻辑笔显示状态
0	0	
1	0	
0	1	
1	1	

② 总线传输。

三态门可实现用一个传输通道进行总线传输。按图 4-14 所示接线，分别将三态门控制端 $\overline{E}_1,\overline{E}_2,\overline{E}_3,\overline{E}_4$ 单独置 "0"，不允许有两个或两个以上的控制端同时为 "0"。观察总线状态变化，由于输入信号固定或变化频率较低，可以用逻辑笔测总线状态，并参照表 4-8 记录实验结果。

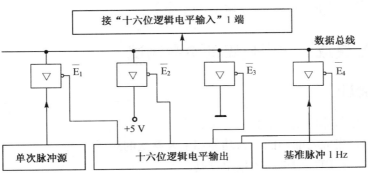

图 4-14　三态门实现总线传输

表 4-8　实验记录

控制端 $\overline{E}_1$	控制端 $\overline{E}_2$	控制端 $\overline{E}_3$	控制端 $\overline{E}_4$	总线状态变化
0	1	1	1	
1	0	1	1	
1	1	0	1	
1	1	1	0	
1	1	1	1	

4.2.4　实验仪器与设备

（1）RTDZ—4 电子技术综合实验台或其他数字实验箱、实验台（应含直流 5 V 电源、十六位逻辑电平输出、十六位逻辑电平输入及高电平显示电路、单次脉冲源，连续的 1 Hz/s 基准信号源）；

（2）TD890 数字万用表一块；

（3）74LS00, 74LS03, CC4011, 74LS125 各一块。

4.2.5　实验报告要求

认真预习实验要求的相关内容；提前学习 OC 门和三态门的工作原理和使用方法；提前完成实验任务所提出的设计内容，画逻辑图，列记录表。实验报告要求如下：

（1）写明实验名称、目的、原理、所用实验设备仪器和器件；

（2）按照实验项目顺序，写清每个实验项目的名称、内容、逻辑图、实验方法、所记录的实验数据和结论；

（3）实验小结（收获、体会、成功经验、失败教训）。

4.2.6　思考题

（1）什么是线与？

（2）哪种门电路的输出端允许直接并接在一起使用？

（3）如何利用 OC 门驱动一个发光二极管，设发光二极管的工作电压 U_D 为 2 V，发光二极管的工作电流 I_D 为 8 mA，门电路输出低电平的值 U_{OL} 为 0.2 V，求限流电阻 R_L，画原理图。

（4）如何利用三态门实现双向传输，画图说明。

4.3　TTL 集成与非门电路的参数测试

4.3.1　实验目的

（1）了解 TTL 与非门主要参数的含义。

（2）掌握 TTL 集成与非门的逻辑功能和主要参数的测试方法。

（3）进一步掌握 TTL 门电路的使用规则。

4.3.2 实验原理

1. 74 系列与非门的电路结构和工作原理

实验所用器件是一个标准的 TTL 集成与非门电路，型号为 7400。在一个 7400 集成芯片内含有四个相对独立的 2 输入与非门，称之为四 2 输入与非门。该集成电路的外部引脚、与非门的典型电路及逻辑符号分别如图4-15、图 4-16、图 4-17 所示。

图4-16与非门内部电路由三部分组成：R_1，VT_1，VD_1，VD_2 组成输入级，R_2，VT_1，VT_2，R_3 组成倒相级，R_4，VT_3，VD_3，VT_4 组成输出级。电源电压$U_{CC} = 5$ V，输入高电平 $U_{IH} = 3.4$ V，输入低电平 $U_{IL} = 0.2$ V。

当 A，B 中有一个端接低电平 0.2 V 时，多发射极三极管 VT_1 中必有一个发射结导通，并将 VT_1 的基级电位钳位在 $U_{IL} + 0.7$ V $= 0.9$ V 上。此时 VT_2，VT_4 截止，VT_3 导通，输出为高电平 U_{OH}。当 A，B 同时接高电平 U_{IH} 时，VT_2，VT_4 导通，VT_3 截止，VT_1 的基级电位钳位在 2.1 V，输出为低电平 U_{OL}。输出与输入的逻辑关系为 $Y = \overline{AB}$。为确保 VT_4 饱和导通时 VT_3 可靠截止，在 VT_3 发射极串入二极管 VD_3。VD_1，VD_2 分别为钳位二极管，可抑制输入端负极性干扰脉冲，还可防止输入负电压过大而引起 VT_1 发射极电流过大，达到保护 VT_1 的作用。

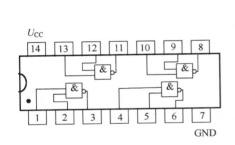

图 4-15　7400 外部引脚

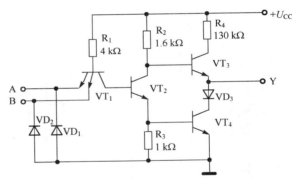

图 4-16　与非门曲型电路

2. TTL 与非门的主要参数及测试方法

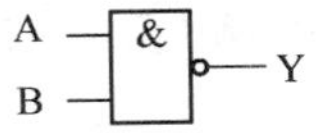

TTL 与非门主要参数包括电压传输特性、输入短路电流 I_{IS}、高电平输入电流 I_{IH}、扇出系数、电源电流和传输延迟时间等。在数字电路应用设计中，这些参数有着非常重要的参考价值。这些参数可以通过实验的方法、计算的方法或通过数据手册来求得，其方法介绍如下。

图 4-17　与非门逻辑符号

1）电压传输特性

TTL 门电路输出电压 U_o 随输入电压 U_i 而变化的曲线$U_o = f(U_i)$ 称为门电路的电压传输特性。通过它可求得门电路的一些重要参数，如输出高电平U_{OH}、输出低电平 U_{OL}、阈值电平 U_{TH}（转折区中点所对应的输入电压）、高电平抗干扰容限 U_{NH} 及低电平抗干扰容限 U_{NL} 等值。测试电路如图4-18所示，采用逐点测试法，即调节 RP，逐点测得U_i 及 U_o 的值，并绘成传输特性曲线，求出相关参数。

应注意的是，负载不同，测出的传输特性曲线也有差异，主要表现在输出高电平 U_{OH}

及抗干扰容限的测量值有所不同。所以，在图4-18中，当开关 S 断开或者闭合时，在两种不同情况下测得的传输特性曲线中的输出高电平值是不同的。

噪声容限限定了在逻辑节点上噪声的最大幅度。如果噪声超过这个幅度，就会引入逻辑错误，因此噪声容限值越大，抗噪声干扰的能力越强。从传输特性曲线上求高、低电平直流噪声容限的方法有多种形式，这里只介绍一种，方法如下：在传输特性曲线上找到两个 $(dU_o/dU_i)=-1$ 的单位增益点，两个单位增益点的坐标分别为（U_{ILU}，U_{OHU}）和（U_{IHU}，U_{OLU}），噪声容限计算公式为

$$U_{NH} = U_{OHU} - U_{IHU} \tag{4-4}$$

$$U_{NL} = U_{ILU} - U_{OLU} \tag{4-5}$$

在使用门电路时，也可以通过查找集成电路手册中门电路的相关参数为电路设计提供参考依据。例如，在额定负载下标准 TTL7400 门电路的输出高电平的典型值 $U_{OH} = 3.4\ V$，输出低电平的典型值 $U_{OL} = 0.2\ V$，TTL 其他标准参数为输出高电平最小值 $U_{OHMIN} = 2.4\ V$，输入高电平最小值 $U_{IHMIN} = 2.0\ V$，输出低电平最大值 $U_{OLMAX} = 0.4\ V$，输入低电平最大值 $U_{ILMAX} = 0.8\ V$，从标准参数中可求得门电路输入为高电平时的直流噪声容限为

$$U_{NH} = U_{OHMIN} - U_{IHMIN} = 2.4 - 2.0 = 0.4\ V \tag{4-6}$$

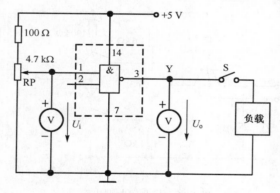

图 4-18 传输特性测试电路

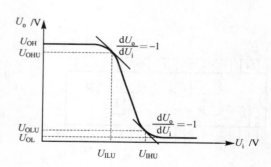

图 4-19 传输特性曲线

门电路输入为低电平时的直流噪声容限为

$$U_{NL} = U_{ILMAX} - U_{OLMAX} = 0.8 - 0.4 = 0.4\ V \tag{4-7}$$

式(4-6)表明如果某点的逻辑电平为高点平，则该点干扰电压幅值必须小于 0.4 V。同理，式(4-7)也表明当某点的逻辑电平为低点平时，该点干扰电压幅值也必须小于 0.4 V。

2）输入短路电流 I_{IS} 和高电平输入电流 I_{IH}

图 4-20 为门电路的静态输入特性，是门电路输入电流与输入电压的关系曲线。图 4-21，图 4-22 分别为输入短路电流 I_{IS} 和高电平输入电流 I_{IH} 的实验测试电路，输入短路电流 I_{IS} 是门电路输入端接地时的输入电流，高电平输入电流 I_{IH} 是门电路输入端接高电平时的输入电流。

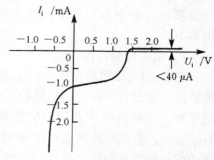

图 4-20 静态输入特性

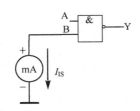

图 4-21　短路电流 I_{IS} 测试

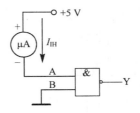

图 4-22　I_{IH} 测试

从静态输入特性曲线中也可以求出 I_{IS}，I_{IH} 值。当 $U_i = 0$ V 时，输入电流 $I_i = I_{is}$ 约为 1 mA，该值也可通过图4-16的电路计算出来；当 $U_i > 1.5$ V 时，$I_i < 40$ μA，也就是 $I_{IH} < 40$ μA。

在集成电路数据手册中门电路输入电流分别用 I_{IL}，I_{IH} 表示。

3）门电路的扇出系数

门电路高电平输出特性和低电平输出特性分别如图4-23、图 4-24 所示，高电平输出特性的输出电压随负载电流的增大而减小。如果门电路后面所接的负载过多，就会出现过大的负载电流，从而导致输出高电平下降到规定的输出高电平最小值以下，造成逻辑状态的不确定。同理，在低电平输出特性中，若负载电流过大，同样会导致输出低电平增高的情况。当高出规定的输出低电平最大值时，也会造成逻辑状态的不确定。因此，必须讨论门电路的带负载能力，即扇出系数。

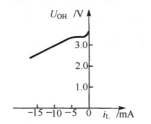

图 4-23　高电平输出特性

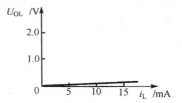

图 4-24　低电平输出特性

在图4-25中，与非门 G_1 后面接了 N 个相同系列的非门，G_1 能够驱动同类型非门的个数就是 G_1 的扇出系数。该项指标参数反映了门电路在保证正确输出高、低逻辑电平情况下带负载的能力。如果在输出高电平时与非门能够带 $N_H = M$ 个非门，在输出低电平时能带 $N_L = L$ 个非门，则门电路的扇出系数为 $N = \min\{N_H, N_L\}$。在实际应用时，应该使与非门后面所接的门的输入端个数少于或等于 N。获取扇出系数的方法如下：

实验获取方法：

74 系列规定，当输出高电平时，允许的最大负载电流不能超过 0.4 mA，所以高电平输出扇出系数的实测值为 $N_H = 0.4$ mA$/I_{IH}$，其中 I_{IH} 为图4-22中所测量出的值。

低电平输出扇出系数的测试电路如图4-26所示，调整 RP 值，使 $U_O = 0.2$ V，测出此时的最大灌电流 I_{LM} 的值，则低电平输出时的扇出系数为

$$N_L = \frac{I_{LM}}{I_{IS}}$$

与非门扇出系数应为 $N = \min\{N_H, N_L\}$。

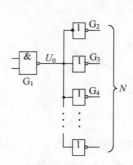

图 4-25　与非门连接非门

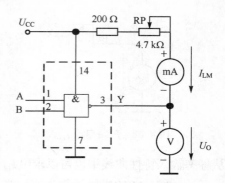

图 4-26　低电平扇出系数 N_L 测试

从数据手册中获取的方法：

在手册中查到高电平输入电流最大值 $I_{IH(MAX)}$、高电平输出电流最大值 $I_{OH(MAX)}$、低电平输入电流最大值 $I_{IL(MAX)}$ 和低电平输出电流最大值 $I_{OL(MAX)}$，则

$$N_H = \frac{I_{OH(MAX)}}{I_{IH(MAX)}} \qquad N_L = \frac{I_{OL(MAX)}}{I_{IL(MAX)}} \qquad N = \min\{N_H, N_L\}$$

4）输入端负载特性的测试

输入电压 U_i 随输入端对地外接电阻 RP 变化的曲线称为输入负载特性曲线。测试电路如图 4-27 所示，由于电流在 RP 两端产生压降，从而形成输入电压 U_i。改变 RP 并用电压表测 U_i 值，就可得到如图 4-28 所示的输入负载特性曲线。注意，在 U_i 小于 1.4 V 以前，输入电压 U_i 应为

$$U_i = \frac{U_{CC} - 0.7}{R_1 + R_{RP}} R_{RP}$$

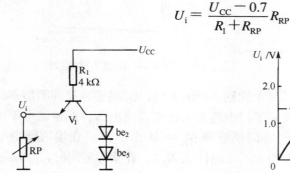

图 4-27　输入负载的测试

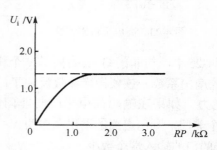

图 4-28　输入负载特性

根据门电路的传输特性曲线，门电路输出电压的变化随输入电压的变化而变化。由于此时门电路的输入电压随电阻 RP 的变化而变化，因此 RP 的变化会影响门电路的输出状态。能够维持输出高电平的 RP 的最大值称为关门电阻，用 R_{OFF} 表示。能够维持输出低电平的 RP 的最小值称为开门电阻，用 R_{ON} 表示。在实际应用时，如果需要输入端为低电平，则 RP 的取值应小于关门电阻 R_{OFF}。反之，RP 的取值应大于开门电阻 R_{ON}。

5）电源电流的测试

电源电流 I_{CC} 测试电路如图4-29所示，若把 7400 中四个与非门的所有输入端接至低电平（逻辑 0），测得 I_{CC} 为空载截止电流，记为 $I_{CC(1)}$；当四个与非门的所有输入端接高电平时，

测得 I_{CC} 为空载导通电流，记为 $I_{CC(0)}$。分别测出 $I_{CC(1)}$ 和 $I_{CC(0)}$，通过公式 $P = I_{CC} \times U_{CC}$，可分别得到 7400 集成门电路的空载截止功耗和空载导通功耗。由于上述两种情况是 7400 中四个与非门共同作用的结果，将上述所得的各项结果再除以 4，就可分别得到一个与非门的空载截止电流、空载导通电流、空载截止功耗和空载导通功耗值。

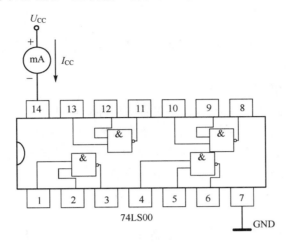

图 4-29　电源电流 I_{CC} 测试电路

数据手册中的 I_{CCH} 为 $I_{CC(1)}$，I_{CCL} 为 $I_{CC(0)}$。

6）传输延迟时间

传输延迟时间 t_{pd} 是衡量门电路开关速度的参数，它是指输出波形边沿的 $0.5\,U_m$ 至输入波形对应边沿的 $0.5\,U_m$ 点的时间间隔，如图 4-30 所示。t_{PHL} 为导通延迟时间，t_{PLH} 为截止延迟时间，则平均传输延迟时间 t_{pd} 为

$$t_{pd} = \frac{1}{2}(t_{PHL} + t_{PLH}) \tag{4-8}$$

t_{pd} 的测试电路如图 4-31 所示，若要测与非门的传输延迟时间，则可以把与非门接成非门。由于 TTL 门电路的延迟时间较小，直接测量时对信号发生器和示波器的性能要求较高，故实验采用测量由奇数个门组成的环形振荡器的振荡周期 T 来求得。其工作原理如下：

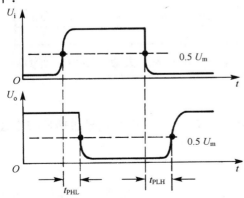

图 4-30　传输延迟特性

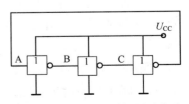

图 4-31　传输延迟时间测试电路

假设电路在接通电源后某一瞬间，电路中的 A 点为逻辑"1"。经过三级门的延迟后，使 A 点由原来的逻辑"1"变为逻辑"0"，再经过三级门的延迟后，A 点电平又重新回到逻辑"1"。电路中其他各点电平也跟着变化。由于 A 点由"1"变"0"再变"1"，所产生的一个周期的振荡必须经过六级门的延迟时间，所以平均传输延迟时间为

$$t_{pd} = \frac{T}{6} \tag{4-9}$$

TTL 电路的 t_{pd} 一般在 10～40 ns 之间。数据手册中 t_{PHL} 为导通延迟时间，t_{PLH} 为截止延迟时间。

3. 电流、电压表的使用注意事项

电流表使用时应注意以下几点：① 测量直流应注意极性；② 选择合适的量程；③ 测量电流时必须将电流表串联于被测电路中；④ 不允许用电流表测电压。

电压表使用时应注意以下几点：① 测量直流电压时应注意极性；② 选择合适的量程；③ 测量电压时必须将电压表并联于被测电路的两端。

4.3.3 实验内容

（1）验证 7400 与非门的逻辑功能，画测试电路，并进行记录。

表 4-9　实验记录

输 入 A	输 入 B	输出 Y（理论值）	输出 Y（实测值）
0	0		
0	1		
1	0		
1	1		

（2）测量与非门的电压传输特性。

根据测试数据画出门电路的传输特性曲线。从传输特性曲线上求 U_{OH}，U_{OL}，U_{OHU}，U_{ILU}，U_{OLU}，U_{IHU}，U_{NH} 和 U_{NL}。

表 4-10　数据记录（与非门输出接"十六位逻辑电平输入及高电平显示"端）

U_i /V	0.00	0.20	0.30	0.40	0.50	0.60	0.70	0.80	0.90	1.00
U_o /V										
U_i /V	1.10	1.20	1.30	1.40	1.45	1.50	1.60	2.00	3.00	4.00
U_o /V										

（3）估算输入短路电流 I_{IS} 的值。高电平输入电流 I_{IH} 允许的最大值为多少？实测输入短路电流 I_{IS} 和高电平输入电流 I_{IH}。

（4）实测与非门电路的低电平扇出系数。

（5）测 7400 的空载导通电流 $I_{CC(0)}$ 和空载截止电流 $I_{CC(1)}$，计算空载导通功耗和空载截止功耗。

（6）测与非门的平均传输延迟时间 t_{pd}（选做）。

以上各项均要求画实验线路图，记录实验数据，写明被测元件的型号、电压表和电流表的型号、量程、挡位等测试条件。

4.3.4 实验仪器与设备

（1）RTDZ—4 电子技术综合实验台（含直流 5 V 电源、十六位逻辑电平输出、十六位逻辑电平输入及高电平显示电路、直流电压表、直流电流表、微安表和电阻）或其他数字实验箱、实验台；

（2）TD890 数字万用表一块；

（3）7400 一块，4.7 kΩ可调电阻一个；

（4）示波器一台。

4.3.5 实验报告要求

阅读教科书相关内容，预习本次实验的全部内容；掌握门电路各项参数的含义，掌握主要参数的测试方法；根据实验任务要求，提前画出实验测试电路，画好记录实验数据的表格；预习关于电压表、电流表的使用方法和使用注意事项等内容。实验报告要求如下：

（1）写明实验名称、目的、原理、所用实验设备仪器和器件；

（2）按照实验项目顺序写清各实验项目的名称、内容、逻辑图，并说明实验方法及步骤、所记录的实验数据和结论；

（3）实验小结（收获、体会、成功经验、失败教训）。

4.3.6 思考题

（1）在测量门电路传输特性时，某位学生发现当用数字万用表测输入电压为 1.35 V 时，输出电压的显示为某一数值。当拿开数字表表笔后，门电路的输出电压值发生了较大变化，解释原因。

（2）能否用 7400 直接驱动一个工作电流为 20 mA 的负载？说明理由。

（3）根据实验原理的内容，确定与非门高电平扇出系数的最小值是多少？根据实验测量的结果，计算与非门高电平扇出系数值。

（4）实际运用时，为什么要考虑门电路的负载能力？这个负载能力体现在门电路的哪个参数上？

（5）TTL 门电路输入端经过电阻接地，电阻取值的不同会影响到门电路的输出状态，电路设计时应考虑门电路的哪种特性？

4.4 数据选择器

4.4.1 实验目的

（1）掌握数据选择器的功能。

（2）学会使用数据选择器。

（3）学习运用数据选择器实现逻辑函数。

4.4.2 实验原理

1．如何设计一个数据选择器

在多路数据传送过程中，能够根据需要将多个输入数据源中的任意一路信号挑选出来的电路称为数据选择器。数据选择器是一种组合逻辑电路，这种电路有多个数据输入端，有一个输出端。它同时获得几路数字信号输入，但某一时刻只选择一路输入的数据从输出端输出。为了能够实现对数据输入端的选择，数据选择器必须具有用于这种选择的控制端，称为"选择端"。如果数据选择器有 N 个数据输入端，则有 $n = \log_2 N$ 个选择端（也叫地址码输入端），两者间应满足 $2^n = N$ 的关系式。以一个 4 选 1 数据选择器为例，其 4 个数据输入端分别为 D_0, D_1, D_2, D_3，输出端为 Y，则 $n = \log_2 4 = 2$，所以共有 2 个选择端，分别为 A_1, A_0，真值表如表 4-11 所示。根据真值表就可以写出这个 4 选 1 数据选择器的逻辑表达式为：

$$Y = D_0\overline{A_1}\,\overline{A_0} + D_1\overline{A_1}A_0 + D_2A_1\overline{A_0} + D_3A_1A_0 \tag{4-10}$$

再根据逻辑表达式(4-10)，画出如图4-32所示的逻辑图。

表 4-11　4 选 1 数据选择器真值表

输　　　　入			输　　出
数　据　源	选　择　端		
D	A_1	A_0	Y
$D_0{\sim}D_3$	0	0	D_0
$D_0{\sim}D_3$	0	1	D_1
$D_0{\sim}D_3$	1	0	D_2
$D_0{\sim}D_3$	1	1	D_3

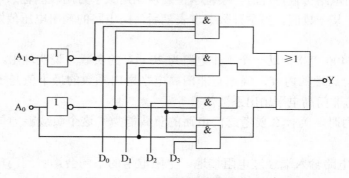

图 4-32　4 选 1 数据选择器逻辑图

74LS153 双 4 选 1 数据选择器简介如下：

数据选择器有许多种，如 TTL 的 2 选 1（74LS157，74LS158）、4 选 1（74LS153），8 选 1（74LS151），16 选 1（74LS150）数据选择器等。有的数据选择器只具有一个与输入信号同相或反相的输出端；有的则同时具有与输入信号同相和反相的两个输出端，称为互补的两个输出。74LS153 是内部含有两个 4 选 1 数据选择器的 TTL 数字集成电路，其内部电路原理图和其逻辑框图如图 4-33、图 4-34 所示。内部电路在图 4-32 的一个 4 选 1 电路的基础上又增加了一个 4 选 1 电路，构成双 4 选 1 数据选择器。并且在每个 4 选 1 电路中增加了"使能"控制端，分别记为 $\overline{S_1}$, $\overline{S_2}$，起到信号选通的作用。另外，A_1, A_0 是两个 4 选 1 数据选择器的公共选择输入端，连接方法和工作原理未变。两个数据选择器的输出逻辑表达式分别为

$$Y_1 = S_1 \cdot (D_{10}\overline{A_1}\,\overline{A_0} + D_{11}\overline{A_1}A_0 + D_{12}A_1\overline{A_0} + D_{13}A_1A_0) \qquad (4-11)$$

$$Y_2 = S_2 \cdot (D_{20}\overline{A_1}\,\overline{A_0} + D_{21}\overline{A_1}A_0 + D_{22}A_1\overline{A_0} + D_{23}A_1A_0) \qquad (4-12)$$

利用数据选择器的"使能"控制端可实现数据选择器的扩展。例如，用两个 4 选 1 实现一个 8 选 1，用两个 8 选 1 实现一个 16 选 1，扩展方法多样。图4-35实现了用两个 4 选 1 数据选择器构成为一个 8 选 1 数据选择器的扩展连接，其工作情况归纳如表4-12。

表中"×"表示"0"或"1"，可任意取值。在选择器有效情况下，Y_1，Y_2 的取值由 A_1，A_0 的取值决定。

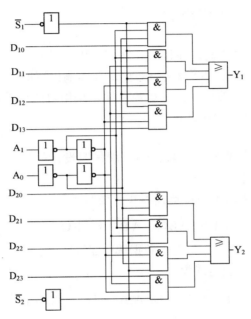

图 4-33　74LS153 内部电路图

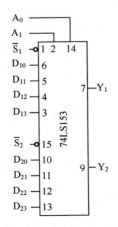

图 4-34　74LS153 逻辑框图

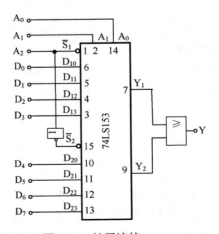

图 4-35　扩展连接

表 4-12　工作情况表

选择端输入状态	选中的选择器单元	输　出　Y
$A_2A_1A_0 = 0 \times \times \ \overline{S}_1 = 0, \ \overline{S}_2 = 1$	选择器 1 工作，选择器 2 禁止且 $Y_2 = 0$	$Y = Y_1 + Y_2 = Y_1$
$A_2A_1A_0 = 1 \times \times \ \overline{S}_1 = 1, \ \overline{S}_2 = 0$	选择器 2 工作，选择器 1 禁止且 $Y_1 = 0$	$Y = Y_1 + Y_2 = Y_2$

2. 用数据选择器实现逻辑函数的方法

任何一个逻辑函数都可以用由输入变量构成的最小项的和的形式表示，用数据选择器实现逻辑函数设计的步骤如下：

① 根据要求确定输入、输出变量的个数；

② 为输入、输出变量进行逻辑赋值；

③ 列真值表；

④ 根据真值表写逻辑表达式，并且写成最小项和的形式；

⑤ 确定所用的数据选择器，并写出该数据选择器输出端的逻辑表达式；

⑥ 将数据选择器的选择端设定为变量输入端，采用对照比较的方法，求解数据选择器中所有各数据输入端的取值或表达式；

⑦ 画逻辑图。

如果将数据选择器的各选择端和数据输入端按照设计的结果接线，则其输出逻辑表达式与所要实现的逻辑表达式一致。

举例：用 74LS153 双 4 选 1 数据选择器实现逻辑函数

$$F = \overline{A}B\overline{C} + A\overline{B}C + \overline{A}BC + ABC \tag{4-13}$$

方法 1：用 74LS153 中的一个 4 选 1 数据选择器实现。参考式(4-11)，74LS153 的 4 选 1 数据选择器 Y_1 端的输出逻辑表达式为

$$Y_1 = S_1 \cdot (D_{10}\overline{A}_1\overline{A}_0 + D_{11}\overline{A}_1A_0 + D_{12}A_1\overline{A}_0 + D_{13}A_1A_0)$$

当 $S_1 = 1$（即 $\overline{S}_1 = 0$）时，得到下式

$$Y_1 = D_{10}\overline{A}_1\overline{A}_0 + D_{11}\overline{A}_1A_0 + D_{12}A_1\overline{A}_0 + D_{13}A_1A_0 \tag{4-14}$$

目的是利用选择器 Y_1 的表达式(4-14)来实现逻辑函数 F 的表达式(4-13)，即 $Y_1 = F$，因此两个表达式(4-14)与表达式(4-13)的等号右边应对应相等。为了达到这一目的，令式(4-14)中 $A_1 = B$，$A_0 = C$，也就是把 4 选 1 数据选择器的两个选择端 A_1, A_0 作为函数 F 中变量 B,C 的输入端，则选择器表达式(4-14)通过变量代换为

$$Y_1 = D_{10}\overline{A}_1\overline{A}_0 + D_{11}\overline{A}_1A_0 + D_{12}A_1\overline{A}_0 + D_{13}A_1A_0$$
$$= D_{10}\overline{B}\overline{C} + D_{11}\overline{B}C + D_{12}B\overline{C} + D_{13}BC \tag{4-15}$$

分别比较式(4-13)和式(4-15)等号右边的各对应项，求出选择器四个数据输入端 $D_{10}, D_{11}, D_{12}, D_{13}$ 的取值，当式(4-15)中 $D_{10} = A$、$D_{11} = 0$、$D_{12} = \overline{A}$、$D_{13} = 1$ 时，式(4-13)和式(4-15)等号右边是相等的，即 $Y_1 = F$ 成立。

用 74LS153 中的一个 4 选 1 数据选择器实现函数 F 表达式的逻辑图为图 4-36 所示，其中选择器的选择端是变量的输入端，选择器数据端 $D_{10}, D_{11}, D_{12}, D_{13}$ 应按照求得的取值连线。

方法 2：参考图4-35，先将 74LS153 中的两个 4 选 1 数据选择器连成一个 8 选 1 数据选择器，再用这个 8 选 1 数据选择器实现所给逻辑函数的功能。

图4-35中，8 选 1 数据选择器的输出端逻辑表达式为

$$Y = D_0\overline{A_2}\,\overline{A_1}\,\overline{A_0} + D_1\overline{A_2}\,\overline{A_1}A_0 + D_2\overline{A_2}A_1\overline{A_0} + D_3\overline{A_2}A_1A_0 + D_4A_2\overline{A_1}\,\overline{A_0} + \tag{4-16}$$
$$D_5A_2\overline{A_1}A_0 + D_6A_2A_1\overline{A_0} + D_7A_2A_1A_0$$

令选择端 $A_2=A$, $A_1=B$, $A_0=C$ 并代入式(4-16)中，所得结果为

$$Y = D_0\overline{ABC} + D_1\overline{AB}C + D_2\overline{A}B\overline{C} + D_3\overline{A}BC + D_4A\overline{BC} + D_5A\overline{B}C + D_6AB\overline{C} + D_7ABC \tag{4-17}$$

欲使式(4-13)与式(4-17)两个逻辑表达式左面相等，右面对应相等。比较结果为 $D_2 = D_3 = D_4 = D_7 = 1$, $D_0 = D_1 = D_5 = D_6 = 0$。逻辑图如图4-37所示。

方法 3：参考方法 2，如果逻辑函数有 N 个输入变量，直接选用有 N 个选择端的数据选择器。把这 N 个选择端作为逻辑函数 N 个变量的输入端，写出这个选择器的输出表达式，并与逻辑函数逐项比较，求出选择器中每个数据输入端的取值，就实现了设计。因此，直接用一个具有 3 个选择端的 8 选 1 数据选择器实现 3 个变量的逻辑函数，是三种设计方法中最为简单的一种形式。

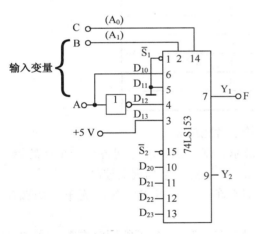

图 4-36 方法 1 的逻辑图

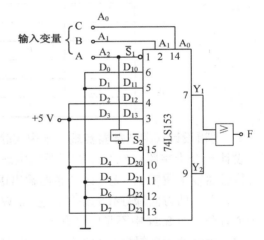

图 4-37 方法 2 的逻辑图

4.4.3 实验内容

1. 验证 74LS153 功能

参考图 4-34，将 74LS153 的 $D_{10}, D_{11}, D_{12}, D_{13}$, $\overline{S_1}, A_1, A_0$ 分别接实验台"十六位逻辑电平输出"的各端口，将输出 Y_1 接"十六位逻辑电平输入及高电平显示"任意一端，验证 74LS153 中 4 选 1 的功能，并按表4-13记录结果。

2. 选择器的功能扩展（级联）

按图4-35接线，用两个 4 选 1 组成一个 8 选 1 的数据选择器，所有输入 D_{10}, D_{11}, D_{12}, $D_{13}, D_{20}, D_{21}, D_{22}, D_{23}, A_2, A_1, A_0$ 分别接实验台的"十六位逻辑电平输出"端，输出 Y 接"十六

位逻辑电平输入及高电平显示"端。验证功能并按表 4-14 记录结果。写出该 8 选 1 数据选择器的输出逻辑表达式。

表 4-13　实验记录（数据源为 $D_{10}, D_{11}, D_{12}, D_{13}$）

数据输入端 D_{1i}	控制端 $\bar{S}_1$	选　择　端		输出端 Y_1
		A_1	A_0	
$D_{10} \sim D_{13}$	0	0	0	
$D_{10} \sim D_{13}$	0	0	1	
$D_{10} \sim D_{13}$	0	1	0	
$D_{10} \sim D_{13}$	0	1	1	
$\times$	1	$\times$	$\times$	

表 4-14　实验记录（输入数据源有 8 个）

选　择　端			输　出　端
A_2	A_1	A_0	Y
0	0	0	
0	0	1	
0	1	0	
0	1	1	
1	0	0	
1	0	1	
1	1	0	
1	1	1	

3. 逻辑设计（用选择器实现，限用实验所给芯片完成）

设计一个十字路口红绿灯显示逻辑电路。设东、南、西、北方向各有一个传感器，有车时传感器输出逻辑 1，无车时传感器输出逻辑 0，交通灯按下列规则控制：

（1）东、西方向绿灯亮的条件：① E, W 同时有车；② E, S, W, N 均无车；③ E, W 中有一个有车，而 S, N 中不是同时有车。

（2）南、北方向绿灯亮的条件：① S, N 同时有车，但 E, W 不能同时有车；② S, N 中任一个有车，但 E, W 均无车。

注：用实验台上的四个"十六位逻辑电平输入及高电平显示"分别代替东-西、南-北方向的红、绿灯。

4.4.4　实验仪器与设备

（1）RTDZ—4 电子技术综合实验台（含直流 5 V 电源、十六位逻辑电平输出、十六位逻辑电平输入及高电平显示电路）一台；

（2）TD890 数字万用表一块；

（3）74LS153 一块，74LS32 一块，74LS04 一块。

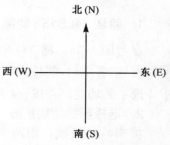

图 4-38　交通灯设计示意图

4.4.5 实验报告要求

阅读教科书相关内容，预习本次实验的全部内容；根据实验任务要求，提前画好记录实验数据的表格；预习用数据选择器实现逻辑函数的设计方法；在进入实验室前，完成实验任务中的逻辑设计。写出设计过程，画逻辑图。实验报告要求如下：

（1）写明实验名称、目的、原理、所用实验设备仪器和器件；

（2）按照实验项目顺序写清各实验项目的名称、内容、逻辑图，并说明实验方法、步骤、所记录的实验数据和结论；

（3）设计内容应写明主要设计步骤，其他与实验报告要求（2）相同；

（4）实验小结（收获、体会、成功经验、失败教训）。

4.4.6 思考题

（1）只用两块 74LS153 构成一个 8 选 1 电路，如何实现？画逻辑图。

（2）实现一个 4 变量的逻辑函数采用哪种数据选择器能够使设计更简单？为什么？

（3）仅用一个 4 选 1 数据选择器及必要的门电路实现 4 变量的逻辑函数 $Y = A\bar{B}CD + AB\bar{C}D + \bar{A}BCD + ABCD$？写出设计过程，画逻辑图。

（4）用数据选择器可以实现序列发生器，试分析如何实现 10011011 循环序列的产生。

4.5 译码器

4.5.1 实验目的

（1）熟悉 3-8 线译码器 74LS138 功能。

（2）学会使用译码器。

（3）利用 138 译码器实现八路分配器功能。

（4）用译码器同时实现多个逻辑函数。

（5）了解显示译码器及数码显示器的使用方法。

4.5.2 实验原理

1. 74LS138 译码器的工作原理

译码是编码的逆过程，常见的译码器有二进制译码器、二-十进制译码器、显示译码器。74LS138 3-8 线译码器是二进制译码器，共有三个选择输入端，又称为地址码输入端，分别为 A_2, A_1, A_0；$\bar{Y}_0$ 至 $\bar{Y}_7$ 八个译码输出端，均为低有效，被译到的输出端为低电平；三个控制端 $S_1, \bar{S}_2, \bar{S}_3$，这三个控制端又称为使能端，$\bar{S}_2, \bar{S}_3$ 均为低电平有效。74LS138 内部电路及逻辑框图如图 4-39、图 4-40 所示，由于它输入为三位二进制代码，有三条输入线、八条输出线，故称为 3-8 线译码器。当控制端 $S_1 =$ "1"、$\bar{S}_2 = \bar{S}_3 =$ "0" 时，译码器有效，处于译码工作状态。否则，译码器为禁止状态，且八个输出均为高电平。其功能表如表4-15所示。

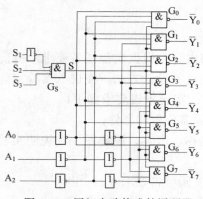

图 4-39 用门电路构成的译码器

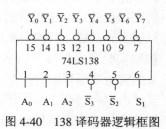

图 4-40 138 译码器逻辑框图

表 4-15 74LS138 3-8 线译码器真值表

输 入						输 出							
控 制 端			选 择 端										
S_1	$\bar{S}_2$	$\bar{S}_3$	A_2	A_1	A_0	$\bar{Y}_0$	$\bar{Y}_1$	$\bar{Y}_2$	$\bar{Y}_3$	$\bar{Y}_4$	$\bar{Y}_5$	$\bar{Y}_6$	$\bar{Y}_7$
1	0	0	0	0	0	0	1	1	1	1	1	1	1
1	0	0	0	0	1	1	0	1	1	1	1	1	1
1	0	0	0	1	0	1	1	0	1	1	1	1	1
1	0	0	0	1	1	1	1	1	0	1	1	1	1
1	0	0	1	0	0	1	1	1	1	0	1	1	1
1	0	0	1	0	1	1	1	1	1	1	0	1	1
1	0	0	1	1	0	1	1	1	1	1	1	0	1
1	0	0	1	1	1	1	1	1	1	1	1	1	0
0	×	×	×	×	×	1	1	1	1	1	1	1	1
×	1	×	×	×	×	1	1	1	1	1	1	1	1
×	×	1	×	×	×	1	1	1	1	1	1	1	1

2. 138 译码器构成 8 路分配器

若将译码器的使能端作为数据输入端，译码器可完成与数据选择器相反的操作，成为八路分配器。它获得一路输入，分配成几路输出，选择端决定信号从哪路输出。3-8 线译码器可完成八路分配器的操作，把使能端之一的 S_1 作为数据输入端，保留 $\bar{S}_2$，$\bar{S}_3$ 仍为使能端，A_2,A_1,A_0 为选择端，$\bar{Y}_0 \sim \bar{Y}_7$ 为输出端，可以实现八路分配器的功能。S_1 作为数据输入时，分配器输出与输入反相，也可以将 $\bar{S}_2$ 或 $\bar{S}_3$ 作为脉冲分配器的数据输入端，但此时输出与输入同相。

3. 译码器的功能扩展

利用译码器控制端可实现译码器的功能扩展，并且扩展方法不只一种。图4-41实现了用两个 138 译码器构成为一个 4 线-16 线译码器的扩展连接。

4. 用译码器实现逻辑函数的方法

一个 3-8 译码器有 3 个选择输入端，一般可实现最多三个输入变量的逻辑函数。例如，用 74LS138 译码器实现逻辑函数 $F= AC+AB\bar{C}+\bar{A}BC$，实现步骤如下：

① 将逻辑函数 F 写成最小项和的形式

$$F= AC(B+\bar{B})+AB\bar{C}+\bar{A}BC= ABC+A\bar{B}C+AB\bar{C}+\bar{A}BC \tag{4-18}$$

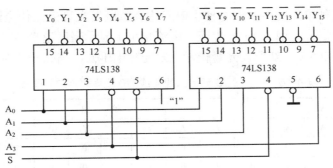

图 4-41   138 译码器的功能扩展

② 将译码器的 3 个地址码 A_2, A_1, A_0 当做函数 F 中 3 个变量 A,B,C，即

令译码器中的 $A_2 = A$ ，$A_1 = B$ ，$A_0 = C$ 且 $S_1 =$ "1"，$\bar{S}_2 = \bar{S}_3 =$ "0"

③ 通过变量代换，译码器 8 个译码输出端的表达式分别改写为

$$\overline{Y_0} = \overline{\overline{A_2}\,\overline{A_1}\,\overline{A_0}} = \overline{\overline{A}\,\overline{B}\,\overline{C}} \; ; \quad \overline{Y_1} = \overline{\overline{A_2}\,\overline{A_1}\,A_0} = \overline{\overline{A}\,\overline{B}C} \; ; \quad \overline{Y_2} = \overline{\overline{A_2}\,A_1\,\overline{A_0}} = \overline{\overline{A}B\overline{C}} \; ;$$

$$\overline{Y_3} = \overline{\overline{A_2}\,A_1\,A_0} = \overline{\overline{A}BC} \; ; \quad \overline{Y_4} = \overline{A_2\,\overline{A_1}\,\overline{A_0}} = \overline{A\overline{B}\,\overline{C}} \; ; \quad \overline{Y_5} = \overline{A_2\,\overline{A_1}\,A_0} = \overline{A\overline{B}C} \; ;$$

$$\overline{Y_6} = \overline{A_2\,A_1\,\overline{A_0}} = \overline{AB\overline{C}} \; ; \quad \overline{Y_7} = \overline{A_2\,A_1\,A_0} = \overline{ABC}$$

即 3 个变量 A,B,C 可构成 8 个最小项，如果将这 3 个变量作为 74LS138 译码器的输入，则译码器每个输出端的逻辑表达式都对应了一个最小项的非。

④ 用 74LS138 实现函数 F$=$ $AC + AB\overline{C} + \overline{A}BC$ 的方法为

$$
\begin{aligned}
F &= AC + AB\overline{C} + \overline{A}BC \\
  &= ABC + A\overline{B}C + AB\overline{C} + \overline{A}BC \\
  &= \overline{\overline{ABC + A\overline{B}C + AB\overline{C} + \overline{A}BC}} \\
  &= \overline{\overline{ABC} \cdot \overline{A\overline{B}C} \cdot \overline{AB\overline{C}} \cdot \overline{\overline{A}BC}} \\
  &= \overline{\overline{Y_7}\,\overline{Y_5}\,\overline{Y_6}\,\overline{Y_3}}
\end{aligned}
$$

令译码器中 $A_2 = A$ ，$A_1 = B$ ，$A_0 = C$ 且 $S_1 =$ "1"，$\bar{S}_2 = \bar{S}_3 =$ "0"。

⑤ 逻辑图如图 4-42 所示。

5. 其他类型的译码器

1）二-十进制译码器

将十进制的二进制编码即 BCD 码，翻译成对应的十个输出信号的电路，称为二-十进制译码器。如 8421BCD 码输入的 4 线-10 线译码器，其真值表如表 4-16。利用该真值表可设计出对应的逻辑电路。

2）LED 数码显示译码器

① 七段发光 LED 数码管

LED 数码管是数字系统中常用的显示器件，用于显示 0～9 十进制数和小数点。LED 数码管中的每一段和小数点都是由发光二极管组成，有共阴和共阳两种形式。图 4-43、图 4-44 分别为共阳和共阴数码管的内部

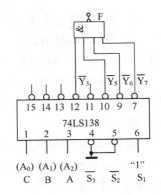

图 4-42   译码器实现逻辑函数图

电路，图 4-45 为两种电路的引脚图。使用时应注意每段发光管的工作电流，通常为 10 mA 以下，实际电流必须小于允许的工作电流，电流越小，显示亮度越暗。每段发光二极管的正向压降通常约为 2～2.5 V，红色发光管较绿色发光管电压低，高亮较普通高。

表 4-16 8421BCD 码输入的 4 线–10 线译码器的真值表

输	入			输	出								
A_3	A_2	A_1	A_0	Y_0	Y_1	Y_2	Y_3	Y_4	Y_5	Y_6	Y_7	Y_8	Y_9
0	0	0	0	1	0	0	0	0	0	0	0	0	0
0	0	0	1	0	1	0	0	0	0	0	0	0	0
0	0	1	0	0	0	1	0	0	0	0	0	0	0
0	0	1	1	0	0	0	1	0	0	0	0	0	0
0	1	0	0	0	0	0	0	1	0	0	0	0	0
0	1	0	1	0	0	0	0	0	1	0	0	0	0
0	1	1	0	0	0	0	0	0	0	1	0	0	0
0	1	1	1	0	0	0	0	0	0	0	1	0	0
1	0	0	0	0	0	0	0	0	0	0	0	1	0
1	0	0	1	0	0	0	0	0	0	0	0	0	1
1	0	1	0	×	×	×	×	×	×	×	×	×	×
1	0	1	1	×	×	×	×	×	×	×	×	×	×
1	1	0	0	×	×	×	×	×	×	×	×	×	×
1	1	0	1	×	×	×	×	×	×	×	×	×	×
1	1	1	0	×	×	×	×	×	×	×	×	×	×
1	1	1	1	×	×	×	×	×	×	×	×	×	×

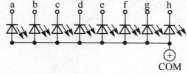

图 4-43 共阳连接（低电平驱动）

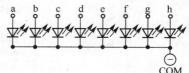

图 4-44 共阴连接（高电平驱动）

② BCD 码七段译码/驱动器

显示译码器型号很多，TTL 电路有 74LS46（246），74LS47（247），74LS48（248），74LS49（249）等，本实验采用 CD4511 BCD—七段锁存/译码/驱动器，可在 5 V 工作电压下使用，并与 TTL 电平兼容，用于驱动共阴 LED 数码管。

图 4-46 为 CD4511 引脚排列，引脚说明如下：

a, b, c, d, e, f, g——译码输出，在输出高电平时点亮共阴 LED 数码管相应段；

$\overline{\text{LT}}$——亮灯测试端，$\overline{\text{LT}}$ = "0" 时，译码输出全为 "1"；

$\overline{\text{BI}}$——消隐输入端，$\overline{\text{BI}}$ = "0"、$\overline{\text{LT}}$ = "1" 时，译码输出全为 "0"；

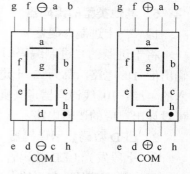

图 4-45 共阴、共阳数码管引脚排列

LE ——锁存端，LE＝"1"时译码器锁存显示值，显示不随 BCD 码输入影响，LE＝"0"为正常译码显示状态；

A，B，C，D ——BCD 码输入端。

表 4-17 为 CD4511 功能表。由于 CD4511 内部接有上拉电阻，译码器在较低工作电压情况下，如果数码管工作电流允许，可以将译码器输出直接连接到数码管上。工作电流过大时，为了保护数码管不被损坏，应加入限流电阻工作。

表 4-17　CD4511 功能表

输　入							输　出							显示字形
LE	$\overline{BI}$	$\overline{LT}$	D	C	B	A	a	b	c	d	e	f	g	
×	×	0	×	×	×	×	1	1	1	1	1	1	1	8
×	0	1	×	×	×	×	0	0	0	0	0	0	0	消隐
0	1	1	0	0	0	0	1	1	1	1	1	1	0	0
0	1	1	0	0	0	1	0	1	1	0	0	0	0	1
0	1	1	0	0	1	0	1	1	0	1	1	0	1	2
0	1	1	0	0	1	1	1	1	1	1	0	0	1	3
0	1	1	0	1	0	0	0	1	1	0	0	1	1	4
0	1	1	0	1	0	1	1	0	1	1	0	1	1	5
0	1	1	0	1	1	0	0	0	1	1	1	1	1	6
0	1	1	0	1	1	1	1	1	1	0	0	0	0	7
0	1	1	1	0	0	0	1	1	1	1	1	1	1	8
0	1	1	1	0	0	1	1	1	1	0	0	1	1	9
0	1	1	1	0	1	0	0	0	0	0	0	0	0	消隐
0	1	1	1	0	1	1	0	0	0	0	0	0	0	消隐
0	1	1	1	1	0	0	0	0	0	0	0	0	0	消隐
0	1	1	1	1	0	1	0	0	0	0	0	0	0	消隐
0	1	1	1	1	1	0	0	0	0	0	0	0	0	消隐
0	1	1	1	1	1	1	0	0	0	0	0	0	0	消隐
1	1	1	×	×	×	×	锁　存							锁存

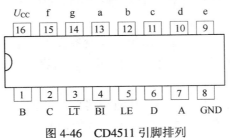

图 4-46　CD4511 引脚排列

类似的 TTL 显示译码器有 74LS46（246）、74LS47（247）、74LS48（248）、74LS49（249），可查手册。

4.5.3 实验内容

1. 验证 74LS138 的功能

将译码器使能端 S_1, $\overline{S}_2$, $\overline{S}_3$ 及地址码 A_2, A_1, A_0 分别接至"十六位逻辑电平输出"口，八个输出端 $\overline{Y}_7, \cdots, \overline{Y}_0$ 依次连接在"十六位逻辑电平输入及高电平显示"的八个输入口上，拨动逻辑电平开关，按表4-15逐项测试 74LS138 的逻辑功能。

2. 用 138 译码器实现八路分配器

实验台基准信号源 Q22 的 CP 时钟脉冲频率约为 1 Hz，将该频率信号接至由 138 译码器构成的分配器的 S_1 端，此时分配器输出端 $\overline{Y}_7, \cdots, \overline{Y}_0$ 的信号与 CP 输入信号反相。画出分配器的实验电路，观察和记录在地址端 A_2, A_1, A_0 分别取 000～111 八种不同状态时 $\overline{Y}_7, \cdots, \overline{Y}_0$ 端的输出波形，注意输出波形与 CP 输入波形之间的相位关系。

3. 用译码器实现多输出逻辑函数（设计）

设计一个用 138 译码器及部分门电路同时实现下述逻辑函数的电路，要求画逻辑图、自定实验记录表格并填入验证的结果。

$$F_1 = AB + AC ;\quad F_2 = \overline{A}BC + A\overline{B}C ;\quad F_3 = \overline{A}\overline{B}\overline{C} + A\overline{B}\overline{C} + ABC$$

4. 验证 CD4511 的功能并设计实验方案

参考图4-45、图 4-46，利用实验台的硬件资源，自拟设计验证显示译码器 CD4511 功能的实验方案，画实验线路图。参考表4-17，验证 CD4511 功能并做记录。实验台上有"十六位逻辑电平输出"端、"十六位逻辑电平输入及高电平显示"端、共阴 LED 数码管一个，以及 +5 V 电源等资源。

4.5.4 实验仪器与设备

（1）RTDZ—4 电子技术综合实验台（含直流 5 V 电源、十六位逻辑电平输出、十六位逻辑电平输入及高电平显示电路、LED 共阴数码管）一台；

（2）TD890 数字万用表一块；

（3）74LS138 两块，74LS20 一块，74LS00 一块，CD4511 一块。

4.5.5 实验报告要求

复习译码器、数码显示器的工作原理；根据实验任务要求，提前完成设计、画好线路和记录表格。实验报告要求如下：

（1）写明实验名称、目的、原理、所用实验设备仪器和器件；

（2）按照实验项目顺序写清各实验项目的名称、内容、逻辑图并说明实验方法及步骤、所记录的实验数据、结论；

（3）设计内容应写明主要设计步骤，其他与实验报告要求（2）相同；

（4）实验小结（收获、体会、成功经验、失败教训）。

4.5.6 思考题

（1）参考表4-16，设计 BCD 码输入的 4 线–10 线译码器，要求有拒伪码功能，当输入码大于等于 1010，输出全部为 0。画逻辑图。

（2）在上一思考题中，如果设计要求不拒伪码，如何设计？画逻辑图。

（3）译码器可以实现存储器的地址译码、单片机的 I/O 口扩展、实现函数等功能，应用十分灵活，在具体的电路设计中可巧妙利用其功能实现设计目标。试查找一下译码器的应用例子。

（4）如果实现 2 位半数码（最大显示 99.9）的显示功能，可以用 3 片 CD4511 作为译码显示驱动，如何连线？需要多少控制线和数据线？怎样节约控制线和数据线的数量？

（5）在思考题（4）的基础上，如何控制并实现 12.3 的显示？如何实现 2.3 的显示且最高位（十位）消隐？说明操作步骤。

4.6 加法器

4.6.1 实验目的

（1）熟悉集成加法器 74LS83 的功能；
（2）掌握加法器的使用方法。

4.6.2 实验原理

1．74LS83 集成加法器

一位全加器的设计及如何构成多位加法器的方法，可以参看教科书的相关内容。一位全加器的真值表如表4-18所示，输出逻辑表达式为

表 4-18 全加器真值表

输		入	输	出
A	B	C_{in}	C_{out}	Σ
0	0	0	0	0
0	0	1	0	1
0	1	0	0	1
0	1	1	1	0
1	0	0	0	1
1	0	1	1	0
1	1	0	1	0
1	1	1	1	1

$$\Sigma = (A \oplus B) \oplus C_{in}$$

$$C_{out} = AB + (A \oplus B)C_{in}$$

其中，Σ 为本位的求和，C_{out} 为求和的进位输出，C_{in} 来自低位的进位。根据逻辑表达式可用逻辑门电路实现一位全加器的连接。

74LS83 是 4 位二进制集成加法器，$A_4 \sim A_3$ 与 $B_4 \sim B_1$ 分别是两个 4 位二进制数的输入端，C_0 是最低位的进位输入端。$\Sigma_4 \sim \Sigma_1$ 是相应位上的求和输出，C_4 是最高位的进位输出，其外部引脚参看图4-47。

如果用两片 74LS83 集成加法器构成一个 8 位的二进制加法器，需要将低位集成加法器的进位输入端 C_0 接逻辑"0"，将低位输出端 C_4 接高位集成加法器的进位输入端 C_0，高位集成加法器的进位输出为所构成的 8 位二进制的进位输出。此时，两片 74LS83 集成加法器构成的两组数据输入 A_i 与 B_i，就是所构成的 8 位二进制加法器的加数与被加数两组数据输入端。

2．十六进制数转换为 8421BCD 码

两个 BCD 码相加，为了保证求和结果正确，如果相加的结果大于 9 或最高位有进位，应加 6（0110）校正。例如，5+6=11，用 BCD 码相加应为 0101+0110=1011，1011 结果大于 9（1001），因此加 6（0110）校正，即 1011+0110=10001 这个结果就是 BCD 码的 0001 0001，也就是十进制 11。

十六进制数转换为 8421BCD 码的转换原理是把一个被转换的十六进制数看做是两个 BCD 码相加的结果。若这个十六进制大于 1001，加 0110 后就转换为 BCD 码的形式了；若这个十六进制数等于或小于 1001，加 0000 便可以了。运用集成加法器实现这种把十六进制数转换为 8421BCD 码的转换电路如图4-48所示。

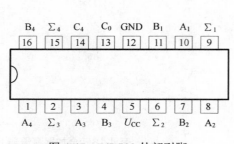

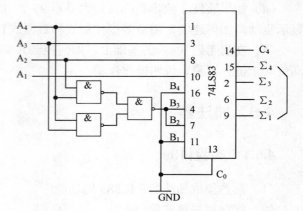

图 4-47　74LS83 外部引脚　　　　　图 4-48　16 进制数转换为 BCD 码电路

3. 8421BCD 码转换为余 3 码

8421BCD 码转换为余 3 码的方法是"余 3 码＝8421BCD 码＋0011"。

4.6.3　实验内容

（1）用门电路设计一个全加器，验证结果并记录。

（2）验证集成加法器功能。

参考图4-47，加法器所有输入端分别接"十六位逻辑电平输出"端，所有输出端分别接"十六位逻辑电平输入及高电平显示"的输入端，本实验只要求输入表4-19所要求的 3 组数据，记录输出结果，验证加法结果是否正确。自拟 3 组数据，记录输出结果。

（3）代码转换。

按图4-48接线，实现十六进制转换为 BCD 码的操作，自制表格并记录结果。

表 4-19　实验记录

输　　　入									输　　出				
A4	A3	A2	A1	B4	B3	B2	B1	C0	C4	Σ4	Σ3	Σ2	Σ1
0	0	1	1	0	1	1	0	0					
1	0	1	0	1	1	0	1	0					
1	1	0	1	1	0	1	1	1					

（4）逻辑设计。

用集成加法器 74LS83 及必要的门电路，设计一个一位 BCD 码加法器。所设计的加法器应具有两组 BCD 码输入端、一个来自低位的进位输入、本位的求和输出和一个向高位的进位输出。自己设计实验方案，画原理图，画记录表格并记录结果。

4.6.4　实验仪器与设备

（1）RTDZ—4 电子技术综合实验台（含直流 5 V 电源、十六位逻辑电平输出、十六位逻辑电平输入及高电平显示电路）一台；

（2）TD890 数字万用表一块；

（3）74LS00 一块，74LS20 一块，74LS32 一块，74LS83 两块。

4.6.5　实验报告要求

认真预习加法器的相关内容；提前完成实验任务中的设计内容，画逻辑图；提前做好实验记录表格。实验报告要求如下：

（1）写明实验名称、目的、原理、所用实验设备仪器和器件；

（2）按照实验项目顺序写清各实验项目的名称、内容，画逻辑图并说明实验方法、步骤、所记录的实验数据和结论；

（3）设计内容应写明主要设计步骤，其他与实验报告要求（2）相同；

（4）实验小结（收获、体会、成功经验、失败教训）。

4.6.6　思考题

（1）用两块 74LS83 构成一个八位的二进制加法器，怎样连线？

（2）设计一个 8421BCD 码转换成余 3 码的电路。

（3）设计一个 4 位的二进制减法器。

4.7　触发器

4.7.1　实验目的

（1）学习用门电路组成基本 RS 触发器。

（2）学会使用集成触发器。

（3）运用触发器实现同步时序电路设计。

4.7.2　实验原理

1. 基本 RS 触发器

图4-49是用两个与非门构成的基本 RS 触发器。其中，$\overline{S},\overline{R}$ 为两个输入端，低电平有效，也就是说 $\overline{S},\overline{R}$ 中谁为低电平谁起作用。$\overline{S}$ 的作用是置位（Set），让触发器输出 Q 为"1"；$\overline{R}$ 的作用是复位（Reset），让触发器输出 Q 为"0"。两个与非门构成的基本 RS 触发器的特性方程为 $Q^{n+1} = S + \overline{R}Q^n$，约束条件为 $\overline{R} + \overline{S} = 1$，不允许 $\overline{R}$ 与 $\overline{S}$ 同时为"0"。如果已知 $\overline{S},\overline{R}$ 及 Q^n 的状态，代入特性方程就可推出 Q^{n+1} 的状态。真值表如表4-20所示。

两个或非门也可构成基本 RS 触发器，但输入端为高电平有效，特性方程为 $Q^{n+1} = S+\overline{R}Q^n$、约束条件为 RS＝0，输入不能同时为"1"。

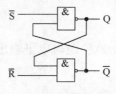

图 4-49　RS 触发器

表 4-20　RS 触发器真值表

输　　入		输　　出	说　　　明
$\overline{R}$	$\overline{S}$	Q^{n+1}	
0	0	无效	破坏约束条件
0	1	0	置0
1	0	1	置1
1	1	Q^n	保持原状态

2. 边沿触发的集成 D 触发器

集成触发器 74LS74 为上升沿触发的双 D 边沿触发器，有预置和清零功能，特性方程为 $Q^{n+1} = D$。触发器的输出状态由在触发脉冲上升沿处 D 的状态决定。D 边沿触发器逻辑符号如图 4-50 所示，$\overline{S}$ 为"置1"或"置位"端，置1的结果使 Q＝1；$\overline{R}$ 为"清0"或"复位"端，清0的结果使 Q＝0。$\overline{S}$，$\overline{R}$ 均为低电平有效，不允许同时为0。$\overline{S}$，$\overline{R}$ 平时接高电平。

3. 边沿触发的集成 JK 触发器

74LS112 为下降沿触发的双 JK 触发器，有预置和清零功能，特性方程为 $Q^{n+1} = J\overline{Q^n}+\overline{K}Q^n$。触发器的输出状态由在触发脉冲下降沿处 J, K, Q^n 的状态所决定，将 J, K, Q^n 的状态值代入 JK 触发器特性方程可得到 Q^{n+1} 的状态。JK 边沿触发器逻辑符号如图 4-51 所示，$\overline{S}$，$\overline{R}$ 分别为"置1"和"清0"端，均为低电平有效，平时应接高电平，不允许同时为0。

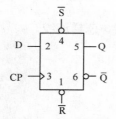

图 4-50　D 触发器

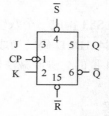

图 4-51　JK 触发器

4. 触发器构成移位寄存器、环行计数器、扭环计数器

用 JK 触发器构成具有串行输入并行输出或串行输入串行输出的移位寄存器的电路连接方式如图4-52所示。

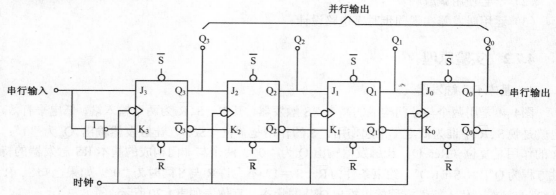

图 4-52　串行输入右移寄存器

在图4-52中，如果把Q_0输出端与串行输入端相连，置位Q_0为"1"，并复位其他3个触发器，则构成环行计数器，并行输出有0001,1000,0100,0010四种输出状态。

在图4-52中，如果把$\overline{Q}_0$输出端与串行输入端相连并复位所有触发器，则构成扭环计数器，并行输出有0001,0000,1000,1100,1110,1111,0111,0011八种输出状态。

5．用触发器实现同步时序电路设计的方法

设计同步时序电路的方法和步骤如下：

① 根据设计要求画状态转换图或状态转换表；

② 由状态转换图或状态转换表写出状态方程；

③ 选定所使用的触发器类型并写出触发器特性方程；

④ 通过比较状态方程和触发器特性方程，得到各驱动方程。

⑤ 写输出方程；

⑥ 画逻辑图；

⑦ 在实验室内连线并验证设计结果。

4.7.3 实验内容

1．RS触发器功能验证

按图4-49接线，其中$\overline{R}$，$\overline{S}$分别为复位、置位输入端，分别接"十六位逻辑电平输出"端；Q，$\overline{Q}$为输出端，接"十六位逻辑电平输入及高电平显示"端。按表4-21要求顺序操作，观测Q，$\overline{Q}$输出状态并记录结果。

表4-21　RS触发器功能验证记录

输　　入		输　　出		触发器状态
$\overline{R}$	$\overline{S}$	Q	$\overline{Q}$	
0	1			
1	1			
1	0			
1	1			

2．D触发器功能验证

参考图4-50，置位端$\overline{S}$、复位端$\overline{R}$、数据输入端D分别接"十六位逻辑电平输出"，触发脉冲CP接"单次脉冲源"输出端，Q，$\overline{Q}$分别接"十六位逻辑电平输入及高电平显示"端。

1）观察$\overline{S}$，$\overline{R}$功能

分别置$\overline{S}=0$，$\overline{R}=1$和$\overline{S}=1$，$\overline{R}=0$，观察两种情况下输出端Q的状态，并记录在表4-22中。在上述两种情况下，触发脉冲CP对触发器的状态有无影响？

表4-22　$\overline{R}$，$\overline{S}$功能验证记录

置 位 端	复 位 端	输　　出		状　　态
$\overline{S}$	$\overline{R}$	Q	$\overline{Q}$	
0	1			
1	0			

2）观察 D 触发器功能

按照表 4-23 表头下第一行的内容，操作步骤如下：① 利用 $1\bar{S}$,$1\bar{R}$（$1\bar{S}=1$,$1\bar{R}=0$）功能置 Q^0 的初始状态为 0；② 恢复 $1S=1$,$1R=1$，此时保持了 Q^0 输出初始值 0 不变；③ 确定 D 的取值为 0（$D=0$）；④ 按压一次"单次脉冲源"的按钮，送入一个触发脉冲 CP，观察 Q^0 状态变化，将结果填入 Q^1 栏下；⑤ 再送入一个触发脉冲 CP，观察 Q^0 状态变化，将结果填入 Q^2 栏下。在验证 D 触发器功能时，注意观察触发器上升沿触发方式，分析 Q^0 的变化结果与理论推导结果是否一致。

按照上述操作步骤对表 4-23 逐行进行验证。

表 4-23　D 触发器功能验证实验记录

置 位 端	复 位 端	输 入 端	触 发 端	输　出　端		
$\bar{S}$	$\bar{R}$	D	CP	Q^0	Q^1	Q^2
1	1	0	↑	0		
1	1	0	↑	1		
1	1	1	↑	0		
1	1	1	↑	1		

3. JK 触发器功能测试

参考图 4-51，置位端 $\bar{S}$、复位端 $\bar{R}$、数据输入端 J 和 K 分别接"十六位逻辑电平输出"，触发脉冲 CP 接"单次脉冲源"输出端，Q,$\bar{Q}$ 分别接"十六位逻辑电平输入及高电平显示"端。

观察 $\bar{S}$、$\bar{R}$ 功能

① 分别置 $\bar{S}=0$，$\bar{R}=1$ 和 $\bar{S}=1$，$\bar{R}=0$，观察输出端 Q^1 的状态并做记录，表格自制。在上述两种情况下，触发脉冲 CP 对触发器的状态有无影响？记录结果。

② $\bar{S}$,$\bar{R}$ 在实际应用中不应同时为"0"。如果破坏了约束条件，出现 $\bar{S}$,$\bar{R}$ 同时为"0"的情况，触发器输出结果怎样？记录实验结果。

③ JK 触发器功能：参照 D 触发器功能验证方法，自己设计实验步骤，验证 JK 触发器功能并注意观察触发方式，结果填入下表。

4. 时序电路设计

用双 JK 触发器构成一个同步可逆四进制计数器。其中，G 为控制端，$G=0$ 实现加法计数，$G=1$ 实现减法计数。设计该计数器、画图并验证设计结果，记录实验数据。

表 4-24　JK 触发器功能验证实验记录

置位	复位	输	入	触发	输	出		置位	复位	输	入	触发	输	出	
$\bar{S}$	$\bar{R}$	J	K	CP	Q^0	Q^1	Q^2	$\bar{S}$	$\bar{R}$	J	K	CP	Q^0	Q^1	Q^2
1	1	0	0	↓	0			1	1	1	0	↓	0		
1	1	0	0	↓	1			1	1	1	0	↓	1		
1	1	0	1	↓	0			1	1	1	1	↓	0		
1	1	0	1	↓	1			1	1	1	1	↓	1		

4.7.4 实验仪器与设备

（1）RTDZ—4 电子技术综合实验台（含直流 5 V 电源、十六位逻辑电平输出、十六位逻辑电平输入及高电平显示电路、单次脉冲源）一台；

（2）TD890 数字万用表一块；

（3）74LS00 一块，74LS74 一块，74LS86 一块，74LS112 一块。

4.7.5 实验报告要求

认真预习触发器相关内容；牢记触发器的特性方程，掌握同步时序电路的设计方法；提前完成实验任务所提出的设计内容，画逻辑图。实验报告要求如下：

（1）实验名称、目的、原理、所用实验设备仪器和器件；

（2）按照实验项目顺序写清各实验项目的名称、内容，画逻辑图并说明实验方法、步骤、所记录的实验数据和结论；

（3）设计内容应写明主要设计步骤，其他与实验报告要求（2）相同；

（4）实验小结（收获、体会、成功经验、失败教训）。

4.7.6 思考题

（1）试根据图4-49用与非门构成的基本 RS 触发器电路进行分析，如果 $\overline{S}$、$\overline{R}$ 都同时取低电平逻辑"0"，破坏约束条件下触发器的输出会有什么结果？如果在破坏约束条件的输入状态下同时又将 $\overline{S}$、$\overline{R}$ 置高电平逻辑"1"，进入保持状态，触发器输出又会出现什么结果？

（2）用 D 触发器构成一个同步三分频电路，如何实现？

（3）怎样用两片 74LS112 及必要的门电路实现串入并出移位寄存器的功能？

（4）在思考题 3 的基础上，构成环行计数器和扭环计数器，怎样实现？

（5）基本 RS 触发器可以实现开关的去抖功能，试设计该去抖电路。

（6）某电路中用了 5 个 JK 触发器，要求该电路接通电源时，5 个触发器的初始状态都为 0，试说明实现方法。

4.8 集成计数器

4.8.1 实验目的

（1）熟悉集成计数器 74LS163 功能。

（2）学会使用集成计数器 74LS161 与 74LS163。

（3）运用触发器实现同步时序电路设计。

4.8.2 实验原理

1. 74LS163 集成计数器

集成计数器 74LS163 是 4 位二进制同步计数器，具有同步预置、同步清零的功能，外部引脚如图4-53中元件的引脚排列所示。$\overline{\text{CLR}}$ 为同步清零端，CP 为时钟输入端，P 和 T 为使能端，$\overline{\text{LD}}$ 为置数控制端，A, B, C, D 分别为置数输入端，Q_A, Q_B, Q_C, Q_D 分别为 4 位二进制输出端，O_C 为进位输出，O_C 平时为"0"，当 Q_A, Q_B, Q_C, Q_D 均为"1"时，O_C 才为"1"。集成计数器 74LS163 的功能如表4-25所示。计数器为同步清零，需要同时满足 CP 时钟输入上升沿存在与 $\overline{\text{CLR}}$ 低电平有效两个条件，才能使计数器清零。该集成电路又具有同步置数功能，只有同时满足 $\overline{\text{LD}}$ 低电平有效与 CP 上升沿有效，才能够使计数器置数。利用同步清零和同步置数的方法可实现任意进制计数器的设计。

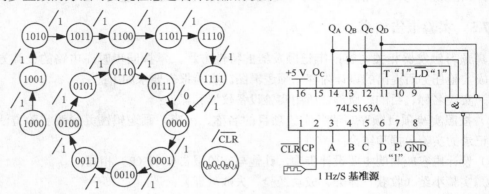

图 4-53　74LS163 复位法实现八进制计数器状态图及接线

表 4-25　74LS163 功能表

输　　入									输　　出			
$\overline{\text{CLR}}$	$\overline{\text{LD}}$	P	T	D	C	B	A	CP	Q_D	Q_C	Q_B	Q_A
0	×	×	×	×	×	×	×	↑	0	0	0	0
1	0	×	×	D	C	B	A	↑	D	C	B	A
1	1	0	×	×	×	×	×	↑	保　　持			
1	1	×	0	×	×	×	×	↑	保　　持			
1	1	1	1	×	×	×	×	↑	计　　数			

2．74LS161 集成计数器

集成计数器 74LS161 是 4 位二进制同步计数器，具有同步预置、异步清零的功能，外部引脚与 74LS163 一致，两者引脚完全兼容。$\overline{\text{CLR}}$ 为异步清零端，CP 为时钟输入端，P 和 T 为使能端，$\overline{\text{LD}}$ 为置数控制端，A, B, C, D 分别为置数输入端，Q_A, Q_B, Q_C, Q_D 分别为 4 位二进制输出端，O_C 为进位输出。除 74LS161 计数器为异步清零外，其他功能与 74LS163 一样。异步清零只需满足 $\overline{\text{CLR}}$ 低电平有效就能使计数器清零。

3．利用复位法实现任意进制计数器的设计方法

把一个 4 位二进制计数器设计成 N 进制计数器，如果计数器从 0000 开始计数，在第 N 个计数脉冲到来时，该计数器应归零，使输出回到 0000。归零的方法可以利用计数器的 $\overline{\text{CLR}}$ 清零功能实现。将计数器的输出经反馈电路，将反馈信号送至 $\overline{\text{CLR}}$ 端实现任意进制计数器的归零，这种设计方法就叫做"复位法"。利用复位法设计 N 进制计数器的方法是：对于同步清零计数器，应使其输出状态为 $N-1$ 时，让反馈信号（该信号接到 $\overline{\text{CLR}}$ 端）为 0，当第 N 个脉冲来时使计数器清零；对于异步清零计数器，应使计数器输出状态为 N 时，让反馈信号（该信号接到 $\overline{\text{CLR}}$ 端）为 0，以实现清零。

例如，用同步清零计数器 74LS163 复位法实现八进制计数器，则 $N=8$，$N-1=7$，即当 $Q_D Q_C Q_B Q_A$ 为二进制 0111 时（十进制为 7），反馈信号 $=\overline{CLR}=0$，状态转换图如图 4-53 所示。该状态图中，只有当 $Q_D Q_C Q_B Q_A$ 输出为 0111 时，$\overline{CLR}=0$，而在其他输出情况下，$\overline{CLR}$ 总为 1。根据状态转换图，得到表达式为

$$\overline{CLR} = \overline{Q_D Q_C Q_B Q_A}$$

所以 $\overline{CLR} = \overline{Q_D Q_C Q_B Q_A}$，接线如图 4-53 所示。反馈信号还可以根据实际设计要求用更简单的方法实现。

异步清零计数器 74LS161 复位法实现八进制计数的方法为：当计数器输出状态 $N=8$ 时，立即清零，即当 $Q_D Q_C Q_B Q_A$ 输出为 1000 时，$\overline{CLR}=0$，而在计数器其他输出情况下，$\overline{CLR}$ 总为 1，所以 $\overline{CLR} = \overline{Q_D \overline{Q_C} \overline{Q_B} \overline{Q_A}}$。同理，反馈信号还可以用更简单的方法实现。

如何设计任意进制计数器的进位输出，请参照反馈信号 $\overline{CLR}$ 的设计方法，列状态转换图或状态转换表后，写出逻辑表达式并连线实现。

4. 利用置数法实现任意进制计数器的设计方法

将反馈信号接至 $\overline{LD}$ 端，利用计数器 $\overline{LD}$ 置数功能实现任意进制计数器的方法称为"置数法"。"置数"就要用到 D，C，B，A，如果 D，C，B，A 均为 0，当计数器输出状态为 $N-1$ 时，使 $\overline{LD}$ 端为 0，则第 N 个计数脉冲到来时计数器置数 0000，从而实现了 N 进制计数器的归零功能。利用置数法还可实现模值为 N 的计数器设计，使用方法很灵活。

4.8.3 实验内容

1. 验证 74LS163 的功能

参考图4-53中 74LS163 的引脚部分和表4-25，$\overline{CLR}$，$\overline{LD}$，A，B，C，D，P 和 T 分别接"十六位逻辑电平输出"端，O_C，Q_D，Q_C，Q_B，Q_A 分别接"十六位逻辑电平输入及高电平显示"端，CP 接单次脉冲源，验证 74LS163 功能，注意从最后一行开始向上逐行验证。

2. 用复位法设计任意进制计数器

（1）选用 74LS163 器件，用复位法设计一个五进制计数器，要求有进位信号，画电路图，用状态转换图形式记录实验数据。

（2）选用 74LS161 器件，用复位法设计一个五进制计数器，要求有进位信号，画电路图，用状态转换图形式记录实验数据。

3. 用置数法设计任意进制计数器

选用 74LS163 器件，用置数法设计一个十二进制计数器。要求有进位信号，如何实现？画电路图，用状态转换图形式记录实验数据。

4. 74LS163 功能扩展

将两片 163 级联成一个八位的二进制计数器？自己连线并验证结果。

4.8.4 实验仪器与设备

（1）RTDZ—4 电子技术综合实验台（含直流 5 V 电源、十六位逻辑电平输出、十六位逻辑电平输入及高电平显示电路、单次脉冲源、基准脉冲）一台；

（2）TD890 数字万用表一块；

（3）74LS163 两块，74LS20 一块，74LS161 一块。

4.8.5 实验报告要求

认真预习集成计数器相关内容；提前完成实验任务所提出的设计内容，画逻辑图。实验报告要求如下：

（1）写明实验名称、目的、原理、所用实验设备仪器和器件；

（2）按照实验项目顺序写清各实验项目的名称、内容，画逻辑图并说明实验方法、步骤、所记录的实验数据和结论；

（3）设计内容应写明主要设计步骤，其他与实验报告要求（2）相同；

（4）实验小结（收获、体会、成功经验、失败教训）。

4.8.6 思考题

（1）74LS161 与 74LS163 的清零方式有什么区别？它们的置数方式一样吗？

（2）用两片 74LS161 及必要的门电路构成一个六十进制计数器，并带有进位输出。

（3）用 74LS161 构成二十四进制计数器。

（4）用 74LS163 构成二十四进制计数器。

（5）用 74LS160 设计一个一千进制的计数器，带进位输出。

4.9 555 电路及其应用

4.9.1 实验目的

（1）熟悉 555 时基电路结构、工作原理及其特点。

（2）掌握 555 时基电路的基本应用。

4.9.2 实验原理

555 电路称为集成定时器或集成时基电路，是一种数字、模拟混合型的中规模集成电路，可用于定时、产生脉冲、产生时间延迟、压控振荡、脉冲宽度调制、脉冲位置调制，以及产生线性斜波函数等方面。555 电路可工作在无稳态和单稳态两种模式下，脉冲定时范围可从微秒到小时，得到了广泛的应用。双极型电路的工作电压为 +5 V～+18 V，输出电流为 ±200 mA，输出电压最大值为 $(U_{CC} - 0.5)$ V，输出最小值为 0.1 V。

1. 555 电路的工作原理

555 电路的内部电路如图4-54所示。它含有两个电压比较器，一个基本 RS 触发器，一个放电开关管 V_D。比较器的参考电压由三个阻值为 5 kΩ 的电阻器构成的分压器提供，使高电平比较器 C_1 的同相输入端和低电平比较器 C_2 的反相输入端的参考电平分别为 $U_{R1} = (1/3)U_{CC}$ 和 $U_{R2} = (2/3)U_{CC}$。C_1 与 C_2 的输出端控制 RS 触发器状态和放电管开关状态。当 $\overline{R}_D$ = "1"，输入信号 $U_{i1} < U_{R1}$，$U_{i2} < U_{R2}$ 时，触发器置位，555 的 3 脚输出高电平，同时放电开关管截止；当 $\overline{R}_D$ = "1"，输入信号 $U_{i1} < U_{R1}$，$U_{i2} > U_{R2}$ 时，触发器保持原输出状态不变，555 的输出端同样保持原输出状态不变；当输入信号 $U_{i1} > U_{R1}$ 时，555 的输出端 3 脚总是输出低电平，放电开关管 VT_D 的发射结为导通状态。

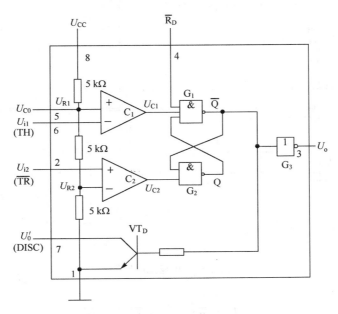

图 4-54　555 定时器内部框图

$\overline{R_D}$ 是复位端（4 脚）。只要 $\overline{R_D}$ = "0"，555 就输出低电平。平时，$\overline{R_D}$ 端开路或接 U_{CC}。
U_{CC} 是工作电源电压端（8 脚），该引脚电压大小可改变比较器的参考电平。

U_D 为放电管。当 U_D 导通时，将给接于脚 7 的电容器提供放电通路。放电电流应小于 200 mA。

2．555 定时器的典型应用

1）构成单稳态触发器

图 4-55(a)为由 555 定时器和外接定时元件 R,C 构成的单稳态触发器。稳态时 555 电路 2 脚电压大于 $(1/3)U_{CC}$，内部放电开关管导通，电容 C 放电使 6,7 脚电压小于 $(2/3)U_{CC}$，输出端 U_o 保持输出低电平。当有一个外部负脉冲触发信号经 C_1 加到 2 端时，使 2 端电位瞬时低于 $(1/3)U_{CC}$，555 电路内部的触发器置位，开关管截止，电容 C 开始充电，此时输出端 U_o 保持高电平输出状态，单稳态电路进入一个暂态过程。当电容 C 充电至使 6,7 脚电压大于 $(2/3)U_{CC}$ 时，内部放电开关管导通，U_o 输出低电平，电路恢复稳态。各点波形如图 4-56(b)所示。

暂态持续时间 T_W 值的大小为

$$T_W = 1.1RC \tag{4-19}$$

2）构成多谐振荡器

如图 4-56(a)所示，由 555 定时器和外接元件 R_1,R_2,C 构成多谐振荡器。电容 C 在 $(1/3)U_{CC}$ 和 $(2/3)U_{CC}$ 之间充电和放电，其波形如图4-56(b)所示。输出信号的时间参数是

$$T = T_{W1} + T_{W2}，\quad T_{W1} = (R_1 + R_2)C\ln 2，\quad T_{W2} = R_2C\ln 2$$

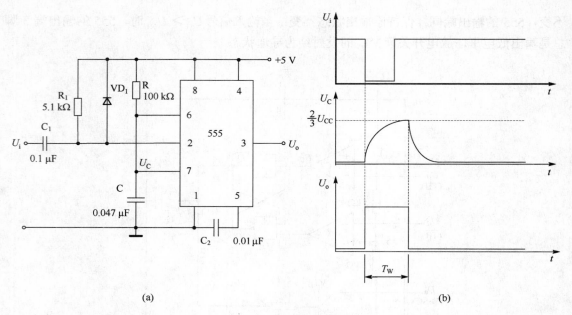

(a)

(b)

图 4-55　单稳态触发器

振荡频率为

$$f = \frac{1}{T} = \frac{1}{(R_1 + 2R_2)C \ln 2} \tag{4-20}$$

占空比为

$$q = \frac{T_{W1}}{T_{W1} + T_{W2}} = \frac{(R_1 + R_2)C \ln 2}{(R_1 + 2R_2)C \ln 2} = \frac{R_1 + R_2}{R_1 + 2R_2} \tag{4-21}$$

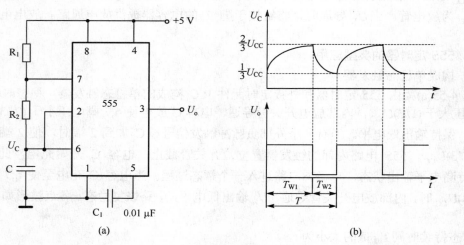

(a)

(b)

图 4-56　多谐振荡器电路及波形图

3）组成占空比可调的多谐振荡器

电路如图4-57所示，占空比

$$q = \frac{T_{W1}}{T_{W1} + T_{W2}} \approx \frac{0.7 R_A C}{0.7 C(R_A + R_B)} = \frac{R_A}{R_A + R_B} \tag{4-22}$$

若取 $R_A = R_B$，电路可输出占空比为 50% 的方波信号。

4）组成占空比连续可调并能调节振荡频率的多谐振荡器

电路如图 4-58 所示。对 C_1 充电时，充电电流通过 R_1、VD_1、R_{W2} 和 R_{W1}；放电时通过 R_{W1}、R_{W2}、VD_2、R_2。若充放电时间常数相等，则占空比为 50%，调节 R_{W1} 改变频率，调节 R_{W2}，改变占空比。

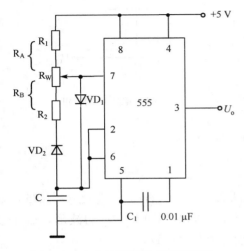

图 4-57 占空比可调的多谐振荡器

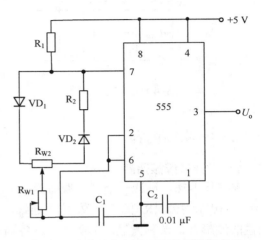

图 4-58 占空比与频率可调的多谐振荡器

5）组成施密特触发器

施密特触发器电路如图 4-59 所示，图 4-60 为 U_s、U_i 和 U_o 各点的波形。

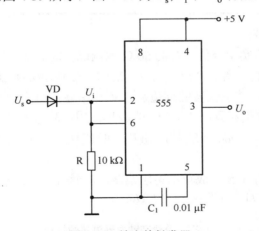

图 4-59 施密特触发器

被整形变换的电压为正弦波 U_S，其正半波通过二极管 VD，同时加到 555 定时器的 2 脚和 6 脚，得到 U_i 为半波整流波形。当 U_i 上升到大于 $(2/3)U_{CC}$ 时，555 内部触发器复位，U_o 输出低电平；当 U_i 下降到 $(1/3)U_{CC}$ 时，555 内部触发器置位，U_o 输出高电平。式 4-23 为回差电压表达式，电路的电压传输特性如图 4-61 所示。

回差电压为
$$\Delta U = \frac{2}{3}U_{CC} - \frac{1}{3}U_{CC} = \frac{1}{3}U_{CC} \tag{4-23}$$

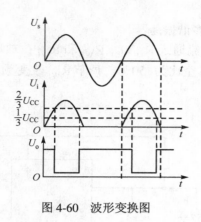

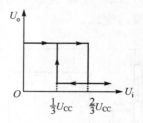

图 4-60　波形变换图　　　　　　　图 4-61　电压传输特性

4.9.3　实验内容

1．设计多谐振荡器

参考图4-56，设计一个多谐振荡器。① 要求振荡频率 $f = 1\,\text{kHz}$，占空比 $q = 0.75$，取 $C = 0.1\,\mu\text{F}$，求 R_1, R_2 的值。② 按图连线，用双踪示波器同时测量 U_c, U_o 的波形，画出被测量的波形并记录测量值，标明单位。各测量值与设计值是否一致？

表 4-26　设计多谐振荡器实验记录

$T_{设计值}$	$T_{w1\,设计值}$	$q_{设计值}$	$T_{测量值}$	$T_{w1\,测量值}$	$q_{测量值}$

2．构成施密特触发器

按图4-59接线，U_s 接实验台信号源的 $50\,\Omega$ 输出端，按下符号为正弦波的"按键"及"频率"按键中为 $2\,\text{k}\Omega$ 的按键，调节"频率调节"旋钮，使输出频率显示为 1000 Hz；调节"幅度调节反相/拉出"旋钮，使正弦波的幅值从 0 V 开始逐步增大。当输出信号产生整形波形后，用双踪示波器同时测量和画出 U_i 和 U_o 的波形。用示波器测量 U_i 的周期 T_i、正向阈值电压 U_{T+}、负向阈值电压 U_{T-}。测量 U_o 的周期 T_o、幅值 U_{om}，画 U_i, U_o 波形图。

3．单稳态触发器

参照图4-55接线，用 555 构成单稳态触发器。U_i 接 100 Hz 方波，用双踪示波器同时测量 U_i, U_o 波形，数据记录如下（$T_{w\,计算值} = 1.1RC$）：

表 4-27　单稳态触发器测量数据记录

被　测　值	$R = 100\,\text{k}\Omega$	$R = 47\,\text{k}\Omega$	$R = 20\,\text{k}\Omega$	$R = 10\,\text{k}\Omega$
T_w 计算值				
T_w 实测值				

4.9.4　实验仪器与设备

（1）RTDZ—4 电子技术综合实验台（含直流 5 V 电源、信号源）一台；

（2）TD890 数字万用表一块；

（3）20 MHz 示波器一台；

（4）555 一块，二极管、电阻、电容若干。

4.9.5　实验报告要求

认真预习 555 电路的相关知识；提前完成实验任务中所要求的设计内容，画电路图；提前做好实验记录表格，计算出相关的理论值；预习用示波器测周期、测幅值的使用方法。怎样用示波器双踪显示被测量波形，双踪显示时应怎样调节示波器相关旋钮。实验报告要求如下：

（1）写明实验名称、目的、原理、所用实验设备仪器和器件；

（2）按照实验内容（1）的要求设计多谐振荡器，写明主要设计步骤，求参数 R_1 和 R_2 的值，画电路图，画测量波形以及记录相关的测量参数，分析所测数据是否与理论设计值一致；

（3）按照实验内容（2）的要求，画实验线路图，画出测量波形并标明相关的各项测量数据，分析测量数据的正确性；

（4）完成实验内容（3），画一组 U_i, U_o 的波形，列出测量的数据记录表4-22，与计算值比较，分析数据的正确性；

（5）实验小结（收获、体会、成功经验、失败教训）。

4.9.6　思考题

（1）图4-60的 555 构成施密特触发器电路，对 U_i 的幅值有没有要求，为什么？

（2）写出图 4-58 所示电路中的占空比 q 和振荡周期 T 的表达式。

4.10　D/A 转换

4.10.1　实验目的

（1）了解权电阻网络 D/A 转换器的基本工作原理和结构。

（2）了解倒 T 网络转换器的基本工作原理和结构。

（3）了解 D/A 转换器的主要参数特性。

（4）掌握 DAC0832 的使用方法。

4.10.2　实验原理

将数字信号转换为模拟信号的电路被称为数模（D/A）转换器，数模转换器的基本原理如下：

1．权电阻网络 D/A 转换

图4-62 为一个 4 位的权电阻网络 D/A 转换器，使用一个运算放大器作为 D/A 转换网络的缓冲器，根据电路图可得其输出电压的表达式为

$$U_o = -\frac{U_R}{R} R_F \left(\frac{D_3}{2^0} + \frac{D_2}{2^1} + \frac{D_1}{2^2} + \frac{D_0}{2^3} \right) \tag{4-24}$$

其中 D_3, D_2, D_1, D_0 接 U_R 时，取值为 1；接"地"时，取值为 0。

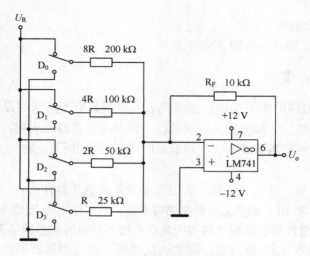

图 4-62 权电阻网络 D/A 转换器

由式 4-24 可得，输出电压 U_o 正比于输入的二进制数 $D_3D_2D_1D_0$，从而实现了数字量到模拟量的转换。例如：

当 $D_3D_2D_1D_0 = 0000$ 时，$U_o = 0 \text{ V}$

当 $D_3D_2D_1D_0 = 0001$ 时，$U_o = -0.25 \text{ V}$

当 $D_3D_2D_1D_0 = 1111$ 时，$U_o = -3.75 \text{ V}$

该电路虽然可实现 D/A 转换，但缺点是随着二进制数位的增加，权电阻网络的阻值差别会增大，取值范围会更宽。因此，当二进制位数增加后，为了克服上述缺点，可采用其他形式的 D/A 转换网络。

2．倒 T 型电阻网络 D/A 转换

图4-63所示电路为倒 T 型网络 D/A 转换的原理图，网络电阻有 R 和 2R 两种，克服了权电阻网络的缺点。其输出电压表达式为

$$U_o = -\frac{U_R}{2^4}(D_3 2^3 + D_2 2^2 + D_1 2^1 + D_0 2^0) \tag{4-25}$$

其中，D_3，D_2，D_1，D_0 接 U_- 时，取值为 1；接 U_+ 时，取值为 0。

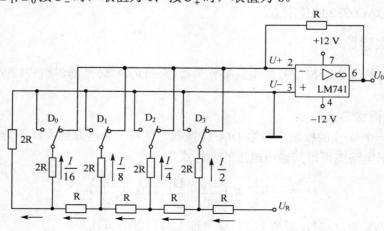

图 4-63　倒 T 型网络 D/A 转换器

3. DAC0832 简介

DAC0832 是采用 CMOS 工艺制成的 8 位电流输出型 D/A 转换器。核心部分采用倒 T 型电阻网络实现 D/A 转换，其内部框图如图4-64所示。各引脚功能描述如下：

$D_7 \sim D_0$ ——数字信号输入端；

ILE ——输入寄存器允许，高电平有效；

$\overline{CS}$ ——片选信号，低电平有效；

$\overline{WR_1}$ ——写信号 1，低电平有效；

$\overline{XFER}$ ——传送控制信号，低电平有效；

$\overline{WR_2}$ ——写信号 2，低电平有效；

I_{OUT1}，I_{OUT2} ——DAC 电流输出端；

R_{FB} ——内部反馈电阻端，是外接运放的反馈电阻端；

U_{REF} ——基准电压输入端；

U_{CC} ——电源电压（+5～+15）V。

AGND ——模拟地；

DGND ——数字地。

DAC0832 输出的是电流，所以必须经过一个外接放大器才能转换为电压输出。

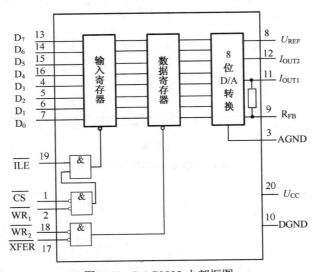

图 4-64   DAC0832 内部框图

4. D/A 转换器的性能参数

（1）分辨率：如果 D/A 转换器输入的二进制的位数为 n，则分辨率为 n 或表示为

$$\frac{1}{2^n - 1} \times 100\% \tag{4-26}$$

有的也将当输入数字量的最低有效位 LSB 变化 1 时所引起的输出电压的变化 ΔU 称为分辨率，例如，输出电压满度值为 U_m，D/A 转换器输入二进制位数为 n，则分辨率为

$$\Delta U = \frac{U_m}{2^n} \tag{4-27}$$

（2）线性误差：D/A 转换器的转换特性是指其模拟输出电压与数字输入数据的关系曲

线，如图 4-65 所示。线性误差也称为转换误差，反映了实际的 D/A 转换特性和理想转换特性之间的最大偏差。理想转换特性的画法是将坐标原点与满量程输出理论值的坐标点（该点横坐标为全 1，纵坐标为满度输出理论值）连成一条直线。求线性误差的实验方法是，在理想转换特性曲线上标出实测的各点。求这些点中偏离理想转换特性最大的点的偏差。图 4-65 上的 ε 为最大偏差，线性误差为 ε / Δ。通常应该小于(1/2)LSB，其中，Δ 为理想特性中相邻两个输入数据所对应的输出模拟量的理想变化值。一般取数字量最低有效位 LSB 变化 1 时所引起的输出模拟量的变化值。

（3）转换精度：D/A 转换器的转换精度指实际输出电压与理想转换电压的最大偏差与满度输出电压之比。

除上述 D/A 转换器的三项常用性能参数外，D/A 转换器还有比例系数误差、漂移 误差、非线性误差、建立时间和电源抑制比等参数，可查阅相关参考资料。

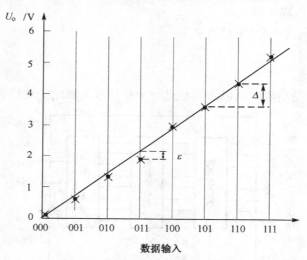

图 4-65　D/A 转换器传输特性曲线

4.10.3　实验内容

1．权电阻网络 D/A 转换

参照图 4-63 连线，D_3, D_2, D_1, D_0 分别接实验台上"十六位逻辑电平输出"端。"十六位逻辑电平输出"为高电平时，输出＋5 V 电压，"十六位逻辑电平输出"为低电平时，输出 0 V 电压。参照表 4-28，分别置 D_3, D_2, D_1, D_0 为不同输入二进制数，用数字万用表测相应输出电压 U_o 并记录。① 画 D/A 转换器理想转换特性；② 在理想转换特性上标出实验测试点；③ 求线性误差、分辨率、转换精度。实验记录中的计算值可从理想转换特性上求取。

表 4-28　实验记录

输 入 数 据	输出电压 U_o /V		输 入 数 据	输出电压 U_o /V	
$D_3 D_2 D_1 D_0$	计 算 值	实 测 值	$D_3 D_2 D_1 D_0$	计 算 值	实 测 值
0000	0.00		1000		
0001			1001		
0010			1010		
0011			1011		

输 入 数 据	输出电压 U_o /V	输 入 数 据	输出电压 U_o /V
0100		1100	
0101		1101	
0110		1110	
0111		1111	−3.75

2. 集成的 D/A 转换器 DAC0832 的完全直通方式

按图 4-66 连线，$D_7 \sim D_0$ 分别接实验台上"十六位逻辑电平输出"端，用数字万用表测相应的输出电压 U_o。实验步骤如下：① 置 $D_7 \sim D_0$ 全为逻辑 0，调节 RP，使 $U_o = 0$ V；② 置 $D_7 \sim D_0$ 全为逻辑 1，测 U_o 的值；③ 按照表 4-29 给出的测试条件和要求，输入二进制数并测出相应的 U_o 值，记录测量结果。

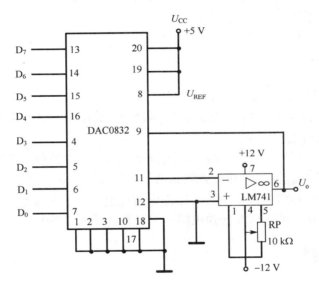

图 4-66 DAC0832 实验电路

按公式 $U_o = -U_{REF} \dfrac{(D_7 D_6 D_5 D_4 D_3 D_2 D_1 D_0)_2}{2^8}$ 提前计算表 4-24 中的理论值。

表 4-29 实验记录

输 入 数 据	输出电压 U_o /V	
$D_7 \sim D_0$	理 论 值	实 测 值
00000000		
00000001		
00000010		
00000100		
00001000		
00010000		
00100000		
01000000		
10000000		
11111111		

4.10.4 实验仪器与设备

（1）RTDZ—4 电子技术综合实验台（含直流 5 V 电源、十六位逻辑电平输出、十六位逻辑电平输入及高电平显示电路、单次脉冲源）一台；

（2）TD890 数字万用表一块；

（3）DAC0832 一块，LM741 一块，电阻、电位器若干。

4.10.5 实验报告要求

认真预习 D/A 转换器内容；预习 D/A 转换器主要参数的含义和计算方法；认真思考实验内容中的实验步骤和测量、计算相关参数的方法。实验报告要求如下：

（1）写明实验名称、目的、原理、所用实验设备仪器和器件；

（2）按照实验内容的要求写实验报告；

（3）实验小结（收获、体会）。

4.10.6 思考题

（1）分辨率是否与 D/A 转换器的位数有关？

（2）一个 4 位的 D/A 转换器，当输入二进制数为 1001 时，其输出电压为 4.5 V。如果输入数据为 0011，输出电压应为多少？

（3）满刻度 5 V、分辨率 10 mV 的 D/A 转换器，输入的位数至少应该有多少位？

（4）图 4-66 中的 U_{REF} 基准电压输入端直接接在电源 U_{CC} 端，这样的接法在实际应用中容易产生误差，因此往往将其连接到一个输出电压稳定的基准电压上。如果把图 4-67 中的 U_{REF} 接 2.5 V 基准电压，问该 D/A 转换电路的输出电压范围是多少？

4.11 A/D 转换

4.11.1 实验目的

（1）了解反馈比较型 A/D 转换器的基本工作原理和结构。

（2）了解 A/D 转换器的主要性能参数。

（3）掌握 ADC0809 的使用和计算方法。

4.11.2 实验原理

A/D 转换器通常用于数字式测量和控制系统的输入通道中，其作用是将输入模拟电压转换为数据编码。由于 A/D 转换器内部电路比 D/A 转换器复杂，有的内部还含有 D/A 转换电路，所以转换时间比同类型的 D/A 转换时间长。A/D 转换器种类分为并联比较型、计数型、逐次渐近型、双积分型、多重积分型和 V-F 转换型。并联比较型转换速度最快，但需要很多比较器、触发器，电路结构复杂。逐次渐近型转换速度居中，转换速度较慢的是积分型和 V-F 转换型，但积分型 A/D 转换器抗工频干扰的能力强，转换精度也较高。

1. A/D 转换器的主要性能指标

（1）最大模拟输入电压：指 A/D 转换器允许的最大输入电压。

（2）分辨率：用 A/D 转换器输出的二进制或十进制位数 n 表示分辨率，它说明 A/D 转换器对输入信号的分辨能力。例如，最大为 5 V 的输入电压，A/D 转换的位数 n 为 10 位，能分辨的输入信号为 $\dfrac{5}{2^{10}-1} = 4.88\,\text{mV}$。

（3）转换精度：指 A/D 转换器实际输出的数字量和理想输出数字量之间的差别，用最低有效位的倍数表示。例如，相对误差 $\leqslant \dfrac{1}{2}\text{LSB}$，表明实际输出的数字量和理论上应得到的输出数字量之间的误差不大于最低位 1 的一半。

（4）转换时间：从输入模拟量开始到输出稳定的数字所需要的时间为转换时间。

2．反馈比较型 A/D 转换器工作原理

计数型 A/D 转换器和逐次渐近型 A/D 转换器都属于反馈比较型 A/D 转换器，图 4-67、图4-68 分别为它们的原理框图。基本原理是取一个数字量进行 D/A 转换，D/A 转换的输出电压 U_o 与输入的模拟电压 U_i 比较。如果比较结果不同，则继续改变数字量；如果比较结果相同，则停止改变数字量，此时的数字量为 A/D 转换结果。由于计数型 A/D 转换器改变数字量的方式为从 0 开始增 1 计数，所以转换时间较长。逐次渐近型 A/D 转换器改变数字量的方式为移位式，先将数字位的最高位置 1，进行 D/A 转换和比较，比较结果存在两种情况：① 若比较结果 $U_\text{i} > U_\text{o}$，表示数字小了，保留最高位为 1，再置次高位为 1，继续比较；② 若比较结果 $U_\text{i} < U_\text{o}$，表明数字大了，清零最高位，再置次高位为 1，继续比较。以后从高位到低位依次重复执行，直至比较到数字位的最低位。这种转换方式提高了 A/D 转换速度。

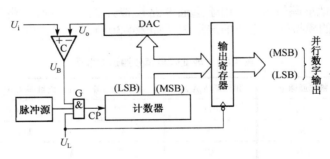

图 4-67 计算型 A/D 转换器框图

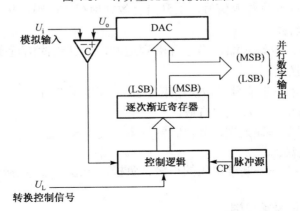

图 4-68 逐次渐近型 A/D 转换器框图

3. A/D 转换器 ADC0809 简介

ADC0809 是采用 CMOS 工艺制成的单片 8 位 8 通道逐次渐近型 A/D 转换器，其逻辑框图及引脚排列如图4-69 所示。

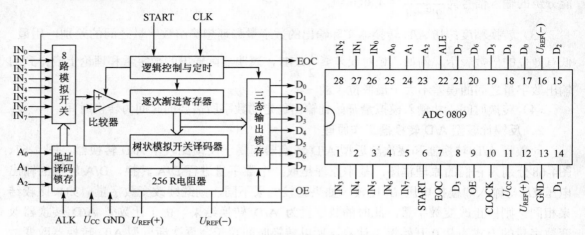

图 4-69　ADC0809 转换器逻辑框图及引脚排列

该器件的核心部分是 8 位 A/D 转换器，它由比较器、逐次渐近寄存器、D/A转换器、控制和定时 5 部分电路组成。

ADC0809 的引脚功能说明如下：

$IN_0 \sim IN_7$——8 路模拟信号输入端；

A_2, A_1, A_0——地址码输入端，用于选通 8 路模拟开关，使任何一路都可进行 A/D 转换，地址译码与所对应的模拟输入通道的选通关系如表4-30所示；

表 4-30　地址码与有效通道对照表

地址码 $A_2A_1A_0$	被选通通道	地址码 $A_2A_1A_0$	被选通通道	地址码 $A_2A_1A_0$	被选通通道
000	IN_0	011	IN_3	110	IN_6
001	IN_1	100	IN_4	111	IN_7
010	IN_2	101	IN_5		

ALE——地址锁存允许输入信号，上升沿有效并锁存地址码，从而选通相应的模拟信号通道，以便进行 A/D 转换；

START——启动信号输入端，当上升沿到达时，内部逐次渐近寄存器复位，在下降沿到达后，启动 A/D 转换过程；

EOC——转换结束输出信号（转换结束标志），高电平有效；

OE——输入允许信号，高电平有效；

CLOCK——时钟信号输入端，外接时钟频率一般为 500 kHz；

U_{CC}——+5 V 电源；

$U_{REF}(+)$，$U_{REF}(-)$——基准电压的正极、负极，一般 $U_{REF}(+)$ 接 +5 V 电源，$U_{REF}(-)$ 接地；

$D_0 \sim D_7$——数字信号输出端。

4.11.3 实验内容

（1）A/D 转换器 ADC0809 功能测试。参照图4-70连线。$D_7 \sim D_0$ 分别接实验台上"十六位逻辑电平输入及高电平显示"端，A_2，A_1，A_0 分别接"十六位逻辑电平输出"端，基准电压 $U_{REF}(+)$ 接 5 V，参照表4-31调节输入电压 U_i 值，测试相应的输出数据并记录结果。

表4-26中输出数据理论值计算公式为

$$D_x = \frac{U_i}{U_{max} - U_{min}}(D_{max} - D_{min})$$

其中，U_i 为 A/D 转换器的输入电压，D_x 为与 U_i 输入对应的 A/D 转换输出数据，U_{max} 为输入最大电压 5 V，U_{min} 为最小输入电压 0 V，D_{max} 为 U_{max} 所对应最大输出数据（11111111）$_2$，D_{max} 为 U_{min} 所对应的最小输出数据（00000000）$_2$。

（2）将 $U_{REF}(+)$ 改接 +2.5 V，按照实验 1 的要求重复实验步骤，参照表4-31列表记录。

（3）将 $U_{REF}(+)$ 接 +2.5 V，将 $U_{REF}(-)$ 接 −2.5 V，参照表 4-32 的要求进行测试并做记录。要求此时输入电压在 −2.5 ~ +2.5 内变化。怎样利用所给元件和实验台资源实现线路的连接？

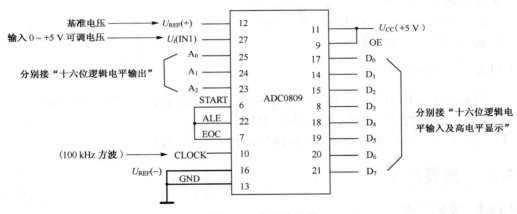

图 4-70 实验连线图

（4）如果将 START，ALE 断开后，重新分别连接到实验台"单次脉冲源"的输出端，应连接到单次脉冲的哪一输出端比较合适？连好后怎样操作才能使 A/D 转换器正常完成 A/D 转换功能？说明你是如何实现的，通过实验验证结果。

表 4-31 实验记录

$U_{REF}(+)=5 V$			
地 址 码	输入电压	输出数据	
$A_2A_1A_0$	U_i /V	理 论 值	实 测 值
001	0.0		
001	1.0		
001	2.0		
001	2.5		
001	3.0		
001	3.5		
001	4.0		
001	5.0		

表 4-32 实验记录

$U_{REF}(+)=2.5 V$，$U_{REF}(-)=-2.5 V$		
地 址 码	输入电压	输出数据
$A_2A_1A_0$	U_i /V	实 测 值
001	2.5	
001	1.5	
001	1.0	
001	0.0	
001	−1.0	
001	−1.5	
001	−2.0	
001	−2.5	

4.11.4　实验仪器与设备

（1）RTDZ——4 电子技术综合实验台（含直流 5 V 电源、十六位逻辑电平输出、十六位逻辑电平输入及高电平显示电路、单次脉冲源）一台；

（2）TD890 数字万用表一块；

（3）LM741，ADC0809 各一块，电阻若干，10 kΩ电位器一个。

4.11.5　实验报告要求

认真预习 A/D 转换器相关内容；预习 A/D 转换器主要参数的含义；认真思考实验内容中的实验步骤和测量、计算相关参数的方法；提前准备好实验记录表格；实验报告要求如下：

（1）写明实验名称、目的、原理、所用实验设备仪器和器件；

（2）按照实验内容（1）的要求做实验，报告内容含实验原理图、理论值计算和实验记录表格；

（3）实验内容（2）的实验记录；

（4）实验内容（3）的实验方法、实验记录；

（5）实验内容（4）的连线方法、实验记录；

（6）实验小结（收获、体会）。

4.11.6　思考题

（1）如果输入最大电压为 10 V，一个 12 位的 A/D 转换器能够分辨的输入电压是多少？

（2）A/D 转换器的分辨率是不是它的转换精度？

（3）数字万用表中最常使用的 A/D 转换器属于哪一类？为什么？

4.12　抢答器设计

4.12.1　实验目的

掌握数字电路系统的设计方法，学习抢答器电路设计和电路调试方法。

4.12.2　实验任务与要求

设计一个三人抢答器，具体要求如下：

（1）参赛者控制一个按键，用按动按键发生抢答信号；

（2）主持人持有另一个按键，用于系统复位和停止蜂鸣器鸣叫；

（3）主持人发出"开始"指令后，时间计数和显示开始工作。抢先按动按键者，对应的发光二极管亮，蜂鸣器鸣叫，此时其他二人的按键对电路不起作用，时间计数和显示停止工作。

如果在主持人发出"开始"指令 9 秒后无人按动按键，蜂鸣器鸣叫，表示超时，并停止时间计数，时间显示为 9 秒。此时，任何一人的按键都不能起作用。

4.12.3　实验内容

抢答器参考框图如图4-71所示，由主控电路、发光二极管显示电路、按键电路、时基电路、时间计数与显示电路，以及蜂鸣器驱动电路组成。主控电路由 JK 触发器电路构成，完成抢答功能；用发光二极管显示电路表示抢答状态，哪一组产生抢答，其对应的发光二极管点亮；按键电路由系统复位键、抢答键及相关元件组成，复位作用能够同时使蜂鸣器停叫、时间计数器清零、抢答显示为 0；时基电路主要用于产生 1 Hz 秒基准脉冲和 10 kHz 左右的抢答触发脉冲；时间计数由十进制计数器构成，用于对秒脉冲计数；显示电路用于显示时间；报警电路的设计原本可以采用振荡器与功率放大器组成，直接驱动扬声器，但为了减少内容，改为用蜂鸣器报警，利用数字实验台上的蜂鸣器实现报警设计要求。

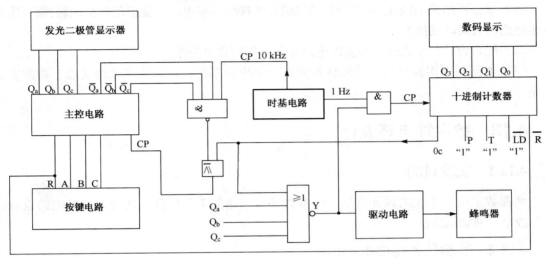

图 4-71　三人抢答器电路参考框图

实验内容如下：

（1）设计主控电路；

（2）参赛人抢答按钮及主持人复位按钮电路的设计；

（3）发光二极管显示，驱动电路设计；

（4）设计一个多谐振荡器，使其振荡频率为 10 kHz，抢答触发脉冲；

（5）设计一个秒脉冲信号产生电路，用于时间计数；

（6）十进制计时电路及数码显示电路设计；

（7）蜂鸣器驱动电路设计；

（8）系统连接调试。

4.12.4　实验报告要求

（1）在学校规定的实验报告纸上端，写清班级、学号、姓名、组别、实验日期和报告日期；

（2）写明课题要求；

（3）画出完整的系统框图，简要说明框图中各部分功能；

（4）设计各部分单元电路，详细说明各部分电路的工作原理，计算相关元件的参数，验证结果；

（5）完整的电路原理图；

（6）实验所用仪器、元器件清单；

（7）写明系统实验方法、步骤和电路调试方法；

（8）实验结果讨论与分析；

（9）故障分析及解决办法；

（10）实验总结。

4.12.5　思考题

（1）试分析如果 10 kHz 左右抢答触发脉冲的振荡频率很低，会出现什么问题?需不需要按钮电路的去抖动功能?

（2）能否设计一个更简单的主控电路并保证其可靠地工作。

（3）如何利用实验台具有的硬件资源来简化你的系统构成，实现系统功能？确定实验方案。

4.13　数字钟电路设计

4.13.1　实验目的

掌握数字电路系统的设计方法；了解数字钟电路的工作原理，实现数字钟电路设计；学习数字电路调试方法。

4.13.2　实验任务与要求

设计一个能够显示时、分、秒的简易数字钟电路，具有时、分、秒调整功能。

4.13.3　实验内容

数字钟一般由振荡器、分频器、计数器、译码器和显示器几部分组成，其中振荡器和分频器组成标准的秒信号发生器。计数器对标准的秒信号进行计数，"秒"计数为六十进制，"分"计数器为六十进制，"时"计数器为二十四进制。系统应将 "时"、"分"、"秒"计数器的输出通过 "BCD 到 LED 数码显示/驱动" 电路译码后，送数码显示器来显示时间值。在完成上述基本功能的基础上加入时间调整功能，可以分别对"时"、"分"、"秒"计数器的每一位计数值进行调整。简易数字钟框图如图4-72所示。

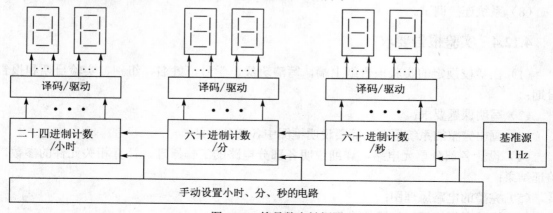

图 4-72　简易数字钟框图

实验内容如下：

（1）设计一个能够产生频率为 1 Hz 的多谐振荡器，作为时间基准信号；

（2）设计时、分、秒计数器电路，并实现级联；

（3）设计译码和显示电路；

（4）设计时、分、秒时间调整电路；

（5）系统连接调试。

4.13.4　实验报告要求

（1）在学校规定的实验报告纸上端，写清班级、学号、姓名、组别、实验日期和报告日期；

（2）写明课题要求；

（3）画出完整的系统框图，简要说明框图中各部分功能；

（4）设计各部分单元电路，详细说明各部分电路的工作原理，计算相关元件的参数，验证结果；

（5）完整的电路原理图；

（6）实验所用仪器、元器件清单；

（7）写明系统实验方法、步骤和电路调试方法；

（8）实验结果讨论与分析；

（9）故障分析及解决办法；

（10）实验总结。

4.13.5　思考题

（1）为了保证秒信号振荡频率的准确和稳定，采取什么形式的振荡电路更好？

（2）如何增加整点报时功能？报时形式可自定。

（3）如何利用实验台具有的硬件资源来简化你的系统构成，实现系统功能？确定实验方案。

4.14　程序控制器设计

4.14.1　实验目的

掌握数字电路系统的设计方法；实现程序控制器电路设计；熟悉常用器件的使用；学习数字电路调试方法。

4.14.2　实验任务与要求

程序控制器可用于交通灯控制、彩灯控制或生产过程中的重复动作控制，如果用 8 个发光二极管分别代替 8 路功率放大器及它们后面所接的负载，发光二极管亮表示负载通电，灭表示负载断电，则设计一个 8 路程序控制器，要求如下：

（1）该控制器可控制 8 个发光二极管的亮灭，第一个动作设定为 1，3 号灯亮，亮 2 秒；第二个动作为 2 号灯亮，亮 2 秒；第三个动作为 4 号灯亮，亮 3 秒；第四个动作为 3 号灯亮，亮 9 秒；第五个至第八个动作，以及相应的执行时间可自行设定，8 个动作循环往复自动执行；

（2）可调整每个动作选定哪个灯亮，也可调整每个动作的执行时间；

（3）可显示每个动作的执行时间；

（4）控制器应具有系统复位功能，系统复位后控制状态为输出第一个动作的状态。

4.14.3　实验内容

一个 8 路的程序控制器由 8 路脉冲分配器、动作设定电路、功率放大器、时间基准电路、时间计数器、时间计数显示电路、时间设定电路、一致电路和单稳态电路构成。其中脉冲分配器有 8 路输出，只能有一路有效且输出为高电平，其余 7 路为低电平。当外部输入一个脉冲时，输出有效端会自动换为另一端。并使其输出为高电平。每输入一个脉冲，便转换一次有效端，循环执行。动作设定电路完成每一次有效端动作的设定，再通过二极管译码电路实现驱动单个或多个负载的功能。功率放大器完成对驱动信号的功率放大作用，根据不同负载，采用不同的驱动电路实现。时间基准电路、时间计数器和时间计数显示电路完成秒脉冲信号的产生、计数、显示功能。时间设定电路由二极管译码电路实现，完成每一次有效动作的定时设置。一致电路由门电路构成，当有效动作执行时间到时，该电路由低电平转变为高电平输出，立即驱动单稳态电路，使单稳态电路工作。单稳态电路用于产生一定输出时间宽度的暂态低电平输出信号，用于对时间计数器清零及触发"脉冲分配器"，使"脉冲分配器"转为下一个输出端有效，进入下一动作并重新计时。8 路程序控制器框图参考图4-73。

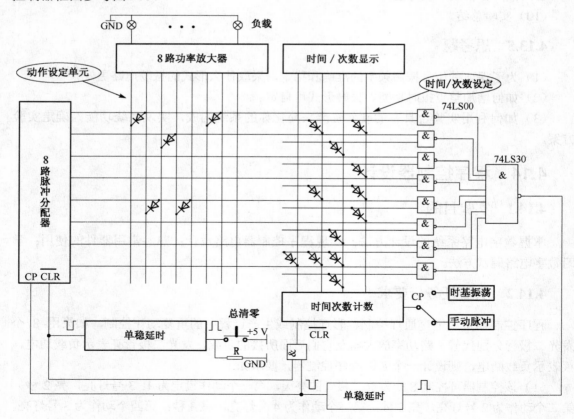

图 4-73　程序控制器框图

实验内容如下：

（1）设计驱动发光二极管的显示电路，计算元件参数，画原理图；

（2）设计脉冲分配器电路，说明工作原理，画原理图；

（3）设计一个"十进制时间/次数计数器"及"时间/次数数码显示"电路，画原理图；

（4）设计动作设定电路、时间设定电路、用与非门构成的一致电路；

（5）设计一个单稳态电路，稳态输出为高电平，暂态输出为低电平，暂态时间为 0.7 ms，画原理图；

（6）设计能够产生 1 Hz 的时基振荡电路和手动脉冲产生电路；

（7）设计系统复位电路，计算相关元件的参数，画原理图；

（8）系统连接调试。

4.14.4　实验报告要求

（1）在学校规定的实验报告纸上端，写清班级、学号、姓名、组别、实验日期和报告日期；

（2）写明课题要求；

（3）画出完整的系统框图，简要说明框图中各部分功能；

（4）设计各部分单元电路，详细说明各部分电路的工作原理，计算相关元件的参数，验证结果；

（5）完整的电路原理图；

（6）实验所用仪器、元器件清单；

（7）写明系统实验方法、步骤和电路调试方法；

（8）实验结果讨论与分析；

（9）故障分析及解决办法；

（10）实验总结。

4.14.5　思考题

（1）清零按件钮后面的单稳延时电路起什么作用？

（2）74LS30 与非门电路后面的单稳延时电路起什么作用？

（3）说明动作设定单元中二极管的作用。

（4）说明时间设定单元中二极管的作用。

（5）如何利用实验台具有的硬件资源来简化你的系统构成，实现系统功能？确定实验方案。

4.15　数字电路设计仿真实验——数字频率计

4.15.1　实验目的

掌握数字电路系统的设计方法；了解数字频率计的基本工作原理，实现电路设计；学习用电路仿真软件实现对所设计电路的系统仿真；学习数字电路调试方法。

4.15.2　实验任务与要求

设计一个频率计，可测量正弦波、方波、三角波的信号频率。

要求：（1）频率测量范围：1～9999 Hz；

　　　　（2）显示位数为 4 位；

　　　　（3）具有溢出指示。

4.15.3　实验内容

数字频率计由时基振荡器、分频器、放大整形电路、控制器、计数器、译码器驱动电路和显示器基本电路等几部分组成。系统框图如图4-74所示。

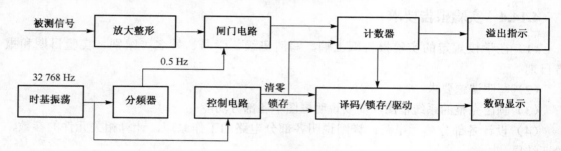

图 4-74　频率计框图

实验内容如下：

1．时基振荡器及分频器设计

时基振荡器及分频器电路的主要功能是产生宽度为 1 s 的闸门信号，在 1 s 内允许被测信号通过闸门。为了提高闸门信号的精度，一般采用 32 768 Hz 石英晶体振荡器与相关的元件构成振荡器电路，再经过 2^{16} 分频产生 0.5 Hz 的方波闸门信号，也可采用其他的电路形式实现这一功能。

2．放大整形电路设计

放大整形电路的目的是对小信号的幅值进行放大，对大信号进行双向限幅处理，以达到对测量输入的要求。为了获得更好的上升沿或下降沿，在放大电路的后面加入施密特整形电路，其框图如图4-75所示。

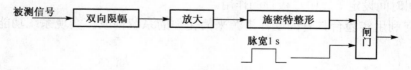

图 4-75　放大整形电路框图

3．控制电路设计

控制电路用于产生清零信号及显示译码器的锁存信号，其时序要求如图4-76所示。

该电路为时序电路设计，输入时钟频率为 2 Hz（周期为 0.5 s）。可根据时序要求设计该控制电路。

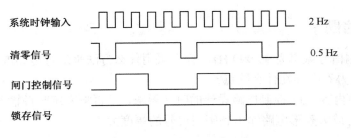

系统时钟输入	2 Hz
清零信号	0.5 Hz
闸门控制信号	
锁存信号	

图 4-76　控制电路时序图

4. 闸门电路设计

闸门电路设计主要由门电路实现，在闸门控制信号有效期间（如高电平）允许被测信号通过。

5. 计数器电路设计

设计一个最大计数值为 9999 的计数器，其计数输出送入"BCD 到 LED 七段译码/锁存/驱动电路"，再输出到 LED 数码显示器。

该电路还应包含溢出指示电路，表示被测信号频率超过 9999 Hz。溢出指示电路自行设计，形式不限。

6. 译码/锁存/驱动电路

计数器输出为 BCD 码，必须经过译码后才能够用 LED 数码显示器显示正确的数字。该部分电路应具有译码/锁存/驱动的功能，锁存的目的是保证显示数据固定不变，不受计数器的影响。驱动作用应保证能够具有正常驱动 LED 七段数码显示器件的负载能力，使其正常工作。设计电路时应注意共阴和共阳 LED 数码管的正确使用方法。

4.15.4　实验报告要求

（1）在学校规定的实验报告纸上端，写清班级、学号、姓名、组别、实验日期和报告日期；

（2）写明课题要求；

（3）画出完整的系统框图，简要说明框图中各部分功能；

（4）设计各部分单元电路，详细说明各部分电路的工作原理，计算相关元件的参数，验证结果；

（5）完整的电路原理图；

（6）实验所用仪器、元器件清单；

（7）各部分电路的仿真结果讨论分析；

（8）系统电路仿真结果；

（9）仿真总结。

如果在实验室完成系统硬件电路的连接，应完成下列步骤：

（1）写明系统实验方法、步骤和电路调试方法；

（2）实验结果讨论与分析；

（3）故障分析及解决办法；

（4）实验总结。

4.15.5 思考题

（1）如果被测信号频率为 99 999 Hz，你会采用什么方法来进行电路改进?如果只能显示 4 位数，又该怎么办? 会存在什么缺点?

（2）按照实验内容（3）控制电路设计的时序要求，可否将系统时钟输入频率随意改动?

（3）怎样考虑放大整形电路输出到闸门信号的幅度大小?

4.16 组合电路设计

4.16.1 实验目的

掌握组合电路的设计方法；学习数字电路调试方法。

4.16.2 实验任务与要求

（1）如图 4-77 所示，设计一个水位控制电路，A, B, C, D 是四个传感器，当水位到达 C 点时，控制信号打开阀门注水；当水位到达 B 点时，控制信号关闭阀门；如果控制失效水位到达 A 点时，产生报警信号，点亮上限位灯，可用发光管显示；当水位到达 D 点时，也产生报警信号，点亮下限位灯。设计控制电路。（此题也可用时序电路实现。）

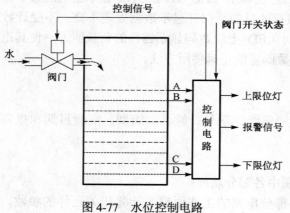

图 4-77 水位控制电路

（2）一至三层楼中每层只有一个开关，每个开关都可独立控制这三层的照明灯同时亮或灭。例如，有人从一层进来到三层去，在一楼需要打开楼道照明，到三楼后就应关闭照明以节约用电；如果又有人从二层出来到一层去，则在二层要打开楼道照明，在一层要关闭照明。设计这样的控制逻辑电路，使得每层都可以控制照明的亮或灭。设三层的开关都在断开的状态下，照明为关闭状态。

（3）设计一个能够驱动共阴 LED 数码显示器的译码显示电路，该电路能够对输入的 BCD 码进行译码并驱动共阴 LED 数码显示器。要求电路有拒伪码功能，即当输入的 BCD 码大于 1010 时，译码输出全为 0。

4.16.3 实验内容

电路形式不限，实验内容如下：

（1）完成水位控制电路设计，并通过实验验证结果；

（2）完成照明控制逻辑设计，通过实验验证结果；

（3）完成译码显示电路设计，通过实验验证结果。

4.16.4　实验报告要求

（1）写出设计过程，画出设计的电路图。

（2）对所设计的电路进行实验测试，列表并记录测试结果。

（3）组合电路设计和实验体会。

4.16.5　思考题

（1）实验任务（1）中，无关项如何处理？

（2）实验任务（3）中，如何驱动共阳 LED 数码显示器，又如何设计电路？

第二部分　实　训　篇

■ 第 5 章　安全用电知识

■ 第 6 章　锡焊工艺

■ 第 7 章　常用电子元器件的认知与简易测试

■ 第 8 章　印制电路板制作方法

■ 第 9 章　电子电路调试与实例

■ 第 10 章　电路设计与仿真软件

第5章 安全用电知识

5.1 触电事故

5.1.1 触电种类

触电是指人体触及带电体后，电流对人体造成的伤害。人体触电有电击和电伤两种主要类型。

1. 电击

电击是指当电流通过人体时，对人体内部组织系统所造成的伤害。电击可使肌肉抽搐，内部组织损伤，造成发热、发麻、神经麻痹等。严重时将引起人昏迷、窒息，甚至心脏停止跳动等现象，直接危及人的生命。

2. 电伤

电伤是指在电流的热效应、化学效应、机械效应，以及电流本身作用所造成的人体外部伤害。常见的电伤现象有灼伤、烙伤和皮肤金属化等现象。

5.1.2 人体触电方式

1. 单相触电

人体的某一部分与一相带电体及大地（或中性线）构成回路，当电流通过人体流过该回路时，即造成人体触电，这种触电称为单相触电，如图5-1所示。

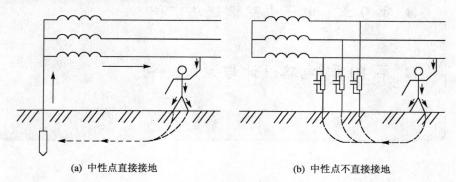

(a) 中性点直接接地   (b) 中性点不直接接地

图 5-1 单相触电

2. 两相触电

人体某一部分介于同一电源两相带电体之间并构成回路所引起的触电，称为两相触电，如图5-2所示。

3. 跨步电压触电

当带电体接地时，有电流向大地扩散，其电位分布以接地点为圆心向圆周扩散，在不同位置形成电位差。若人站在这个区域内，则两脚之间的电压，称为跨步电压，由此所引起的触电称为跨步电压触电。

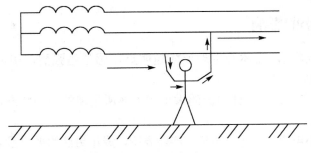

图 5-2　两相触电

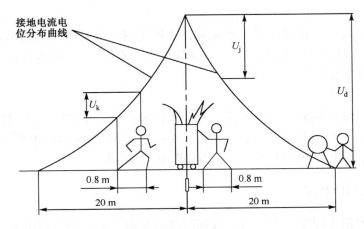

图 5-3　跨步电压触电

4．接触电压触电

当运行中的电气设备绝缘损坏或由于其他原因而造成接地短路故障时，接地电流通过接地点向大地流散，在以接地点为圆心的一定范围内形成分布电位。当人触及漏电设备外壳时，电流通过人体和大地形成回路，由此造成的触电称为接触电压触电。

5．感应电压触电

当人触及带有感应电压的设备和线路时，造成的触电事故称为感应电压触电。例如，一些不带电的线路由于大气变化（如雷电活动），会产生感应电荷。此外，停电后一些可能感应电压的设备和线路如果未接临时地线，则这些设备和线路对地均存在感应电压。

6．剩余电荷触电

当人体触及带有剩余电荷的设备时，带有电荷的设备对人体放电所造成的触电事故称为剩余电荷触电。例如，在检修中用摇表测量停电后的并联电容器、电力电缆、电力变压器及大容量电动机等设备时，因检修前没有对其充分放电，造成剩余电荷触电。又如，并联电容器因其电路发生故障而不能及时放电，退出运行后又未进行人工放电，从而使电容器储存着大量的剩余电荷。当人员接触电容或电路时，就会造成剩余电荷触电。

5.2　电流对人体的危害

电流对人体伤害的程度与通过人体的电流的大小、频率、持续时间、路径和人体电阻的大小等因素有关。

5.2.1　电流大小的影响

通过人体的电流越大，人体的生理反应越明显，感觉越强烈，引起心室颤动所需的时间越短，致命的危险也越大。

对工频交流电，按照通过人体电流的大小和人体所呈现的不同状态，可分为三种电流。

1．感觉电流

人能够感觉的最小电流称为感觉电流。实验表明，成年男性的平均感觉电流约为 1.1 mA，成年女性为 0.7 mA。感觉电流一般不会对人体造成伤害。

2．摆脱电流

人触电后能自行摆脱电源的最大电流称为摆脱电流。实验表明，成年男性的平均摆脱电流约为16 mA，成年女性约为10 mA。如果通过人体的电流小于摆脱电流，则人体可以忍受，一般不会造成生命危险。

3．致命电流

在较短时间内危及生命的最小电流，称为致命电流。实验表明，当通过人体的电流达到 50 mA 以上时，就会引起心室颤动，可能导致死亡。当通过人体的电流大于100 mA 时，足以致人死亡；而当小于 30 mA 时，一般不会造成生命危险。

5.2.2　通电时间的影响

电流对人体的伤害程度与电流通过人体时间的长短有关。随着通电时间的加长，因人体发热出汗和电流对人体组织的电解作用，人体电阻逐渐降低，导致通过人体电流增大，触电的危险性也随之增加。

5.2.3　电源频率的影响

通常，50～60 Hz 的工频交流电对人体的伤害程度最重。电源的频率偏离工频越远，对人体的伤害程度越轻。在直流和高频情况下，人体可承受的电流大，但高压高频电流对人体依然是十分危险的。

5.2.4　电流路径的影响

电流通过人的头部，会使人昏迷而死亡；通过脊髓，会使人瘫痪；通过心脏，会造成心跳停止，使人血液循环中断而死亡；通过呼吸系统，会使人造成窒息；通过中枢神经或有关部位，会引起人的中枢神经系统强烈失调而导致残废。实践表明，从左手到胸部是最危险的电流路径，从手到手、从手到脚也是很危险的电流路径，而从脚到脚是危险性较小的电流路径。

5.3　防止触电的保护措施

触电往往很突然，最常见的触电事故是偶然触及带电体，或触及正常情况下不带电而意外带电的导体。为了防止触电事故，除思想上重视外，还应健全安全措施。

5.3.1 使用安全电压

安全电压是指人体接触带电体时对人体各部分均不会造成伤害的电压值。安全电压的规定是从整体上考虑的，是否安全则与人体的现时状态（主要是人体电阻）、触电时间长短、工作环境、人体与带电体的接触面和接触压力等有关系。我国规定 12 V、24 V、36 V 三个电压等级为安全电压级别，不同场所选用不同等级的安全电压。

5.3.2 保护接地

保护接地就是在 1 kV 以下变压器中性点（或一相）不直接接地的电网中，电气设备的金属外壳与接地装置连接良好。当电气设备绝缘损坏，人体触及带电外壳时，由于采用了保护接地，人体电阻和接地电阻并联，因人体电阻远远大于接地电阻，故流经人体的电流远远小于流经接地体电阻的电流，并在安全范围内，这样就起到了保护人身安全的作用，如图 5-4 所示。

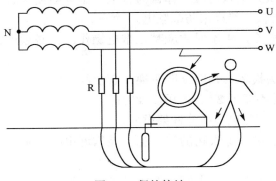

图 5-4 保护接地

5.3.3 保护接零

保护接零就是在 1 kV 以下变压器中性点直接接地的电网中，电气设备金属外壳与零线作可靠连接。在低压系统电气设备采用保护接零后，当有电气设备发生单相碰壳故障时，则形成一个单相短路回路。由于短路电流极大，所以以熔丝快速熔断，从而使保护装置动作，迅速地切断了电源，防止了触电事故的发生，如图 5-5 所示。

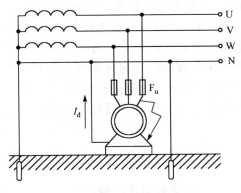

图 5-5 保护接零

5.3.4 使用漏电保护装置

漏电保护装置按控制原理可分为电压动作型、电流动作型、交流脉冲型和直流型等几种类型。其中，电流动作型的保护性能最好，应用最为普遍。

电流动作型漏电保护装置由测量元件、放大元件、执行元件和检测元件组成。测量元件是一个高导磁电流互感器，相线和零线从中穿过，电源提供的电流供负载使用后又回到电源。若互感器铁心中合成磁场为零，则说明无漏电现象，执行机构不动作；若合成磁场不为零，则说明有漏电现象，执行机构快速动作，切断电源时间一般为 0.1 s，以保证安全。

5.4 安全用电与触电急救

5.4.1 安全用电

（1）任何电器在确认无电以前应一律认为有电。不要随便接触电器设备，不要盲目信赖开关或控制装置，不要依赖绝缘来防范触电。

（2）尽量避免带电操作，手湿时更应禁止带电操作。在必须进行时，应尽量用一只手工作，并应有人监护。

（3）若发现电线插头损坏，则应立即更换，禁止乱拉临时电线。若需拉临时电线。则应用橡皮绝缘线，且离地不低于 2.5 m，用后及时拆除。

（4）广播线、电话线应与电力线分杆架设。

（5）电线上不能晾衣物，晾衣物的铁丝也不能靠近电线，更不能与电线交叉搭接或缠绕在一起。

（6）不能在架空线路和室外变电所附近放风筝，不得用枪或弹弓来打电线上的鸟，不许爬电杆，不要在电杆、拉线附近挖土，不要玩弄电线、开关、灯头等电气设备。

（7）不带电移动电器设备，当将带有金属外壳的电气设备移于新的地方后，要先安装好地线，检查设备完好后，才能使用。

（8）移动电器的插座，一般要用带保护接地插座。不要用湿手去摸灯头、开关和插头。

（9）当电线落在地上时，不可走近。对落地的高压线应离开落地点 8～10 m 以上，以免跨步电压伤人，更不能用手去捡。

（10）当电气设备起火时，应立即切断电源，并用干砂覆盖灭火，或者用四氯化碳或二氧化碳灭火器来灭火。绝不能用水或一般酸性泡沫灭火器灭火，否则有触电危险。在使用四氯化碳灭火器时，应打开窗，保持通风，防止中毒，如有条件最好戴上防毒面具；在使用二氧化碳灭火时，由于二氧化碳是液态的，向外喷射灭火时，强烈扩散，大量吸热，形成温度很低的干冰，并隔绝了氧气，因此，也要打开门窗，与火源保持 2～3 m 的距离，小心喷射，防止干冰沾着皮肤产生冻伤。救火时不要随便与电线或电气设备接触，特别要留心地上的导线。

5.4.2 触电急救

（1）当发生触电事故时，应立即采取以下措施：

① 迅速关断电源，若无法及时断开开关或插销，应采用与触电者人体绝缘的方法使其脱离电源，如戴绝缘手套拉离触电位置，或用干燥木棒等挑开导线等。

② 触电者脱离电源后，应做好相应防护。

③ 触电者脱离电源后，应立即进行检查。

④ 根据检查结果，立即采取相应的急救措施。抢救者要有耐心，抢救工作要持续不断地进行。有些触电者甚至需要数小时的抢救，方能苏醒。

⑤ 对于触电后症状较轻者，应让其静卧休息，并注意观察，做好相应的施救准备工作。

（2）急救处理。

当触电者脱离电源后，应立即根据具体情况，迅速对症救治，同时快速通知医生前来抢救。如果触电者伤害不严重，神志还清楚，但心慌、四肢麻木、全身无力，或一度昏迷但很快恢复知觉，应让其躺下安静休息 1～2 小时，并密切观察，防止发生意外。

如果触电者失去知觉，停止呼吸，但心脏微有跳动（可用两指去试一侧喉结旁凹陷处的颈动脉有无搏动），应在通畅气道后，立即进行口对口（或鼻）的人工呼吸。

如果触电者伤害相当严重，心跳、呼吸都已停止，完全失去知觉，则在通畅气道后，应立即进行口对口（或鼻）的人工呼吸，同时进行胸外按压心脏的人工循环，直到医务人员前来救治为止（有关人工呼吸法可参阅有关资料）。即使在运送医院抢救的汽车上，也仍应坚持上述抢救，不可中断。

第6章 锡焊工艺

焊接技术是金属加工中的基本技术，通常分为熔焊、压焊和钎焊三大类。它们的区别在于焊件和焊料是否发生熔化，是否发生加热挤压。锡焊属于钎焊中钎料熔点低于450℃的软钎焊。我们习惯上把钎料称为焊料，把采用铅锡焊料进行焊接的方式称为铅锡焊，简称锡焊。

6.1 锡焊机理

从理解锡焊过程，指导正确的焊接操作来说，锡焊机理可认为是将表面清洁的焊件与焊料加热到一定温度，焊料熔化并润湿焊件表面，在其界面上发生金属扩散并形成合金层，从而实现金属的焊接。以下是最基本的三点：

1. 扩散

金属之间的扩散现象是在温度升高时，由于金属原子在晶格点阵中呈热振动状态，因此它会从一个晶格点阵自动地转移到其他晶格点阵。扩散并不是在任何情况下都会发生，而是要受到距离和温度条件的限制。锡焊时，焊料和工件金属表面的温度较高，焊料与工件金属表面的原子相互扩散，于是在两者界面形成新的合金。

2. 润湿

润湿是发生在固体表面和液体之间的一种物理现象。在焊料和工件金属表面足够清洁的前提下，加热后呈熔融状态的焊料会沿着工件金属的凹凸表面，靠毛细管的作用扩展，焊料原子与工件金属原子靠原子引力互相起作用，就可以接近到能够互相结合的距离。

3. 合金层

焊接后，焊点温度降低到室温，这时就会在焊接处形成由焊料层、合金层和工件金属表层组成的结构。合金层形成在焊料和工件金属界面之间。冷却时，合金层首先以适当的合金状态开始凝固，形成金属结晶，而后结晶向未凝固的焊料生长。

6.2 锡焊工具

6.2.1 电烙铁

电烙铁是手工焊的主要工具，合适地选择和合理地使用电烙铁，是保证焊接质量的基础。

1. 电烙铁种类

电烙铁有内热式、外热式、恒温式、吸锡式和温控式等。锡焊中，一般常用外热式和内热式电烙铁。

（1）外热式电烙铁

外热式电烙铁目前应用较为广泛。它由烙铁头、烙铁心、外壳、手柄、电源线和电源插头等几部分组成，其结构外形如图6-1所示。由于发热的烙铁心在烙铁头的外面，所以称为外热式电烙铁。外热式电烙铁对焊接大型和小型电子产品都很方便，因为它可以调整烙铁头的长短和形状，借此来掌握焊接温度。外热式电烙铁规格通常有25 W、45 W、75 W、100 W等。电烙铁功率越大，烙铁头的温度越高。

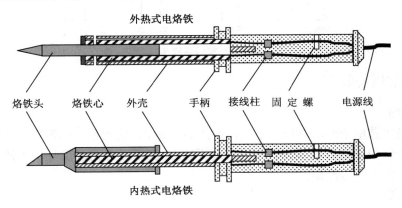

图 6-1　外、内热式电烙铁结构

（2）内热式电烙铁

常见的内热式电烙铁由于烙铁心安装在烙铁头里面，所以称为内热式电烙铁。内热式电烙铁的结构如图 6-1 所示。烙铁心是将镍铬电阻丝缠绕在两层陶瓷管之间，再经过烧结制成的。通电后，镍铬电阻丝立即产生热量，由于它的发热元件在烙铁头内部，所以发热快，热量利用率高达 85%～90% 以上，烙铁温度在 350℃ 左右。内热式电烙铁功率越大，烙铁头的温度越高。目前，常用的内热式电烙铁有 20 W、50 W、70 W 等规格。

内热式电烙铁与外热式电烙铁比较，其优点是体积小、重量轻、升温快、耗电省和效率高。20 W 内热式电烙铁相当于 25～40 W 的外热式电烙铁的热量，因而得到普遍应用。其缺点是温度过高容易损坏印制板上的元器件，特别是焊接集成电路时温度不能太高。又由于镍铬电阻丝细，所以烙铁心很容易烧断。另外，烙铁头不容易加工，更换不方便。图 6-2 和图 6-3 分别为一种内热式和外热式电烙铁的实际外形图。

图 6-2　外热式电烙铁

图 6-3　内热式电烙铁

2．烙铁头

为了适应不同焊接物的需要，在焊接时通常选用不同形状和体积的烙铁头。烙铁头的形状、体积大小及烙铁的长度都对烙铁的温度热性能有一定的影响。常用烙铁头的形状如图6-4所示。

烙铁头的好坏是决定焊接质量和工作效率的重要因素。一般烙铁头由纯铜制定，其作用是存储和传导热量。它的温度必须比被焊接的材料熔点高。纯铜的润湿和导热性非常好，但它最大的弱点是容易被焊锡腐蚀和氧化，使用寿命短。为了改善烙铁头的性能，可以对铜烙铁头实行电镀处理，常见的有镀镍和镀铁。

尖头式　　　　圆头式　　　　斜口式　　　　刀口式

图 6-4　常用烙铁头形状

6.2.2　常用安装工具

1. 尖嘴钳

尖嘴钳是组装电子产品常用的工具，如图 6-5 所示。它可用来剪断直径 1 mm 以下的细小导线，配合斜口钳进行剥线。使用时注意不宜在 80℃以上的温度环境中使用，塑料柄开裂后严禁带非安全电压操作。

2. 斜口钳

斜口钳又称剪线钳，主要用于剪断导线，尤其是用来剪除导线网绕后多余的引线和元器件焊接后多余的引线，以及配合尖嘴钳用于剥线。外形如图 6-6 所示。斜口钳在剪线时，要注意使钳头朝下并在不便变动方向时，可用另一只手遮挡，以防剪断导线或元件脚剪飞出伤人眼睛；不可用来剪断铁丝或其他金属的物体，以免损伤器件口，直径超过 1.6 mm 的电线不可用斜口钳剪断。

3. 剥线钳

剥线钳的刃口有不同尺寸的槽形剪口，专用于剥去导线的绝缘皮，如图 6-7 所示。

图 6-5　尖嘴钳　　　　　　　图 6-6　斜口钳　　　　　　图 6-7　剥线钳

4. 螺丝刀

螺丝刀，又称起子，根据用途一般分为平口螺丝刀（也称为一字螺丝刀）和十字螺丝刀，用于松紧螺丝，调整可调元件。

5. 镊子

镊子有尖嘴镊子和圆嘴镊子两种，主要用做夹持小的元器件，辅助焊接，弯曲电阻、电容、导线，帮助元器件散热。

6.3　锡焊材料

6.3.1　焊料

焊接两种或两种以上金属面并使之成为一个整体的金属或合金称为焊料。电子电路中焊接主要使用的是锡铅合金焊料，称为焊锡。因其具备熔点低、机械强度高、表面张力小、导电性好、抗氧化性好等优点，所以在焊接技术中得到了非常广泛的应用。

1. 管状焊锡丝

在手工焊接时，为了方便，常常将焊锡制成管状，中空部分注入特级松香和少量活化剂组成的助焊剂，称为焊锡丝。有时还在焊锡丝中添加 1%～2%的锑，可适当增加焊料的机械强度。焊锡丝的直径有 0.5 mm、0.8 mm、0.9 mm、1.0 mm、1.2 mm、1.5 mm、2.0 mm、2.5 mm、3.0 mm、4.0 mm、5.0 mm 等多种规格。也有制成扁带状的，规格也有很多种。

2. 抗氧化焊锡

由于浸焊和波峰焊使用的锡槽都有大面积的高温表面，焊料液体暴露在大气中，很容易被氧化而影响焊接质量，使焊点产生虚焊。在锡铅合金中加入少量的活性金属，能使氧化锡、氧化铅还原，并漂浮在焊锡表面形成致密覆盖层，从而使焊锡不被继续氧化。这类焊锡在浸焊与波峰焊中已得到了普遍使用。

3. 含银焊锡

电子元器件与导电结构件中，有不少是镀银件。使用普通焊锡，镀银层易被焊锡溶解，而使元器件的高频性能变坏。在焊锡中添加了 0.5%～2.0%的银，可减少镀银件中银在焊锡中的溶解量，并可降低焊锡的熔点。

4. 焊膏

焊膏是表面安装技术中的一种重要贴装材料，由焊粉（焊料制成粉末状）、有机物和溶剂组成。它一般制成糊状物，能方便地用点膏机印涂在印制电路板上。

6.3.2　助焊剂

助焊剂一般分为有机、无机和树脂三大类。电子装配中常用的是树脂类助焊剂。其中，松香为树脂类助焊剂，成为电子产品生产中专用型助焊剂。

助焊剂主要用于除去工件表面氧化膜，防止工件和焊料加热时氧化，增加焊料流动性和降低焊料表面张力，还有使焊点更加光亮、美观的作用。

6.3.3　阻焊剂

在焊接中，为了提高焊接质量，需要耐高温的阻焊涂料，将不需要焊接的部分保护起来，使焊料只在需要的焊点上进行焊接，这种阻焊涂料称为阻焊剂。

阻焊剂的作用是防止桥接、短路及虚焊等现象的出现，对高密度印制电路板尤为重要；保护元器件和集成电路；节约焊料；还可以使用带色彩的阻焊剂，以起到美化印制板的作用。

阻焊剂的种类有热固化型阻焊剂、紫外线光固化型阻焊剂和电子辐射固化型阻焊剂等几种。目前常用的是紫外线光固化型阻焊剂，也称为光敏阻焊剂。

6.4　手工锡焊技术

手工焊接是锡铅焊接技术的基础。尽管目前现代化企业已经普遍使用自动插装、自动焊接的生产工艺，但产品试制、小批量产品生产、具有特殊要求的高可靠性产品的生产（如航天技术中的火箭、人造卫星的制造等）目前还采用手工焊接。即使像印制电路板这样的小型化、大批量、采用自动焊接的产品，也还有一定数量的焊接点需要手工焊接。

6.4.1　焊接要求

焊接是电子产品组装过程中的重要环节之一。如果没有相应的焊接工艺质量保证，则任何一个设计精良的电子装置都难以达到设计指标。因此，在焊接时，必须做到以下几点。

1．焊接表面必须保持清洁

即使是可焊性好的焊件，由于长期存储和污染等原因，焊件的表面可能产生有害的氧化膜、油污等。所以，在实施焊接前必须清洁表面，否则难以保证质量。

2．焊接时温度、时间要适当，加热均匀

焊接时，将焊料和被焊金属加热到焊接温度，使熔化的焊料在被焊金属表面浸湿扩散并形成金属化合物。因此，要保证焊点牢固，一定要有适当的焊接温度。

在足够高的温度下，焊料才能充分浸湿，并充分扩散形成合金层。过高的温度是不利于焊接的。焊接时间对焊锡、焊接元件的浸湿性、结合层形成都有很大的影响。准确掌握焊接时间是优质焊接的关键。

3．焊点要有足够的机械强度

为了保证被焊件在受到振动或冲击时不至于脱落、松动，因此，要求焊点要有足够的机械强度。为使焊点有足够的机械强度，一般可采用把被焊元器件的引线端子打弯后再焊接的方法，但不能用过多的焊料堆积，这样容易造成虚焊和焊点与焊点之间的短路。

4．焊接必须可靠，保证导电性能

为使焊点有良好的导电性能，必须防止虚焊。虚焊是指焊料与被焊物表面没有形成合金结构，只是简单地依附在被焊金属的表面。在焊接时，如果只有一部分形成合金，而其余部分没有形成合金，则这种焊点在短期内也能通过电流，用仪表测量也很难发现问题。但随着时间的推移，没有形成合金的表面就要被氧化，此时便会出现时通时断的现象，这势必造成产品的质量问题。

总之，质量好的焊点应该是：焊点光亮、平滑；焊料层均匀薄润，且与焊盘大小比例合适，结合处的轮廓隐约可见；焊料充足，成裙形散开；无裂纹、针孔、无焊剂残留物。如图 6-8 所示为典型焊点的外观，其中"裙"状的高度大约是焊盘半径的 1～1.2 倍。

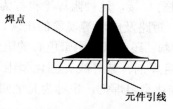

图 6-8　典型焊点外观

6.4.2　焊点质量检查

为了保证锡焊质量，一般在锡焊后都要进行焊点质量检查，根据出现的锡焊缺陷（焊点缺陷见表 6-1），及时改正。焊点质量检查主要有以下几种方法。

表 6-1 焊点缺陷及缺陷分析

焊点缺陷	外观特点	危害	原因分析
焊料过多	焊料面呈凸形	浪费焊料，且容易包藏缺陷	焊锡丝撤离过迟
焊料过少	焊料未形成平滑面	机械强度不足	焊锡丝撤离过早
松香焊	焊缝中加有松香渣	强度不足，导通不良	助焊剂过多或失效；焊接时间不足，加热不够；表面氧化膜未除去
过热	焊点发白，无金属光泽，表面较粗糙	焊盘容易剥落，强度降低	电烙铁功率过大，加热时间过长
冷焊	表面呈现豆腐渣状颗粒，有时可能有裂纹	强度低，导电性不好	焊料未凝固前焊件抖动或电烙铁瓦数不够
虚焊	焊料与焊件交面接触角过大	强度低，不通或时通时断	焊件清理不干净；助焊剂不足或质量差；焊件未充分加热
不对称	焊锡未流满焊盘	强度不足	焊料流动性不好；助焊剂不足或质量差；加热不足
松动	导线或元件引线可动	导通不良或不导通	焊接未凝固前引线移动造成空隙；引线未处理好（镀锡）
拉尖	出现尖端	外观不佳，容易造成桥接现象	助焊剂过少，而加热时间过长；电烙铁撤离角度不当
桥接	相邻导线连接	电气短路	焊锡过多；电烙铁撤离方向不当
针孔	目测或低倍放大镜可见有孔	强度不足，熔点容易腐蚀	焊盘空与引线间隙太大

焊点缺陷	外 观 特 点	危 害	原 因 分 析
 气泡	引线根部有时有喷火式焊料隆起，内部藏有空洞	暂时导通，但长时间容易引起导通不良	引线与孔间隙过大或引线浸润性不良
 剥落	焊点剥落（不是铜箔剥落）	断路	焊盘镀层不良

1. 外观检查

外观检查就是通过肉眼从焊点的外观上检查焊接质量，可以借助 3～10 倍的放大镜进行目检。目检的主要内容包括：焊点是否有错焊、漏焊、虚焊和连焊，焊点周围是否有焊剂残留物，焊接部位有无热损伤和机械损伤现象。

2. 拨动检查

在外观检查中发现有可疑现象时，可用镊子轻轻拨动焊接部位进行检查，并确认其质量。主要包括导线、元器件引线和焊盘与焊锡是否结合良好，有无虚焊现象；元器件引线和导线根部是否有机械损伤。

3. 通电检查

通电检查必须是在外观检查及连接检查无误后才可进行的工作，也是检查电路性能的关键步骤。如果不经过严格的外观检查，则通电检查不仅困难较多，而且容易损坏设备仪器，造成安全事故。通电检查可以发现许多微小的缺陷，例如，用目测观察不到的电路桥接、内部虚焊等。

锡焊中常见的缺陷有：虚焊和假焊、拉尖、桥连、空洞、堆焊、铜箔翘起、剥离等。造成锡焊缺陷的原因很多，常见的锡焊缺陷外观如表 6-1 所示，表中说明了不良焊点的外观特点，以及危害和缺陷分析。

6.4.3 锡焊操作

1. 焊前准备

手工锡焊前，要做的准备工作有以下几点：

1）印制板与元器件的检查

焊装前应对印制板和元器件进行检查，主要检查印制板印制线、焊盘、焊孔是否与图纸相符，有无断线、缺孔等，表面是否清洁，有无氧化、腐蚀，元器件的品种、规格及外封装是否与图纸吻合，元器件引线有无氧化、腐蚀。

2）元器件引脚镀锡

为了提高焊接的质量和速度，避免虚焊等缺陷，应该在装配以前对焊接表面进行可焊性处理，这就是预焊，也称为镀锡。在电子元器件的待焊面（引线或其他需要焊接的地方）镀上焊锡，是焊接之前一道十分重要的工序，尤其是对于一些可焊性差的元器件，镀锡更是至关重要。专业电子生产厂家都备有专门的设备进行可焊性处理，如图 6-9 所示。

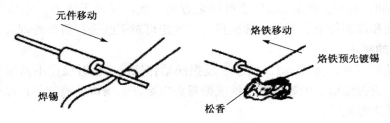

图 6-9　元器件引脚镀锡

镀锡的工艺要求首先是待镀面应该保持清洁。对于较轻的污垢，可以用酒精或丙酮擦洗；严重的腐蚀性污点，只有用刀刮或用砂纸打磨等机械办法去除，直到待焊面上露出光亮的金属本色为止。接下来，烙铁头的温度要适合。温度不能太低，太低了锡镀不上；温度也不能太高，太高了容易产生氧化物，使锡层不均匀，还可能会使焊盘脱落。掌握好加热时间是控制温度的有效办法。最后，使用松香作助焊剂除氧化膜，防止工件和焊料氧化，如图 6-9 所示的操作方式。

3）元器件引线弯曲成形

为了使元器件在印制电路板上的装配排列整齐并便于焊接，在安装前通常采用手工或专用机械把元器件引脚弯曲成一定的形状。

元器件在印制板上的安装方式有三种：立式安装、卧式安装和表面安装。表面安装会在本章后面内容中讲到。立式安装和卧式安装无论采用哪种方法，都应该按照元器件在印制电路板上孔位的尺寸要求，使其弯曲成型的引脚能够方便地插入孔内。

立式、卧式安装电阻和二极管元器件的引线弯曲成形如图6-10所示。引脚弯曲处距离元器件实体至少在 2 mm 以上，绝对不能从引线的根部开始弯折。

图 6-10　元器件引线弯曲成型

元件水平插装和垂直插装的引线成形，都有规定的成型尺寸。总的要求是各种成形方法能承受剧烈的热冲击，引线根部不产生应力，元器件不受到热传导的损伤等。

4）元器件的插装

元器件插装方式有两种，一种是贴板插装，另一种是悬空插装。如图6-11所示。贴板插装稳定性好，插装简单；但不利于散热，且对某些安装位置不适应。悬空插装适用范围广，有利于散热，但插装比较复杂，需要控制一定高度以保持美观一致。插装时具体要求应首先保证图纸中安装工艺的要求，其次按照实际安装位置确定。一般来说，如果没有特殊要求，只要位置允许，采用贴板安装更为常见。

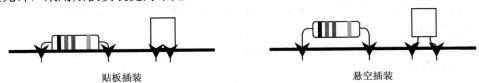

图 6-11　元器件插装方式

元器件插装时应注意插装元器件字符标记方向一致，以便于读出。插装时不要用手直接碰元器件引线和印制板上的铜箔。插装后为了固定可对引线进行折弯处理。

2. 电烙铁的拿法

电烙铁拿法有三种，如图 6-12 所示。反握法动作稳定，长时操作不易疲劳，适于大功率烙铁的操作。正握法适于中等功率烙铁或带弯头电烙铁的操作。通常，在操作台上焊印制板等焊件时多采用握笔法。

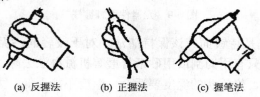

(a) 反握法　　　(b) 正握法　　　(c) 握笔法

图 6-12　电烙铁的拿法

3. 焊锡丝的拿法

焊锡丝通常有两种拿法，如图 6-13 所示。由于在焊丝成分中，铅占一定比例，众所周知，铅是对人体有害的重金属，因此操作时应戴手套或操作后洗手，避免食入。

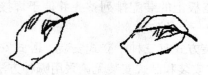

图 6-13　焊锡丝的拿法

4. 焊接方法

焊接五步法是常用的基本焊接方法，适合于焊接热容量大的工件，如图 6-14 所示。

图 6-14　焊接五步法

1）准备施焊

准备好焊锡丝和烙铁，做好焊前准备。

2）加热焊件

将烙铁接触焊接点，注意首先要保持烙铁加热焊件各部件（如印制板上的引线和焊盘）都受热，其次注意让烙铁头的扁平部分（较大部分）接触热容量较大的焊件，烙铁头的侧面或边缘部分接触热容量较小的焊件，以保持焊件均匀受热。

3）熔化焊料

在焊件加热到能熔化焊料的温度后，将焊丝置于焊点，焊料开始融化并润湿焊点。

4）移开焊锡

在熔化一定量的焊锡后，将焊锡丝移开。

5）移开烙铁

在焊锡完全润湿焊点后移开烙铁，注意移开烙铁的方向应该大致 45° 的方向。

对于焊接热容量较小的工件，可以简化为三步法操作：准备焊接，同时放上电烙铁和焊锡丝，同时撤走焊锡丝并移开烙铁。

5. 焊接注意事项

印制电路板的焊接，除遵循锡焊要领之外，还应注意以下几点：

（1）烙铁一般选用内热式（20～35 W）或调温式（烙铁的温度不超过 300℃），烙铁头选用小圆锥形。

（2）加热时应尽量使烙铁头接触印制板上铜箔和元器件引线。对于较大的焊盘（直径大于 5 mm），焊接时刻移动烙铁，即烙铁绕焊盘转动。

（3）对于金属化孔的焊接，焊接时不仅要让焊料润湿焊盘，而且孔内也要润湿填充。因此，金属化孔加热时间应比单面板长。

（4）焊接时不要用烙铁头摩擦焊盘，要靠表面清理和预焊来增强焊料润湿性能。耐热性差的元器件应使用工具辅助散热，如镊子。

焊接晶体管时，注意每个管子的焊接时间不要超过 10 秒钟，并使用尖嘴钳或镊子夹持引脚散热，防止烫坏晶体管。焊接 CMOS 电路时，如果事先已将各引线短路，焊接前不要拿掉短路线。对使用高压的烙铁，最好在焊接时拔下插头，利用余热焊接。焊接集成电路时，在能够保证浸润的前提下，尽量缩短焊接时间，一般每脚不要超过 2 秒钟。

6. 焊后处理

焊接完毕后，要进行适当的焊后处理，主要做到以下几点：

（1）剪去多余引线，注意不要对焊点施加剪切力以外的其他力。

（2）检查印制板上所有元器件引线的焊点，并修补焊点缺陷。

（3）根据供应要求，选择清洗液清洗印制板；而使用松香焊剂的一般不用清洗。

6.4.4 拆焊操作

在调试、维修电子设备的工作中，经常需要更换一些元器件。更换元器件的前提当然是要把原先的元器件拆焊下来。如果拆焊的方法不当，则会破坏印制电路板，也会使换下来但并没失效的元器件无法重新使用。

1. 拆焊原则

拆焊的步骤一般与焊接的步骤相反。拆焊前，一定要弄清楚原焊接点的特点，不要轻易动手。

（1）不损坏拆除的元器件、导线、原焊接部位的结构件。

（2）拆焊时不可损坏印制电路板上的焊盘与印制导线。

（3）对已判断为损坏的元器件，可先行将引线剪断，再行拆除，这样可减小其他损伤的可能性。

（4）在拆焊过程中，应该尽量避免拆除其他元器件或变动其他元器件的位置。若确实需要，则要做好复原工作。

2. 拆焊要点

1）严格控制加热的温度和时间

拆焊的加热时间和温度较焊接时间要长、要高，所以要严格控制温度和加热时间，以免将元器件烫坏或使焊盘翘起、断裂。宜采用间隔加热法来进行拆焊。

2）拆焊时不要用力过猛

在高温状态下，元器件封装的强度都会下降，尤其是对塑封器件、陶瓷器件、玻璃端子等，过分的用力拉、摇、扭都会损坏元器件和焊盘。

3）吸去拆焊点上的焊料

拆焊前，用吸锡工具吸去焊料，有时可以直接将元器件拔下。即使还有少量锡连接，也可以减少拆焊的时间，减小元器件及印制电路板损坏的可能性。如果在没有吸锡工具的情况下，则可以将印制电路板或能够移动的部件倒过来，用电烙铁加热拆焊点，利用重力原理，让焊锡自动流向烙铁头，也能达到部分去锡的目的。

3. 拆焊方法

通常，电阻、电容、晶体管等引脚不多，且每个引线可相对活动的元器件可用烙铁直接解焊。把印制板竖起来夹住，一边用烙铁加热待拆元件的焊点，一边用镊子或尖嘴钳夹住元器件引线轻轻拉出。

当拆焊多个引脚的集成电路或多管脚元器件时，一般有以下几种方法。

1）选择合适的医用空心针头拆焊

将医用针头用铜锉锉平，作为拆焊的工具，具体方法是：一边用电烙铁熔化焊点，一边把针头套在被焊元器件的引线上，直至焊点熔化后，将针头迅速插入印制电路板的孔内，使元器件的引线脚与印制电路板的焊盘分开。

2）用吸锡材料拆焊

可用做锡焊材料的有屏蔽线编织网、细铜网或多股铜导线等。将吸锡材料加松香助焊剂，用烙铁加热进行拆焊。

3）采用吸锡烙铁或吸锡器进行拆焊

吸锡烙铁对拆焊是很有用的，既可以拆下待换的元件，又可同时不使焊孔堵塞，而且不受元器件种类限制。但它必须逐个焊点除锡，效率不高，而且必须及时排除吸入的焊锡。

4）采用专用拆焊工具进行拆焊

专用拆焊工具能一次完成多引线引脚元器件的拆焊，而且不易损坏印制电路板及其周围的元器件。

5）用热风枪或红外线焊枪进行拆焊

热风枪或红外线焊枪可同时对所有焊点进行加热，待焊点熔化后取出元器件。对于表面安装元器件，用热风枪或红外线焊枪进行拆焊效果最好。用此方法拆焊的优点是拆焊速度快，操作方便，不宜损伤元器件和印制电路板上的铜箔。

6.5　工业生产锡焊技术

在电子工业生产中，随着电子产品的小型化、微型化的发展，为了提高生产效率，降低生产成本，保证产品质量，目前电子工业生产中采取自动流水线焊接技术，特别是电子产品的微型化的发展，单靠手工烙铁焊接已无法满足焊接技术的要求。浸焊与波峰焊的出现使焊接技术达到了一个新水平，其适应印制电路板的发展，可大大提高焊接效率，并使焊接质量有较高的一致性，目前已成为印制电路板的主要焊接方法，在电子产品生产中得到普遍使用。

浸焊是将插装好元器件的印制电路板在熔化的锡槽内浸锡，一次完成印制电路板众多焊接点的焊接方法。浸焊有手工浸焊和机器自动浸焊两种形式。与手工焊接相比，浸焊不仅大大提高了生产效率，而且可以消除漏焊现象。

波峰焊是目前应用最广泛的自动化焊接工艺。与自动浸焊相比，自动浸焊锡槽内的焊锡表面是静止的，表面氧化物易粘在焊接点上，并且印制电路板被焊面全部与焊锡接触，温度高，易烫坏元器件并使印制电路板变形，难以充分保证焊接质量；而波峰焊锡槽中的锡不是静止的，熔化的焊锡在机械泵（或电磁泵）的作用下由喷嘴源源不断地流出而形成波峰。波峰即顶部的锡无丝毫氧化物和污染物，在传动机构移动过程中，印制线路板分段、局部与波峰接触焊接，避免了浸焊工艺存在的缺点，使焊接质量可以得到保障，焊接点的合格率可到到 99.97％以上。

6.6 表面组装技术（SMT）简介

表面组装技术（Surface Mount Technology, SMT）是现代电子产品先进制造技术的重要组成部分。它是将片式化、微型化的无引线或短引线表面组装元件/器件（简称 SMC/SMD）直接贴、焊到印制电路板表面或其他基板的表面上的一种电子组装技术。将元件装配到印刷（或其他基板）上的工艺方法称为SMT工艺。相关的组装设备则称为SMT设备。

表面组装技术内容包括表面组装元器件、组装基板、组装材料、组装工艺、组装设计、组装测试与检测技术、组装测试与检测设备等，是一项综合性工程科学技术。它将传统的电子元器件压缩成为体积只有几十分之一的器件，从而实现了电子产品组装的高密度、高可靠、小型化、低成本，以及生产的自动化。

目前，先进的电子产品，特别是在计算机及通信类电子产品，已普遍采用SMT技术。国际上 SMD 器件产量逐年上升，而传统器件产量逐年下降，因此随着时间的推移，SMT技术将越来越普及。

简单地说，SMD 元件的焊接要求是：光亮、饱满和包裹。光亮是指焊点必须光滑、无毛刺且发亮；饱满是指焊锡必须浸满焊盘；包裹是指要求用尽量少的焊锡包裹 SMD 元件各个引脚顶端，如图 6-15 所示。

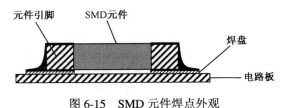

图 6-15　SMD 元件焊点外观

1．SMD 元件焊接

下面简单说明 SMD 元件手工焊接作业流程。

1）准备焊接

包括准备合适功率的烙铁，并选择合适的烙铁头；烙铁头要进行清洁；SMD 元件焊接处要进行清洁；焊盘要进行清洁。

2）焊盘点锡

取已回温好的烙铁对被焊接焊盘加少量焊锡，针对贴片电阻/电容/电感/二极管等元件只需在元件一端加少量焊锡；针对特殊封装类贴片 IC 元件，只需在其对角线的两个焊盘上加少量焊锡。

3）固定元件

用镊子把准备好的 SMD 元件放到需要焊接的位置，并把烙铁头放到元件与焊锡之间进行加热，使其焊接。先在元件一个引脚上进行固定焊接。

4）移开镊子

固定好 SMD 元件一个引脚后，移开镊子。

5）元件焊接

用烙铁和焊锡进行 SMD 元件其他引脚的焊接，焊接完毕后取出烙铁。

2. SMD 元件拆焊

下面简单说明 SMD 元件的手工拆除作业流程。

1）拆焊贴片电阻/电容/电感/二极管等元件

可以先在两端加适量焊锡，并交换熔化两端焊点使其焊盘两端焊锡完全熔化，直接用烙铁头刮下元件，待确认功能完好后可重复使用。

2）拆焊贴片 IC 元件

用热风枪先对其进行加热，待焊锡完全熔化后直接用镊子夹住贴片 IC 元件离开焊盘，再用烙铁把焊锡托平；被取下的特殊封装贴片 IC 元件需要做好保存，待确认功能完好后可重复使用。

第 7 章　常用电子元器件的认知与简易测试

电子元器件是电子产品的基本组成单元，在各类电子产品中占有重要地位，特别是一些通用电子元器件更是电子产品必不可少的基本材料。熟悉和掌握常用电子元器件的种类、结构、性能，并能够正确地使用，是提高电子产品质量的基本要素。本章主要介绍电子产品中常用的电子元器件，包括电阻器、电容器、电感器、二极管、三极管、集成电路等。

7.1　线性元件

7.1.1　电阻器

电阻器简称电阻，在电子产品中是一种必不可少的电子元件。它的种类繁多，形状各异，功率也不同，在电路中用来限流、分流、分压等。

1．电阻的种类

电阻可分为固定电阻和可变电阻两大类。固定电阻的电阻值是固定不变的，阻值的大小就是它的标称值，固定电阻器常用字母"R"表示。固定电阻的种类比较多，分类如下：

1）按制作材料分类

电阻按材料分类有线绕型电阻、薄膜型电阻、合成型电阻等。

2）按用途分类

电阻按照用途分类有精密电阻、高频电阻、大功率电阻、熔断电阻、热敏电阻、光敏电阻、压敏电阻等。

3）按外形分类

电阻按外形分类可分为圆柱形电阻、管形电阻、方形电阻、片状形电阻。

常见电阻的外形，如图 7-1 所示。

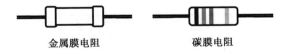

金属膜电阻　　　　　　碳膜电阻

图 7-1　常用电阻外形

电路符号如图 7-2 所示。

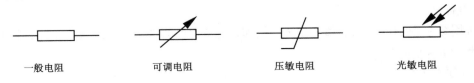

一般电阻　　　　可调电阻　　　　压敏电阻　　　　光敏电阻

图 7-2　电阻电路符号

2．电阻的主要参数

1）标称电阻值

电阻的国际单位是欧［姆］，用Ω表示。除欧姆外，还有 kΩ（千欧）和 MΩ（兆欧）。它们的换算关系是：$1\,\mathrm{M\Omega}=1\times10^{3}\,\mathrm{k\Omega}$，$1\,\mathrm{k\Omega}=1\times10^{3}\,\Omega$。

标称阻值是指电阻表面所标示的阻值。除特殊定做以外，其阻值范围应符合国标规定的阻值系列。目前，电阻标称阻值有三大系列：E6，E12，E24，其中 E24 系列最全面，先将其列于表 7-1 中。可根据表 7-1 中所列标称值乘以 10^{N}（N 为整数）表示实际的电阻值，例如，标称值 2.4 可表示为 2.4 Ω、24 Ω、240 Ω、2.4 kΩ、240 kΩ、2.4 MΩ、24 MΩ、240 MΩ等实际电阻值。往往标称阻值和它的实际阻值不完全相符，有的阻值大一些，有的阻值小一些。电阻的实际阻值和标称阻值的偏差，除以标称阻值所得的百分数，称为电阻的允许误差。常用电阻允许误差的等级有Ⅰ级（±5%）、Ⅱ级（±10%）、Ⅲ级（±20%）。误差为±2%、±1%、±0.5%的电阻称为精密电阻。误差越小，电阻精度越高。

表 7-1　电阻标称值系列

系　列	允许误差　$I/(\%)$	标　称　阻　值
E24	±5	1.0，1.1，1.2，1.3，1.5，1.6，1.8，2.0，2.2，2.4，2.7，3.0，3.3，3.6，3.9，4.3，4.7，5.1，5.6，6.2，6.8，7.5，8.2，9.1
E12	±10	1.0，1.2，1.5，1.8，2.2，2.7，3.3，3.9，4.7，5.6，6.8，8.2
E6	±20	1.0，1.5，2.2，3.3，4.7，6.8

2）额定功率

额定功率是指电阻在规定环境条件下长期连续工作所允许消耗的最大功率。电阻的额定功率也有标称值，常用的有 1/8 W、1/4 W、1/2 W、1 W、2 W、3 W、5 W、10 W、20 W等。在电路图中，常用图 7-3 所示的符号来表示电阻的标称功率。选用电阻的时候，要留一定的余量，选标称功率比实际消耗的功率大一些的电阻。比如，实际负荷为 1/4 W，可以选用 1/2 W 的电阻；实际负荷为 3 W，可以选用 5 W 的电阻。电阻的额定功率与体积大小有关，电阻的体积越大，额定功率数值也越大。2 W 以下的电阻以自身体积大小表示功率值。

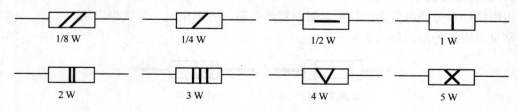

图 7-3　电阻的功率表示

3．电阻值的表示方法

1）直标法

直接用数字表示电阻的阻值和误差，例如，电阻上印有"68 kΩ±5%"，则阻值为 68 kΩ，误差为±（68×5%）kΩ。

2）文字符号法

用数字和文字符号或两者有规律的组合来表示电阻的阻值。文字符号 k,M 前面的数字表示阻值的整数部分，文字符号后面的数字表示阻值的小数部分，例如，2k7 其阻值表示为 2.7 kΩ。

　　3）色标法

　　现在常用的固定电阻器都用色环法来表示它的标称阻值和误差。色环法就是用颜色表示元件的标称阻值和误差，并直接标志在产品上的一种方法。常见的色环电阻有四环和五环电阻两种，其中五环电阻属于精密电阻。一般由四道色环或五道色环来表示其标称阻值和误差，各种颜色代表不同的数值，色环颜色所代表的数字或意义如表 7-2 和表 7-3 所示。

表 7-2　四色环阻值对应表

色环颜色	棕	红	橙	黄	绿	蓝	紫	灰	白	黑	金	银	无色
第一位数	1	2	3	4	5	6	7	8	9	0			
第二位数	1	2	3	4	5	6	7	8	9	0			
乘倍数	10	10^2	10^3	10^4	10^5	10^6	10^7	10^8	10^9	10^0	10^{-1}	10^{-2}	
允许误差 /(%)											±5	±10	±20

表 7-3　五色环阻值对应表

色环颜色	棕	红	橙	黄	绿	蓝	紫	灰	白	黑	金	银
第一位数	1	2	3	4	5	6	7	8	9	0		
第二位数	1	2	3	4	5	6	7	8	9	0		
第三位数	1	2	3	4	5	6	7	8	9	0		
乘倍数	10	10^2	10^3	10^4	10^5	10^6	10^7	10^8	10^9	10^0	10^{-1}	10^{-2}
允许误差 /(%)	±1	±2			±0.5	±0.25	±0.1	±0.05				

　　一般来说，将金色或银色的那一道色环放在右边，则从左到右依次是第一道、第二道、第三道、第四道色环。第一道色环表示阻值的第一位数字，第二道色环表示阻值第二位数字，第三道色环表示阻值后加几个零，阻值的单位是欧姆，第四道色环表示阻值的允许误差。得出的电阻值如果大于 1000 Ω，则应换算成较大单位的阻值，这就是"够千进位"的原则。这样，如图 7-4 所示的阻器的标称阻值就是 1500 Ω（应换算成 1.5 kΩ），允许误差是 ±5%。

　　色环靠近引出端最近的一环为第一环，其余依次为第二道、第三道、第四道、第五道色环。第一道色环表示阻值的第一位数字，第二道色环表示阻值第二位数字，第三道色环表示第三位数字；第四道色环表示阻值后加几个零，阻值的单位是欧姆；第五道色环表示阻值的允许误差。这样，图 7-5 所示的电阻器的标称阻值就是 140 000 Ω（应换算成 140 kΩ），允许误差是 ±1%。

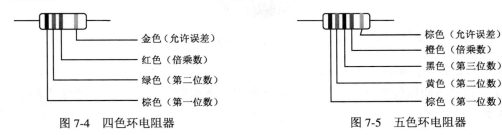

图 7-4　四色环电阻器　　　　　　　　　　图 7-5　五色环电阻器

4）数码法

数码法是用三位数码表示电阻的标称值。数码从左到右，前两位为有效值，第三位为零的个数，即表示在前两位有效之后所加零的个数。例如，152 表示在 15 后面加 2 个 "0"，即 1500 Ω＝1.5 kΩ。此种方法在贴片电阻中使用较多。

4．电阻值的简易测试

电阻值测试的方法主要有万用表（数字万用表）测试法，测量电阻值的方法如下。

（1）首先观察数字万用表显示屏是否有电池电量不足的标志，如果有，则说明电池电量不足，应更换电池。

（2）按数字万用表使用方法规定，黑表笔接 "COM" 口，红表笔接 "VΩ" 口。将挡位旋钮置于测电阻挡，根据被测电阻的阻值来选择倍率挡。

（3）右手拿万用表的两个表笔，左手拿电阻体的中间，两个表笔分别接触电阻的两根引线，读出电阻值。

注意测量时，切不可用手同时捏表棒和电阻的两根引线，因为这样测量的是原电阻与人体电阻并联的阻值，尤其是测量大电阻时，会使测量误差增大。在电路中，测量电阻应切断电源，要考虑电路中的其他元器件对电阻值的影响。如果电路中接有电容器，还必须将电容器放电，以免万用表被烧毁。

电阻质量的判别一般是用外观检查法或万用表测量法。外观检查时，看电阻引线是否折断或表面漆皮是否脱落。如果是在电路中，则可检查电阻器是否烧焦等。当用万用表检查时，主要测量它的阻值及误差是否在标称值范围内。如果要对电阻器进行较精密的测量，则应使用专用的测量仪器来进行。

7.1.2 电位器

电位器是一种阻值可以连续调节的电阻。在电子产品设备中，经常用它进行阻值和电位的调节。例如，在收音机中用它来控制音调、音量，在电视机中用它来调节亮度、对比度等。

1．电位器结构及符号

图 7-6 是碳膜电位器的内部结构图。

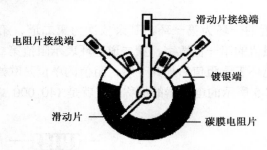

图 7-6　碳膜电位器内部结构图

常用电位器外形，如图 7-7 所示。

电位器的阻值即电位器的标称值，是指其两固定端间的阻值。电位器的常用符号，如图 7-8 所示。

  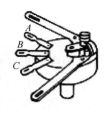

图 7-7　常用电位器外形

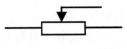

图 7-8　电位器符号

2．电位器的种类

电位器的种类很多，形状各异。它可以按照材料、调节方式、结构特点、阻值变化规律、用途进行分类，如表 7-4 所示。

表 7-4　电位器的分类

分　类　方　式		种　　类
材料	合金型电位器	线性电位器、块金属膜电位器
	合成型电位器	有机和无机实心型、金属玻璃釉型、导电塑料型
	薄膜型电位器	金属膜型、金属氧化膜型、碳膜型、复合膜型
按调节方式		直滑式、旋转式（有单圈和多圈两种）
按结构方式		带抽头、带开关（推拉式和旋转式）、单联、同步多联、异步多联
按阻值变化规律		线型、对数型、指数型
按用途		普通型、微调型、精密型、功率型、专用型

3．电位器的简易测试

用 A,B 表示电位器的固定端，P 表示电位器的滑动端。调节 P 的位置可以改变 A,P 或者 P,B 之间的阻值，但是不管怎么调节，结果应该遵循 $R_{AB}=R_{AP}+R_{PB}$。

电位器在使用过程中，由于旋转频繁而容易发生故障。这种故障表现为噪声和声音时大时小、电源开关失灵等。可用万用表来检查电位的质量。

1）测量电位器 A,B 端的总电阻是否符合标称值

把表笔分别接在 A,B 之间，看万用表读数是否与标称值一致。

2）检测电位器的活动臂与电阻片的接触是否良好

用万用表的欧姆挡测 A,P 或者 P,B 两端，慢慢转动电位器，阻值应连续变大或变小，若有阻值跳动，则说明活动触点有接触不良的故障。

3）测量开关电位器的好坏

对于开关电位器的好坏判断，可用数字万用表的测二极管挡检测，分别对开关进行断开和闭合两方面的测试。若开关断开，数字万用表两表笔放在开关两个引脚上应该不发声，如果发声，则说明开关发生短路；若开关闭合，数字万用表两表笔放在开关两个引脚上应该发声，如果不发声，则说明开关发生断路。

4）检查外壳与引脚的绝缘性

将数字万用表一表笔接电位器外壳，另一表笔逐个接触每一个引脚，阻值均应为无穷大；否则，说明外壳与引脚间绝缘不良。

7.1.3 电容器

电容器简称电容，是由两个金属电极中间夹一层绝缘材料（即电介质）构成的，能够存储电荷，在电路中的使用频率仅次于电阻。电容器的基本特征是不能通过直流电，而能"通过"交流电，且容量越大，电流频率越高，其容抗就越小，交流电流就越容易"通过"。电容器的这些基本特征，在无线电电路中得到了广泛的应用。例如，可以用在调谐、极间耦合、滤波、交流旁路等方面，并与其他元件如电阻、电感配合使用，组成各种特殊功能的电路，所以电容器也是电子设备中不可缺少的基本元件。

1. 电容器的种类

电容器按结构可分为固定电容器、可变电容器和微调电容器；按介质可分为空气介质电容器、固体介质（云母、陶瓷、涤纶等）电容器和电解电容器；按有无极性可分为有极性电容器和无极性电容器。常见电容器的外形如图 7-9 所示。

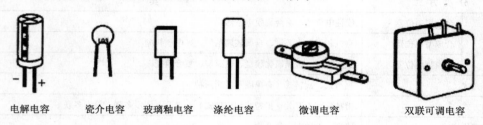

电解电容　　瓷介电容　　玻璃釉电容　　涤纶电容　　微调电容　　双联可调电容

图 7-9　常见电容器外形

电容器的电路符号，如图 7-10 所示。

一般电容　　　可调电容　　　预调电容　　　电解电容

图 7-10　电容器电路符号

2. 电容器的主要参数

1）电容器容量的单位

电容器的容量是指加上电压后存储电荷能力的大小。它的国际单位是法拉（F），由于法拉这个单位太大，因而常用的单位有毫法（mF）、微法（μF）、纳法（nF）和皮法（pF）。单位之间的换算如表 7-5 所示。

表 7-5　电容单位及其换算

法拉（F）	毫法（mF）	微法（μF）	纳法（nF）	皮法（pF）
1 F	1×10^{-3} F	1×10^{-6} F	1×10^{-9} F	1×10^{-12} F

2）额定工作电压

额定工作电压又称为耐压，是指在允许的环境温度范围内，电容上可连续长期施加的最大电压有效值。它一般直接标注在电容器的表面，使用时绝不允许电路的工作电压超过电容器的耐压，否则电容器就会击穿。如果电容器用于交流电路中，则其最大值不能超过额定直流工作电压。

3．电容器容量的识别方法

电容器容量的标识方法主要有直标法、数码法和色标法三种。

（1）直标法。将电容器的容量、耐压及误差直接标注在电容器的外壳上，其中，误差一般用字母来表示。常见的表示误差的字母有 J（±5%）和 K（±10%）等。例如，47nJ100 表示容量为（47 nF 或 0.047 μF）±5%，耐压为 100 V。

当电容器所标容量没有单位时，在读其容量时可按如下原则：当容量在 $1 \sim 10^4$ 之间时，单位为 pF；当容量大于 10^4 时，单位为 μF。

（2）数码法。用三位数字来表示容量的大小，单位为 pF。前两位为有效数字，第三位表示倍率，即乘以 10^n，n 的范围是 $1 \sim 9$。例如，222 表示 $22 \times 10^2 = 2200$ pF。

（3）色标法。这种表示方法与电阻的色环表示方法类似，其颜色所代表的数字与电阻色环完全一致，单位为 pF。例如，红红橙表示 22×10^3 pF。

4．电容器的简易测试

为了保证电路的正常工作，电容器在装入电路之前必须进行性能检查。基本原理是利用电容器的充放电，用万用表欧姆挡检测电容器的性能是否良好，如断路、漏电、短路和失效等。

根据电容器容量的大小，适当选择模拟万用表欧姆挡量程（若测 1 μF 以上的电容器，则万用表选 R×1k 挡），两表笔分别接触电容器的两根引线，用表黑笔接正极，红笔接负极（电解电容器测试前应先将正、负极短路放电）。表针应顺时针摆动，然后逆时针慢慢向"∞"处退回（容量越大，摆动幅度越大）。表针静止时的指示值，就是被测电容的漏电电阻，此值越大，电容器的绝缘性能就越好，质量好的电容器漏电电阻值很大，在几百兆欧以上。在测量过程中，静止时表针距"∞"处较远或表针退回到"∞"处又顺时针摆动，这都表明电容器漏电严重。若指针在"0"处始终不动，则说明电容内部短路。

对电容器的测量也可用数字万用表来测量其漏电阻。测量时要注意对电容器进行放电，注意红表笔接正极，黑表笔接负极。注意当数字万用表显示为"∞"稳定后再进行测量。对于 4700 pF 以下的小容量电容器，由于容量小、充电时间快、充电电流小，所以用万用表的高阻值挡也看不出指针的摆动或阻值，此时可借助电容表直接测量其容量。

7.1.4 电感器

电感器简称电感，是利用漆包线在绝缘骨架上绕制而成的一种能够存储磁场能的电子元件。电感在电子制作中虽然使用得不是很多，但它们在电路中同样重要。在电路中电感有阻流、变压和传送信号等作用。电感和电容一样，也是一种储能元件，它能把电能转变为磁场能，并在磁场中储存能量。但特性恰恰与电容的特性相反，它具有阻止交流电通过而让直流电通过的特性。电感经常和电容一起工作，构成 LC 滤波器、LC 振荡器等。另外，人们还利用电感的特性，制造了阻流圈、变压器、继电器等。

1．电感器的分类

电感器通常分为两大类，一类是应用自感作用的电感线圈，另一类是应用互感作用的变压器。下面介绍一下它们各自的分类情况。

1）电感线圈的分类

电感线圈是根据电磁感应原理制成的器件。它的用途极为广泛，如 LC 滤波器、调谐放大器或振荡器中的谐振回路、均衡电路、去耦电路等。电感线圈用符号 L 表示。若按电感线圈圈心来分，则有空心线圈和带磁心的线圈；若按绕制方式来分，则有单层线圈、多层线圈、蜂房线圈等；若按电感量变化情况来分，则有固定电感线圈和微调电感线圈等。

2）变压器的分类

变压器是利用两个绕组的互感原理来传递交流电信号和电能，同时能起到变换前后级阻抗的作用。按变压器的铁心和线圈结构来分，有心式变压器和壳式变压器等（大功率变压器常采用心式结构，小功率变压器常采用壳式结构）；按变压器的使用频率来分，有高频变压器、中频变压器和低频变压器。

常见的电感器如图 7-11 所示。

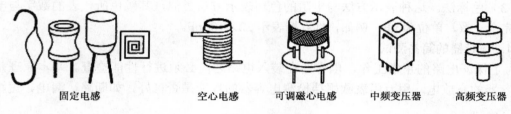

固定电感　　　　　空心电感　　可调磁心电感　　中频变压器　　高频变压器

图 7-11　常见电感器

电感电路符号，如图 7-12 所示。

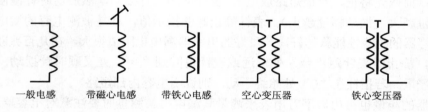

一般电感　　带磁心电感　　带铁心电感　　空心变压器　　　铁心变压器

图 7-12　电感电路符号

2．电感器的标志

为了表明电感器的不同参数，便于在生产、维修时识别和应用，常在小型固定电感器的外壳上涂上标志，其标志方法有直标法、色标法和数码法三种。

1）直标法

直标法是指在小型固定电感器的外壳上直接用文字标出电感器的主要参数，如电感量、误差量、最大直流工作的对应电流等。

2）色标法

色标法是指在电感器的外壳涂上各种不同颜色的环，用来标注其主要参数。

第一条色环表示电感量的第一位有效数字，第二条色环表示第二位有效数字，第三条色环表示倍乘数，第四条表示允许偏差。数字与颜色的对应关系和色环电阻标注法相同。

例如，某电感器的色环标志分别为

红红银黑：表示其电感量为（0.22±20％）μH；

黄紫金银：表示其电感量为（4.7±10%）μH。

3）数码法

标称电感值采用三位数字表示，前两位数字表示电感值的有效数字，第三位数字表示 0 的个数，小数点用 R 表示，单位为μH。

3. 电感器的主要性能指标

1）标称电感量

标称电感量是反映电感线圈自感应能力的物理量。电感量的大小与线圈的形状、结构和材料有关。实际的电感量常用"mH"，"μH"作单位。换算方式是 $1H=1\times10^3\,mH=1\times10^6\,μH$。电感一般有直标法和色标法，色标法与电阻类似。例如，棕、黑、金、金表示 1 μH（误差 5%）的电感。电感量的大小主要取决于线圈的直径、匝数及有无铁磁心等。电感线圈的用途不同，所需的电感量也不同。如在高频电路中，线圈的电感量一般为 0.1 μH～10 mH。

2）品质因数

品质因数用来表示线圈损耗的大小，高频线圈的品质因数通常为 50～300。电感线圈中，存储能量与消耗能量的比值称为品质因数，也称 Q 值，具体表现为线圈的感抗（ωL）与线圈的损耗电阻（R）的比值 $Q=\omega L/R$。

为了提高线圈的品质因数，可以采用镀银铜线，以减小高频电阻；用多股的绝缘线代替具有同样总截面的单股线，以减小集肤效应；采用介质损耗小的高频瓷作为骨架，以减小介质的损耗。虽然采用磁心增加了其损耗，但可以大大减少线圈的匝数，从而减小导线的直流电阻，提高线圈的品质因数值。

3）固有电容

电感线圈的分布电容是指线圈的匝数之间形成的电容效应。线圈绕组的匝与匝之间存在着分布电容，多层绕组层与层之间，也都存在着分布电容。这些分布电容可以等效成一个与线圈并联的电容 C_0，实际上是由 L, R 和 C_0 组成的并联谐振电路。

4）额定电流

额定电流是指电感器正常工作时，允许通过的最大电流。若工作电流大于额定电流，则电感器会因发热而改变参数，严重时会烧毁。

4. 变压器的主要参数

1）变压比

一次电压与二次电压之比为变压比，简称变比。当变比大于 1 时，变压器称为降压变压器；当变比小于 1 时，变压器称为升压变压器。

2）效率

在额定负载下，变压器的输出功率与输入功率之比称为变压器的效率。变压器的效率与功率有关。一般功率越大，效率越高。

3）额定功率和额定频率

电源变压器的额定功率是指在规定的频率和电压下，变压器能长期工作而不超过规定温升时的输出功率。由于变压器的负载不是纯电阻性的，额定功率中会有部分无功功率，故常用 V·A 来表示变压器的容量。变压器铁心中的磁通密度与频率有关，因此变压器在设计时必须确定使用频率，这一频率称为额定频率。

4）额定电压

变压器工作时，一次绕组上允许施加的电压不应超过这个额定值。

5）电压调整率

用百分数表示变压器负载电压与空载电压差别的参数。

6）空载电流

当变压器二次绕组无负载时，一次绕组仍有一定的电流，这部分电流称为空截电流。

7）绝缘电阻

理想的变压器各绕组之间及线圈和铁心之间，在电气上应该是绝缘的。但是，由于材料和工艺的原因达不到理想的绝缘。绝缘电阻是施加试验电压与产生的漏电流之比。

8）温升

变压器的温升主要是指绕组的温升，因为它决定绝缘系统的寿命。温升是指变压器加电工作发热后，温度上升到稳定值时，比环境温度升高了多少。

9）漏电感

变压器一次绕组中的电流产生的磁通并不是完全通过二次绕组，不通过二次绕组的这部分磁通称为漏磁通。由漏磁通产生的电感称为漏电感，简称漏感。

5．电感器的简易测量

电感器的电感量一般可通过高频 Q 表或电感表进行测量。若不具备以上两种仪表，则可用万用表测量线圈的直流电阻来判断其好坏。

用万用表电阻挡测量电感器阻值的大小。若被测电感器的阻值为零，则说明电感器内部绕组有短路故障；但是有许多电感器的电阻值很小，只有零点几欧姆，最好用电感量测试仪器来测量；若被测电感器阻值为无穷大，则说明电感器的绕组或引出脚于绕组接点处发生了断路故障。

6．变压器的简易测试

1）绝缘性能测试

用万用表欧姆挡分别测量铁心与一次、一次与二次、铁心与二次、静电屏蔽层与一次和二次间的电阻值，应均为无穷大；否则，说明变压器绝缘性能不良。

2）测量绕组通断

用万用表分别测量变压器一次、二次各个绕阻间的电阻值。一般一次绕组的电阻值应为几十欧至几百欧，变压器功率越小，电阻值越小；二次绕组电阻值一般为几欧至几十欧。如果测量某一组的电阻值为无穷大，则该组有断路故障。

7.2 半导体分立元件

半导体分立元件主要有半导体二极管、三极管、单结管、可控硅等几种。

7.2.1 半导体二极管

半导体二极管也称晶体二极管，简称二极管。二极管具有单向导电性，可用在整流、检波、稳压及混频电路中。

1．二极管的分类

1）按材料分类

二极管按材料分类可分为锗管和硅管两大类。两者性能的区别在于：锗管正向压降比硅管小，锗管反向漏电流比硅管大，锗管 PN 结可以承受的温度比硅管低。

2）按用途分类

二极管按用途分可以分为普通二极管和特殊二极管。普通二极管包括检波二极管、整流二极管、开关二极管和稳压二极管；特殊二极管包括变容二极管、光电二极管和发光二极管。

常见的二极管如图 7-13 所示。

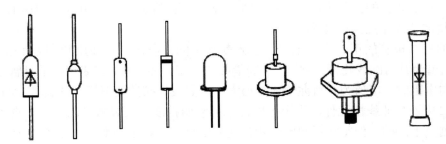

图 7-13　常见二极管

二极管的电路符号，如图 7-14 所示。

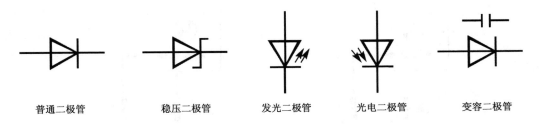

普通二极管　　　　稳压二极管　　　　发光二极管　　　　光电二极管　　　　变容二极管

图 7-14　二极管电路符号

2．二极管的主要参数及命名

1）最大整流电流 I_F

在正常工作情况下，二极管允许的最大正向平均电流称为最大整流电流 I_F。使用时，二极管的平均电流不能超过这个数值。

2）最高反向电压 U_{RM}

反向加在二极管两端，而不至于引起 PN 结击穿的最大电压称为最高反向电压 U_{RM}。工作电压仅为击穿电压的 1/2～1/3，工作电压的峰值不能超过 U_{RM}。

3）最高反向电流 I_{RM}

因载流子的漂移作用，二极管截止时仍有反向电流流过 PN 结。该电流受温度及反向电压的影响。I_{RM} 越高，二极管质量越好。

4）最高工作频率

最高工作频率指保证二极管单向导电作用的最高工作频率。若信号频率超过此值，则二极管的单向导电性变坏。

3. 二极管的简易测试

1）判断二极管的好坏

判断二极管的好坏常用的方法是测试二极管的正、反向电阻，然后加以判断。正向电阻越小越好，反向电阻越大越好，即二者相差越大越好。一般正向电阻阻值为几百欧或几百千欧，反向电阻阻值为几百兆欧或无穷大，这样的二极管是好的。如果正、反向电阻都为无穷大，则表示内部断线。如果正、反向电阻都为零，则表示 PN 结击穿或短路，说明二极管是坏的。如果正、反向电阻一样大，则这样的二极管也是坏的。

实际测量二极管的好坏，可用数字万用表的测二极管挡进行检测。锗二极管的正向导通压降为 0.3 V；硅二极管的正向导通压降为 0.7 V；发光二极管的正向导通压降一般在 1.7 V 左右。

2）判断二极管的正极和负极

通过测量二极管的正、反向电阻，能判断管子的正负极。当使用数字万用表测得正向电阻时（阻值为几百欧或几百千欧），红表笔接的是管子的正极，黑表笔接的是管子的负极。当测得反向电阻时（阻值为几百兆欧或无穷大），黑表笔接的是正极，红表笔接的是负极。

由于二极管是非线性元件，当用不同倍率的欧姆挡或不同灵敏度的万用表进行测试时，所得的数据是不同的，但是正反向电阻相差几百倍这一原则是不变的。如图 7-15 所示，用数字万用表进行二极管正、反向电阻的测量。

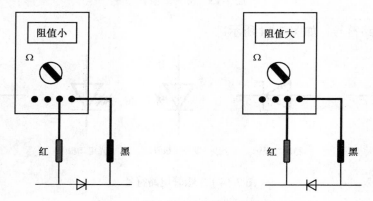

图 7-15　测电阻大小判断二极管极性

7.2.2　三极管

半导体三极管又称为晶体三极管，简称晶体管，或双极型晶体管。它是电子电路中的重要元件。它是由两个做在一起的 PN 结上相应的引出电极引线及封装组成。它具有结构牢固、寿命长、体积小、耗电省等优点，因此得到广泛使用。三极管最基本的特点是具有放大作用，用它可以组成高频、低频放大电路，振荡电路，广泛地应用在收音机、扩音机、录音机、电视机和其他各种半导体电路中。

1. 三极管的分类

1）按材料分类

三极管按材料可分为硅三极管、锗三极管。

2）按导电类型分类

三极管按导电类型可分为 PNP 型和 NPN 型。锗三极管多为 PNP 型，硅三极管多为 NPN 型。

3）按用途分类

按工作频率分为高频（$f_T > 3\ \mathrm{MHz}$）、低频（$f_T < 3\ \mathrm{MHz}$）和开关三极管。按功率又分为大功率（$P_C > 1\ \mathrm{W}$）、中功率（P_C 在 $0.5 \sim 1\ \mathrm{W}$）和小功率（$P_C < 0.5\ \mathrm{W}$）三极管。

常用三极管的外形如图 7-16 所示。

图 7-16　常用三极管外形

三极管电路符号，如图 7-17 所示。

PNP 型三极管　　　　NPN 型三极管

图 7-17　三极管电路符号

2．三极管的主要参数

1）共发射极电流放大倍数 h_{FE}

集电极电流 I_c 与基极电流 I_b 之比为共发射极电流放大倍数，即 $h_{FE} = I_c / I_b$。

2）集电极-发射极反向饱和电流 I_{ceo}

基极开路时，集电极与发射极之间加上规定的反向电压时的集电极电流，又称为穿透电流。它是衡量三极管热稳定性的一个重要参数，I_{ceo} 值越小，则三极管的抗热危害性越好。

3）集电极-基极反向饱和电流 I_{cbo}

发射极开路时，集电极与基极之间加上规定的电压时的集电极电流。良好的三极管的 I_{cbo} 应该很小。

4）共发射极交流电流放大系数 β

在共发射极电路中，集电极电流变化量 ΔI_c 与基极电流变化量 ΔI_b 之比为共发射极交流电流放大系数 β，即 $\beta = \Delta I_c / \Delta I_b$。

5）共发射极截止频率 f_β

共发射极截止频率指反向电流放大系数因频率增加而下降至低频放大系数的 0.707 时的频率。

6）特征频率 f_t

f_t 指 β 值因频率升高而下降至 1 时的频率。

7）集电极最大允许电流 I_{cm}

三极管参数变化不超过规定值时，集电极允许通过的最大电流。当三极管的实际工作电流大于 I_{cm} 时，三极管的性能将显著变差。

8）集电极-发射极反向击穿电压 BU_{ceo}

BU_{ceo} 为基极开路时，集电极与发射极间的反向击穿电压。

9）集电极最大允许功率损耗 P_{cm}

P_{cm}指集电结允许功耗的最大值，其大小决定于集电结的最高温度。

3. 三极管的检测

1）先判断基极及管子类型（PNP 型和 NPN 型）

测试时将数字万用表放在测电阻挡，用红表笔与任意管脚相接，黑表笔分别与另外两个管脚相接，测量其阻值。如果阻值均趋于无穷大，则应把红表笔所接的管脚调换一个，再用以上方法测试。如果测量有阻值，则红笔所接就是基极，而且确定三极管为 NPN 型。反之，若用黑表笔固定接触某一管脚而用红表笔分别与两个管脚相接，则当测得两者都有阻值时，为 PNP 型管子。黑表笔所接是基极。

2）判断集电极和发射极

以 NPN 型管为例，用数字万用表进行测量。把红表笔接到假设的集电极 c 上，黑表笔接到假设的发射极 e 上，并且用手握住 b 极和 c 极（b 极和 c 极不能直接接触），通过人体，相当于在 b,c 之间接入偏置电阻。读出万用表所示 c,e 间的电阻值，然后将红、黑表笔反接重测。若第一次电阻比第二次电阻小（第二次阻值接近于无穷大），说明原假设成立，即红表笔所接的是集电极 c，黑表笔接的是发射极 e。如图 7-18 所示，用数字万用表进行测量。

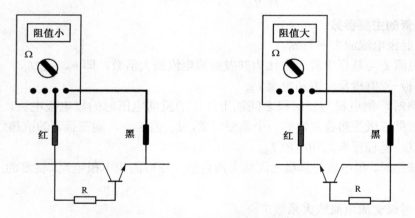

图 7-18　三极管集电极、发射极的判断方法

还可以用数字万用表测三极管放大倍数挡进行测量。将数字万用表置于测三极管放大倍数挡，被测三极管插入测量孔内，如果有放大倍数，则可清晰地判断三极管为何种类型。如果没有放大倍数，则说明被测三极管插入的位置不对，三极管的极性判断有误。

3）三极管性能简单测试

以 NPN 型为例，将基极 b 开路，测量 c,e 极间的电阻。数字万用表红表笔接发射机，黑表笔接集电极，若阻值较高趋于无穷大，则说明穿透电流较小，管子能正常工作；若 c,e 极间有阻值，则穿透电流大，受温度影响大，工作不稳定。在技术指标要求高的电路中，不能使用这种管子。若测得阻值近似为 0，则表明管子已被击穿。

在集电极 c 和基极 b 之间接入 100 kΩ 的电阻器 R_b，测量 R_b 接入前后两次发射极和基电极之间的电阻。万用表红表笔接发射极，黑表笔接集电极，电阻值相差越大，则说明直流放大系数越高。

7.3 集成电路

集成电路（IC）就是利用半导体工艺、厚膜工艺、薄膜工艺，将无源器件（电阻、电容、电感等）和有源器件（如二极管、三极管、场效应管等）按照设计要求连接起来，制作在同一片硅片上，成为具有特殊功能的电路。集成电路在体积、重量、耗电、寿命、可靠性、机电性能指标方面都远远优于晶体管分立元件组成的电路，因而几十年来，集成电路生产技术取得了迅速的发展，同时得到了非常广泛的应用。

1．集成电路的分类

集成电路从不同的角度有不同的分类方法。按照制造工艺的不同，可以分为半导体集成电路、厚膜集成电路、薄膜集成电路和混合集成电路；按功能和性质分，可分为数字集成电路、模拟集成电路和微波集成电路。

也可按集成规模划分，可分为小规模、中规模、大规模和超大规模集成电路等。集成度少于 10 个门电路或少于 100 个元件的，称为小规模集成电路；集成度在 10～100 个门电路之间，或者元件数在 100～1000 个之间的称为中规模集成电路；集成度在 100 个门电路以上或 1000 个元件以上，称为大规模集成电路；集成度达到 1 万个门电路或 10 万个元件的，称为超大规模集成电路。

2．集成电路引脚识别

集成电路引出脚排列顺序的标志一般有色点、凹槽、管键及封装时压出的圆形标志。对于双列直插集成板，引脚识别方法是将集成电路水平放置，引脚向下，标志朝左边，左下角为第一个引脚，然后按逆时针方向数，依次为 2,3,4 等。对于单列直插集成板，让引脚向下，标志朝左边，从左下角第一个引脚到最后一个引脚，依次为 1,2,3 等。如图7-19 所示。

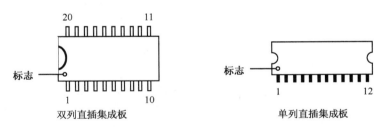

图 7-19　集成板引脚排列识别

3．集成电路的选用和使用注意事项

集成电路的种类五花八门，各种功能的集成电路应有尽有。在选用集成电路时，应根据实际情况，查器件手册，选用功能和参数都符合要求的集成电路。集成电路在使用时，应注意以下几个问题：

（1）集成电路在使用时，不许超过参数手册中规定的参数数值。

（2）集成电路插装时要注意引脚序号方向，不能插错。

（3）当扁平型集成电路外引出线成形、焊接时，引脚要与印制电路板平行，不得穿引扭焊，不得从根部弯折。

（4）当集成电路焊接时，不得使用大于 45 W 的电烙铁，每次焊接的时间不得超过 10 s，以免损坏电路或影响电路性能。集成电路引脚间距较小，在焊接时各焊点间的焊锡不能相连，以免造成短路。

（5）CMOS 集成电路是由金属氧化物半导体构成的非常薄的绝缘氧化膜，可由栅极的电压控制源和漏区之间构成导电通路。若加在栅极上的电压过大，栅极的绝缘氧化膜就容易被击穿。一旦发生了绝缘击穿，就不可能再恢复集成电路的性能。

CMOS 集成电路为了保护栅极的绝缘氧化膜免遭击穿，备有输入保护电路。但保护也有限，使用时如不小心，仍会引起绝缘击穿。因此，使用时应注意：焊接时采用漏电小的电烙铁，或焊接时暂时拔掉电烙铁电源；电路操作者的工作服、手套应由无静电的材料制成，工作台上要铺上导电的金属板，椅子、工夹器具和测量仪器等均应接到地电位，特别是电烙铁的外壳必须有良好的接地线；当要在印制电路板上插入或者拔出大规模集成电路时，一定要先切断电源；切勿用手触摸大规模集成电路的端子（引脚）；直流电源的接地端子一定要接地。另外，在存储 CMOS 集成电路时，必须将集成电路放在金属盒内或用金属箔包装起来。

第 8 章　印制电路板制作方法

印制电路板（Printed Circuit Board），简称印制板或 PCB 板，也称为印制线路板。它是由绝缘基板、连接导线和装配焊接电子元器件的焊盘组成的，可以实现电路中各个元器件的电气连接，代替复杂的布线，减小传统方式下的工作量，简化电子产品的装配、焊接、调试工作，缩小整机体积，降低产品成本，提高电子设备的质量和可靠性。它具有良好的产品一致性，有利于在生产过程中实现机械化和自动化。它可以使整块经过装配调试的印制电路板作为一个备件，便于整机产品的互换与维修。由于具有以上优点，印制电路板已经极其广泛地应用在电子产品的生产制造中。

随着电子产品的发展，尤其是电子计算机的出现，对印制板技术提出了高密度、高可靠、高精度、多层化的要求。从过去的单面板发展到双面板、多层板、挠性板，其精度、布线密度和可靠性不断提高。不断发展的印制电路板制作技术使电子产品设计和装配走向了标准化、规模化、机械化和自动化的时代。掌握印制电路板的基本设计方法和制作工艺，了解其生产过程是学习电子工艺技术的基本要求。

8.1　印制电路板基础

8.1.1　印制电路板分类

一般将印制电路板按印制电路的分布划分为以下三种。

1．单面印制电路板

仅在一面有导电图形的印制板称为单面印制电路板。厚度为 0.2～5.0 mm 的绝缘基板上一面覆有铜箔，另一面没有覆铜。通过印制和腐蚀的方法，在铜箔上形成印制电路，无覆铜一面放置元器件。因其只能在单面布线，所以设计难度较双面印制电路板和多层印制电路板的设计难度大。适用于一般要求的电子设备，如收音机、电视机等。

2．双面印制电路板

两面都有导电图形的印制板为双面印制电路板。在绝缘基板的两面均覆有铜箔，可在两面制成印制电路，它两面都可以布线，需要用金属化孔连通。由于双面印制电路的布线密度较高，所以能减小设备的体积。适用于一般要求的电子设备，如电子计算机、电子仪器、仪表等。

3．多层印制电路板

三层和三层以上导电图形和绝缘材料层压合成的印制板为多层印制电路板。在绝缘基板上制成三层以上印制电路的印制板称为多层印制电路板。它由几层较薄的单面板或双面板粘合而成，其厚度一般为 1.2～2.5 mm。为了把夹在绝缘基板中间的电路引出，多层印制板上安装元件的孔需要金属化，即在小孔内表面涂敷金属层，使之与夹在绝缘基板中间的印制电路接通。目前，应用较多的多层印制电路板为 4～6 层板，是用于高要求的电子设备，如嵌入式系统的设计等。

印制电路板还可以按基材的性质分为刚性印制板和挠性印制板两大类。刚性印制板具有一定的机械强度，用它装成的部件具有一定的抗弯能力，在使用时处于平展状态。一般电子设备中使用的都是刚性印制板。挠性印制板是以软层状塑料或其他软质绝缘材料为基材而制成的。它所制成的部件可以弯曲和伸缩，在使用时可根据安装要求将其弯曲。一般用于特殊场合，例如，某些数字万用表的显示屏是可以旋转的，其内部往往采用挠性印制板。

8.1.2 印制电路板板材

制造印制电路板的主要材料是覆铜箔板，将其经过粘接、热挤压工艺，使一定厚度的铜箔牢固地覆着在绝缘基板上。所用基板材料及厚度不同，铜箔与粘接剂也各有差异，制造出来的覆铜板在性能上就有很大差别。

常用覆铜箔板的种类根据覆铜箔板材料的不同可分为四种：酚醛纸质层压板（又称纸铜箔板）、环氧玻璃布层压板、聚四氟乙烯板、三氯氰胺树脂板。

覆铜箔板的选材是一个很重要的工作，选材恰当，既能保证整机质量，又不浪费成本；选材不当，要么白白增加成本，要么牺牲整机性能，因小失大，造成更大的浪费。特别在设计批量很大的印制板时，性能价格比是一个很实际而又很重要的问题。可根据产品的技术要求、工作环境要求、工作频率，根据整机给定的结构尺寸，以及根据性能价格比来选用。

8.1.3 印制电路板对外连接

印制电路板只是整机的一个组成部分，所以在印制电路板之间、印制电路板与板外元器件之间、印制电路板与设备面板之间，都需要电气连接。当然，这些连接引线的总数应尽量少，并根据整机结构选择连接方式，总的原则应该使连接可靠，安装、调试、维修方便，成本低廉。

1. 导线连接

这是一种操作简单、价格低廉且可靠性较高的连接方式，不需要任何接插件，只要用导线将印制板上的对外连接点与板外的元器件或其他部件直接焊牢即可。例如，收音机中的喇叭、电池盒等。这种方式的优点是成本低，可靠性高，可以避免因接触不良而造成的故障，缺点是维修不够方便。这种方式一般适用于对外引线较少的场合，如收录机、电视机、小型仪器等。采用导线焊接方式应该注意如下几点。

（1）线路板的对外焊点尽可能地引到整板的边缘，并按照统一尺寸排列，以利于焊接与维修，如图 8-1 所示。

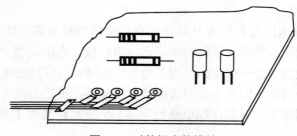

图 8-1　对外焊点的排放

（2）为提高导线连接的机械强度，避免因导线受到拉扯将焊盘或印制线条拽掉，应该在印制板上焊点的附近钻孔，让导线从线路板的焊接面穿过通孔，再从元件面插入焊盘孔进行焊接，如图 8-2 所示。

（3）将导线排列或捆扎整齐，通过线卡或其他紧固件将线与板固定，避免导线因移动而折断，如图 8-3 所示。

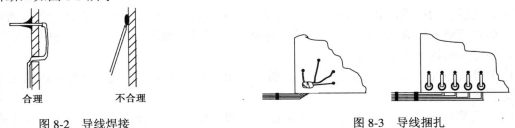

图 8-2　导线焊接　　　　　　　　　　图 8-3　导线捆扎

2. 插接件连接

在比较复杂的电子仪器设备中，为了安装调试方便，经常采用接插件连接方式。如计算机扩展槽与功能板的连接等。在一台大型设备中，常常有十几块甚至几十块印制电路板。当整机发生故障时，维修人员不必浪费时间检查到元器件级（追根溯源直至具体的元器件），只要判断是哪一块板不正常即可立即对其进行更换，以便在最短的时间内排除故障，这对于提高设备的利用率十分有效。

典型的有印制板插座和常用插接件，有很多种插接件可以用于印制电路板的对外连接。如插针式接插件、带状电缆接插件已经得到了广泛的应用。这种连接方式的优点是可保证批量产品的质量，调试、维修方便。缺点是因为接触点多，所以可靠性比较差。

8.2　印制电路板的设计

印制电路板的设计是根据印制电路板的设计要求，根据印制电路板的设计原则，将元器件合理地安装在印制电路板上。印制电路板设计通常有两种方法：一种是人工设计，另一种是计算机辅助设计。无论采取哪种方式，都必须符合印制电路板的设计要求和设计原则。

8.2.1　印制电路板设计要求

对于印制电路板的设计要求，通常要从正确性、可靠性、工艺性、经济性四个方面进行考虑。制板要求不同，加工复杂程度也就不同。因此，要根据产品的性质、所处的阶段（研制、试制、生产），相应地制定印制电路板的设计要求。

8.2.2　印制电路板设计原则

把电子元器件在一给定的印制板上合理地排版布局，是设计印制板的第一步。为使整机能够稳定可靠地工作，要对元器件及其连接在印制板上进行合理的排版布局。如果排版布局不合理，就有可能出现各种干扰，以至于合理的原理方案不能实现，或使整机技术指标下降。一般会根据以下设计原则：

1. 印制板的抗干扰设计原则

干扰现象在整机调试和工作中经常出现，产生的原因是多方面的，除外界因素造成干扰外，印制板布局布线不合理，元器件安装位置不当，屏蔽设计不完备等都可能造成干扰。

2. 元器件布局原则

把整个电路按照功能划分成若干个单元电路，按照电信号的流向，依次安排各个功能电路单元在板上的位置，其布局应便于信号流通，并使信号流向尽可能地保持一致。通常情况下，信号流向安排成从左到右（左输入、右输出）或从上到下（上输入、下输出）。除此之外，还应遵循以下几条原则。

（1）在保证电性能合理的原则下，元器件应相互平行或垂直排列，在整个板面上应分布均匀、疏密一致。

（2）元器件不要布满整个板面，注意板边四周要留有一定余量。余量的大小要根据印制板的面积和固定方式来确定，位于印制电路板边上的元器件，距离印制板的边缘至少应该大于 2 mm。电子仪器内的印制板四周，一般每边都留有 5～10 mm 空间。

（3）元器件的布设不能上下交叉。相邻的两个元器件之间要保持一定的间距。间距不得过小，避免相互碰接。如果相邻元器件的电位差较高，则应当保持安全距离，如图 8-4 所示。安全间隙一般不应小于 0.5 mm。一般环境中的间隙安全电压是 200 V/mm。

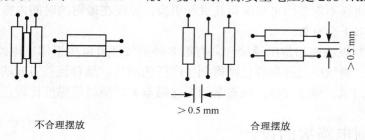

不合理摆放　　　　　　　　　　　　合理摆放

图 8-4 元件间安全间隙

（4）通常情况下，不论单面板还是双面板，所有元器件应该布设在印制板的一面，并且每个元器件的引出脚要单独占用一个焊盘。

（5）元器件的安装高度要尽量低，一般元件体和引线离开板面不要超过 5 mm，如图 8-5 所示，过高则承受振动和冲击的稳定性变差，容易倒伏或与相邻元器件碰接。

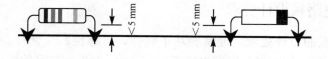

图 8-5 元件体和印制板之间距离

（6）根据印制板在整机中的安装位置及状态，确定元件的轴线方向。规则排列的元器件，应该使体积较大的元件的轴线方向在整机中处于竖立状态，可提高元器件在板上固定的稳定性。

（7）元件两端焊盘的跨距应该稍大于元件体的轴向尺寸，如图 8-6 所示。引线不要齐根弯折，弯脚时应该留出一定的距离（至少 2 mm），以免损坏元件。

（8）相邻电感元件放置的位置应相互垂直，在高频电路中决不能平行（两耦合电感除外），以防电磁耦合，影响电路的正常工作。

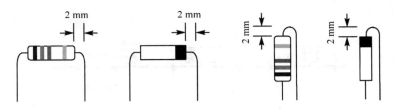

图 8-6　元器件引脚弯曲

3. 印制电路板布线原则

印制导线的形状除了要考虑机械因素、电气因素外，还要考虑美观大方，所以在设计印制导线的图形时，应遵循以下原则：

（1）同一印制板的导线宽度（除电源线和地线外）最好一致。

（2）印制导线应走向平直，不应有急剧的弯曲和出现尖角，所有弯曲与过渡部分均用圆弧连接。

（3）印制导线应尽可能避免有分支，若必须有分支，分支处应圆滑。

（4）印制导线应避免长距离平行，对双面布设的印制线不能平行，应交叉布设。

（5）如果印制板面需要有大面积的铜箔，如电路中的接地部分，则整个区域应镂空成栅状，这样在浸焊时能迅速加热，并保证镀锡均匀。此外，还能防止板受热变形，防止铜箔翘起和剥落。

（6）当导线宽度超过 3 mm 时，最好在导线中间开槽成两根并联线。

（7）印制导线由于自身可能承受附加的机械应力，以及局部高电压引起的放电现象，因此，尽可能地避免出现尖角或锐角拐弯。一般情况下，优先选用的和避免采用的印制导线形状，如图 8-7 所示。

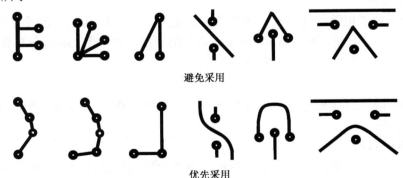

图 8-7　印制导线形状

8.2.3　印制电路板元器件装配

1. 安装固定方式

一般元器件在印制板上的安装固定方式有卧式和立式两种，如图 8-8 所示。

1）立式安装

元器件占用面积小，适用于要求元件排列紧凑的印制板。立式安装的优点是节省印制板的面积；缺点是易倒伏，易造成元器件间的碰撞，抗振能力差，从而降低整机的可靠性。

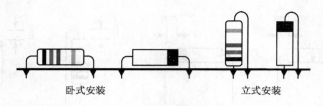

卧式安装　　　　　　　　　　　　立式安装

图 8-8　元器件安装固定方式

2）卧式安装

与立式安装相比，具有机械稳定性好、版面排列整齐、抗振性好、安装维修方便及利于布设印制导线等优点。缺点是占用印制板的面积较立式安装大。

2．元器件的排列格式

元器件的排列格式分为不规则和规则两种，如图 8-9 所示。这两种方式在印制板上可单独使用，也可同时使用。

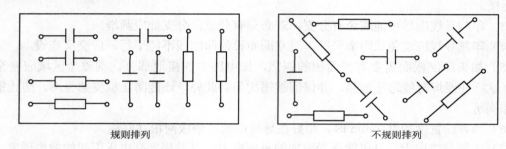

规则排列　　　　　　　　　　　　　　不规则排列

图 8-9　元器件排列格式

1）不规则排列

特别适合于高频电路。元器件的轴线方向彼此不一致，排列顺序也没有规律。这使得印制导线的布设十分方便，可以缩短、减少元器件的连线，大大降低版面印制导线的总长度。对改善电路板的分布参数、抑制干扰很有好处。

2）规则排列

元器件的轴线方向排列一致，版面美观整齐，装配、焊接、调试、维修方便，被多数非高频电路所采用。

3．元器件的布局

根据元器件的布局原则，也就是印制电路板设计原则中的按对元件的排版位置要求原则，合理地进行元器件在覆铜箔板上的布局。在印制板的排版设计中，元器件布设的成功与否决定了板面的整齐美观程度和印制导线的长短与数量，对整机的可靠性也有一定的影响。

4．印制电路板布线

印制导线的宽度主要由铜箔与绝缘基板之间的粘附强度和流过导体的电流强度来决定。一般情况下，印制导线应尽可能宽一些，这有利于承受电流和方便制造。导线间距等于导线宽度，但不小于 1 mm，否则浸焊就有困难。对于小型设备，最小导线间距不小于 0.4 mm。导线间距与焊接工艺有关，采用浸焊或波峰焊时，间距要大一些，手工焊间距可小一些。

5. 焊盘与过孔设计

元器件在印制板上的固定，是靠引线焊接在焊盘上实现的。过孔的作用是连接不同层面的电气连线。

1）焊盘的尺寸

焊盘的尺寸与引线孔、最小孔环宽度等因素有关。应尽量增大焊盘的尺寸，但同时还要考虑布线密度。为了保证焊盘与基板连接的可靠性，引线孔钻在焊盘的中心，孔径应比所焊接元件引线的直径略大一些。元器件引线孔的直径优先采用 0.5 mm、0.8 mm 和 1.2 mm 等尺寸。焊盘圆环宽度在 0.5～1.0 mm 的范围内选用。一般对于双列直插式集成电路的焊盘直径尺寸为 1.5～1.6 mm，相邻的焊盘之间可穿过 0.3～0.4 mm 宽的印制导线。一般焊盘的环宽不小于 0.3 mm，焊盘直径不小于 1.3 mm。实际焊盘的大小选用表 8-1 推荐的参数。

表 8-1　焊盘直径与引线孔径对照

焊盘直径　/mm	2	2.5	3.0	3.5	4.0
引线孔径　/mm	0.5	0.8/1.0	1.2	1.5	2.0

2）焊盘的形状

根据不同的要求选择不同形状的焊盘。常见的焊盘形状有圆形、方型、椭圆型、岛型和异型等，如图 8-10 所示。

图 8-10　焊盘形状

圆形焊盘：外径一般为 2～3 倍孔径，孔径大于引线 0.2～0.3 mm。

岛型焊盘：焊盘与焊盘间连线合为一体，犹如水上小岛，故称岛型焊盘。常用于元器件的不规则排列中，其有利于元器件密集固定，并可大量缩短印制导线的长度和减少其数量。所以，多用在高频电路中。

其他形式的焊盘都是为了使印制导线从相邻焊盘间经过，而将圆形焊盘变形所制。使用时要根据实际情况灵活运用。

3）过孔的选择

孔径尽量小到 0.2 mm 以下为好，这样可以提高金属化过孔两面焊盘的连接质量。

8.3　印制电路板手工制作

印制电路板从单面板、双面板发展到多层板，线条越来越细，密度越来越高，制造厂家的工艺和设备也不断提高和改进，不少厂家都能制造在 0.2～0.3 mm 以下的高密度印制板。因目前印制板应用最广、批量最大的还是单双面板，故这里重点介绍单双面的制造工艺。

印制电路板设计也称为印制电路板排版设计，在设计中要考虑的最重要的因素是可靠性、良好的性能，以及可维护性。这些因素并非印制电路本身所固有的，而是通过合理的印制电路板设计、正确地选择制作材料和采用先进的制造技术，使整个系统具有这些性能。

8.3.1 印制板手工制作基本工序

印制板的制造工艺发展很快，新设备、新工艺相继出现，不同的印制板工艺也有所不同，但不管设备如何更新，产品如何换代，生产流程中的基本工艺环节是相同的。印制电路板图的绘制与校验、图形转移、板腐蚀、孔金属化，以及喷涂助焊剂、阻焊剂等环节都是必不可少的。

1. 设计准备

在设计印制板时，首先应把具体的电路确定下来，确定的原则是：在具有同种功能的典型电路中，选择简单的、性能优良的电路；其次是选择适合需要的电路。若没有合适的电路可选择，也可以自己画出电路原理图。进入设计阶段时，我们认为整机结构、电路原理、主要元器件及部件、印制电路板外形及分板、印制板对外连接等内容已基本确定。

2. 绘制外形结构草图

印制板草图就是绘制在坐标图纸上的印制板图，一般用铅笔绘制，便于绘制过程中随时调整和涂改。它是印制电路板 PCB 图的依据，是产品设计中的正规资料。草图要求将印制板的外形尺寸、安装结构、焊盘焊孔位置、导线走向均按一定比例绘制出来。

3. 印制电路板 PCB 图

可借用计算机进行辅助设计。以前面绘制的草图为依据设计电路原理图，再生成网络表，导入网络表设计 PCB 图。详见第 10 章。根据 PCB 图，我们进行图形转移，也就是把印制电路图形转移到覆铜板上，从而在铜箔表面形成耐酸性的保护层。具体有如下几种方法。丝网漏印法、直接感光法和光敏干膜法。

4. 腐蚀

腐蚀也称蚀刻，是制造印制电路板必不可少的重要工艺步骤。它利用化学方法去除板上不需要的铜箔，留下焊盘、印制导线及符号等。常用的蚀刻溶液有三氯化铁、酸性氯化铜、碱性氯化铜、硫酸-过氧化氢等。

5. 孔金属化

孔金属化是双面板和多层板的孔与孔间、孔与导线间导通的最可靠方法，是印制板质量好坏的关键，它采用将铜沉积在贯通两面导线或焊盘的孔壁上，使原来非金属的孔壁金属化。

孔金属化过程中需经过的环节有钻孔、孔壁处理、化学沉铜和电镀铜加厚。孔壁处理的目的是使孔壁上沉淀一层作为化学沉铜的结晶核心的催化剂金属。化学沉铜的目的是使印制板表面和孔壁产生一薄层附着力差的导电铜层。最后的电镀铜使孔壁加厚并附着牢固。

6. 涂助焊剂与阻焊剂

印制板经孔金属化后，根据不同的需要可进行助焊和阻焊处理。

8.3.2 印制电路板手工制作过程

1. 单面印制电路板手工制作工艺

制作印制电路板就是在覆铜板的铜箔上把需要的部分留下来，把不需要的地方腐蚀掉，剩下的就是我们要的电路了。电路板手工制作方法称为热转印法，在电路板计算机辅助设计的基础上进行，根据已设计好的 PCB 图，经过打印、选材、下料、清洁板面、图形转印、腐蚀、清水冲洗、除去保护层、修板、钻孔、涂助焊剂等一系列操作过程，最终完成电路板的手工制作。

1）设计 PCB 图

采用计算机辅助设计，可选用 Protel 制图软件或其他制图软件设计好 PCB 图，如图 8-11 所示。

2）打印 PCB 图

把设计好的 PCB 图通过激光打印机按照 1:1 比例打印到转印纸上，如图 8-12 所示。

图 8-11　设计 PCB 图

图 8-12　打印 PCB 图

3）选材及下料

根据电路的电气功能和使用的环境条件选取合适的印制板材质，选好一块大小合适的覆铜板，用细砂纸打磨，去掉氧化层。按实际设计尺寸剪裁覆铜板，并用平板锉刀或砂布将四周打磨平整，光滑去除毛刺，如图 8-13 所示。

4）清洁板面

先将准备加工的覆铜板的铜箔面用水磨砂纸打磨光亮，然后加水清洁，用布将板面擦亮，最后再用干布擦干，如图 8-14 所示。

图 8-13　选材及下料

图 8-14　清洁板面

5）固定图纸和面板

将打印好的 PCB 图剪下来，固定图纸和准备好的覆铜板，可以选用耐高温胶带等物固定，如图 8-15 所示。

6）图形转印

把固定好的图和板放入已经预热结束的转印机中，温度调至 150～200℃，板在下，图在上放好，通过上下滚轮的加热和挤压，使转印纸上的碳墨粉完全吸附在覆铜板的铜箔上，如图 8-16 所示。

图 8-15　固定图纸和面板

图 8-16　图形转印

7）揭去转印纸

经过转印机来回压几次后，取出固定在一起的转印纸和覆铜板，揭去转印纸，电路图就留在覆铜板上。如果线路不清晰或遗漏，则用修改笔将其补充完整，如图 8-17 所示。

8）腐蚀

将处理好的覆铜板放入盛有三氯化铁腐蚀液的腐蚀桶中进行腐蚀。待板面上裸露的铜箔全部腐蚀掉后，立即将覆铜板从腐蚀液中取出，如图 8-18 所示。

图 8-17　揭去转印纸

图 8-18　腐蚀

9）清水冲洗

用清水冲洗腐蚀好的覆铜板，并用干净的抹布将其擦干，如图 8-19 所示。

10）除去保护层及修板

用砂纸将腐蚀好的覆铜板打磨干净，露出了闪亮的铜箔，并再一次与原图对照，使导电条边缘平滑、无毛刺，焊点圆润。选用刻刀修整导电条的边缘和焊盘，如图 8-20 所示。

图 8-19　清水冲洗

图 8-20　除去保护层及修板

11）钻孔

用自动打孔机或高速钻床进行打孔。孔一定要钻在焊盘的中心且垂直板面。保证钻出的孔光洁、无毛刺，如图 8-21 所示。

12）涂助焊剂

将钻好孔的电路板放入 5%～10%稀硫酸溶液中浸泡 3～5 分钟。取出后用清水冲洗，然后将铜箔表面擦至光洁明亮为止。最后，将电路板烘烤至烫手时即可喷涂或刷涂助焊剂，助焊剂选用松香酒精溶液，待助焊剂干燥后，就可得到所需的印制电路电路板，如图 8-22 所示。

图 8-21　钻孔

图 8-22　涂助焊剂

2．双面印制电路板简易制作工艺

双面板与单面板的主要区别在于增加了孔金属化工艺，即实现两面印制电路的电气连接。同单面印制电路板简易制作相比，在面板清洁之后就要进行钻孔、化学沉铜、擦去沉铜、电镀铜加厚、堵孔，然后才进入图形转移等操作。

3．多层印制电路板简易制作工艺

多层印制电路板是由交替的导电图形层及绝缘材料层压粘合而成的一块印制电路板。导电图形的层数在两层以上，层间电气互连是通过金属化孔实现的。多层印制板一般用环氧玻璃布层压板，是印制板中的高科技产品，其生产技术是印制板工业中最有影响和最具生命力的技术，它广泛使用于军用电子设备中。

第9章 电子电路调试与实例

9.1 电子电路调试方法

9.1.1 电子电路调试概述

在众多电子产品中，由于其包含的各元器件性能参数具有很大的离散性，电路设计中的近似性，再加上生产过程中的不确定性，使得装配完成的产品在性能方面有较大的差异，通常达不到设计规定的功能和性能指标，这就是整机装配完毕后必须进行调试的原因。

电子电路调试技术包括调整和测试两部分。调整主要是对电路参数的调整，如对电阻、电容和电感等，以及机械部分进行调整，使电路达到预定的功能和性能要求；测试主要是对电路的各项技术指标和功能进行测量与试验，并与设计的性能指标进行比较，以确定电路是否合格。电路测试是电路调整的依据，又是检验结论的判断依据。实际上，电子产品的调整和测试是同时进行的，要经过反复的调整和测试，产品的性能才能达到预期的目标。

9.1.2 常用调试仪器

在电子电路调试过程中一般会用到以下几种仪器：

1．万用表

万用表可以测量交直流电压、交直流电流、电阻值，还常用于判断二极管、稳压管、晶体管和电容的好坏与引脚。

2．稳压电源

稳压电源可以输出稳定的直流电压，通常用它给收音机提供稳定的 3 V 直流电压。

3．信号发生器

信号发生器可在调试过程中提供所需的波形信号，如正弦波、三角波、方波及单脉冲波调制信号等，以测试电路的工作情况。

4．示波器

示波器是调试中不可缺少的仪器。用于观察与测量电路各点波形幅度、宽度、频率及相位等动态参数。示波器的主要特点是灵敏度高，交流输入阻抗高，但测量精度一般较低。在电子电路调试中，最好选用双踪示波器，便于对两个信号波形和相位进行比较。所选用示波器的频带必须大于被测信号的频率，否则，被观察的波形会严重失真。

9.1.3 调试方法

电子电路调试方法有两种：分块调试和整体调试。

1．分块调试

分块调试是把总体电路按功能分成若干个模块，对每个模块分别进行调试。模块的调试顺序最好是按信号的流向，一块一块地进行，逐步扩大调试范围，最后完成总调。

实施分块调试法有两种方式，一种是边安装边调试，即按信号流向组装一模块就调试一模块，然后再继续组装其他模块。另一种是总体电路一次组装完毕后，再分块调试。

用分块调试法调试，问题出现的范围小，可及时发现，易于解决。所以，此种方法适于新设计电路和课程设计。

2. 整体调试

此种方法是把整个电路组装完毕后，实行一次性总调。它只适于不进行分块调试定型产品或某些需要相互配合、不能分块调试的产品。

不论是分块调试，还是整体调试，调试的内容应包括静态与动态调试两部分。静态调试一般是指在没有外加输入信号的条件下，测试电路各点的电位，比如，测试模拟电路的静态工作点、数字电路各输入和输出的高低电平和逻辑关系等。动态调试包括调试信号幅值、波形、相位关系、频率、放大倍数及时序逻辑关系等。

值得指出的是，如果一个电路中包括模拟电路、数字电路和微机系统等三个部分，由于它们对输入信号的要求各不相同，故一般不允许直接联调和总调，而应分三部分分别进行调试后，再进行整机联调。

9.1.4 调试步骤

不论采用分块调试，还是整体调试，通常电子电路的调试步骤如下：

1. 检查电路

任何组装好的电子电路，在通电调试之前，必须认真检查电路连线是否有错误。对照电路图，按一定的顺序逐级对应检查。

特别要注意检查电源是否接错，电源与地是否有短路，二极管方向和电解电容的极性是否接反，集成电路和晶体管的引脚是否接错，轻轻拔一拔元器件，观察焊点是否牢固，等等。

2. 通电观察

一定要调试好所需要的电源电压数值，并确定电路板电源端无短路现象后，才能给电路接通电源。电源一经接通，不要急于用仪器观测波形和数据，而是要观察是否有异常现象，如冒烟、异常气味、放电的声光、元器件发烫等。如果有，不要惊慌失措，而应立即关断电源，待排除故障后方可重新接通电源。然后，再测量每个集成块的电源引脚电压是否正常，以确信集成电路是否已通电工作。

3. 静态调试

先不加输入信号，测量各级直流工作电压和电流是否正常。直流电压的测试非常方便，可直接测量。而电流的测量就不太方便，通常采用两种方法来测量。若电路在印制电路板上留有测试用的中断点，可串入电流表直接测量出电流的数值，然后再用焊锡连接好。若没有测试孔，则可测量直流电压，再根据电阻值大小计算出直流电流。一般对晶体管和集成电路进行静态工作点调试。

4. 动态调试

加上输入信号，观测电路输出信号是否符合要求。也就是调整电路的交流通路元件，如电容、电感等，使电路相关点的交流信号的波形、幅度、频率等参数达到设计要求。若输入信号为周期性的变化信号，可用示波器观测输出信号。当采用分块调试时，除输入级采用外加输入信号外，其他各级的输入信号应采用前输出信号。对于模拟电路，观测输出波形是否符合要求。对于数字电路，观测输出信号波形、幅值、脉冲宽度、相位及动态逻辑关系是否符合要求。在数字电路调试中，常常希望让电路状态发生一次性变化，而不是周期性的变化。因此，输入信号应为单阶跃信号（又称开关信号），用以观察电路状态变化的逻辑关系。

5．指标测试

电子电路经静态和动态调试正常之后，便可对课题要求的技术指标进行测量。测试并记录测试数据，对测试数据进行分析，最后作出测试结论，以确定电路的技术指标是否符合设计要求。如有不符，则应仔细检查问题所在，一般是对某些元件参数加以调整和改变。若仍达不到要求，则应对某部分电路进行修改，甚至要对整个电路重新加以修改。因此，要求在设计的全过程中，要认真、细致，考虑问题要更周全。尽管如此，出现局部返工也是难免的。

9.1.5　故障排除

在电子电路调试过程中会遇到调试失败，出现电路故障的情况。可以通过观察对电路故障进行查找。通常有不通电和通电两种观察方式。对于新安装的电路，一般先进行不通电观察，主要借助万用表检查元器件、连线和接触不良等情况。若未发现问题，则可通电检查电路有无打火、冒烟、元器件过热、焦臭味等现象，此时注意力一定要集中，一旦发现异常现象，应马上关断电源并记住故障点，并对故障进行及时排除。常用的故障排除方法如下：

1．直观检查法

这是一种只靠检修人员的直观感觉，不用有关仪器来发现故障的方法。如观察元器件和连线有无脱焊、短路、烧焦等现象；触摸元器件是否发烫；调节开关、旋钮，看是否能够正常使用等。

2．参数测量法

用万用表检测电路的各级直流电压、电流值，并与正常理论值（图纸上的标定值或正常产品工作时的实测值）进行比较，从而发现故障。这是检修时最有效可行的一种方法。如测整机电流，若电流过大，则说明有短路性故障；反之，则说明有开路性故障。进一步测各部分单元电压或电源可查出哪一级电路不正常，从而找到故障的部位。

3．电阻测量法

这种方法是在切断电源后，再用万用表的欧姆挡测电路某两点间的电阻，从而检查出电路的通断。如检查开关触点是否接触良好、线圈内部是否断路、电容是否漏电、管子是否击穿等。

4．信号寻迹法

信号寻迹法常用于检查放大级电路。用信号发生器对被检查电路输入一频率、幅度合适的信号，用示波器从前往后逐级观测各级信号波形是否正常或有无波形输出，从而发现故障的部位。

5．替代法

通过以上分析故障的现象，用好的元器件替代被怀疑有问题的元器件来发现并排除故障。若故障消失，则说明被怀疑的元器件的确坏了，同时故障也排除了。

6．短接旁路法

短路旁路法适用于检查交流信号传输过程中的电路故障，若短接后电路正常了，则说明故障在中间连线或插接环节。主要用于检查自激振荡及各种杂音的故障现象。将一电容（中高频部分用小电容，低频部分用大电容）一端接地，一端由后向前逐级并接到各测试点，使该点对地交流短路。若测到那一点时，故障消失，则说明故障部位就在这一点的前一级电路。

7．电路分割法

有时，一个故障现象牵连电路较多而难以找到故障点。这时，可把有牵连的各部分电路逐步分割，缩小故障的检查范围，逐步逼近故障点。

9.2 HX108—2 AM 收音机安装调试实例

9.2.1 无线电广播概述

1．声音

声音是由物体的机械振动产生的，能发声的物体称为声源。声源振动的频率有高、有低，这里所说的频率指的是声源每秒振动的次数。人耳能听到的声音频率范围为 20 Hz～20 kHz，通常把这一范围的频率，称为音频，有时也称为声频。

在声波传播的过程中，由于空气的阻尼作用，声音的大小将随着传播距离的增大而减小，所以声音不能直接向很远的地方传送。声音可以通过无线和有线广播的方式进行传送。

2．电磁波

通过物理学的电磁现象可以知道，在通入交流变化电流的导体周围会产生交流变化的磁场，交流变化的磁场在其周围又会感应出交流变化的电场，交流变化的电场又在其周围产生交流变化的磁场，这种变化的磁场与变化的电场不断交替产生，并不断向周围空间传播，就形成了电磁波。

常见的可见光、看不见的红外线、远红外线、紫外线、各种射线及无线电波都是频率不同的电磁波。

3．无线电波

无线电波只是电磁波中的一小部分，但频率范围很宽。不同频率的无线电波的特性是不同的。无线电波按其频率（或波长）的不同可划分为若干个波段，一般把分米波和米波合称为超短波，把波长小于 30 cm 的分米波和厘米波合称为微波。无线电波按波长不同分成长波、中波、短波、超短波等。不同的波段有不同的用途。例如，长波 10～100 kHz 专门用做超远程无线电通信和导航，中波段的 150～415 kHz（波长 2000～723 m）和 550～1500 kHz（波长 545～200 m）规定专门用做中波广播，短波范围在 6 MHz 到 30 MHz 专门用做业余通信，超过 60 MHz 的超短波专门用做电视广播。

4．无线电广播基本原理

无线电广播所传递的信息是语言和音乐。语言和音乐的频率很低，在音频范围之内。实际上，天线能够有效地将信号辐射出去，要求其长度与信号的波长成一定的关系为 $L=\lambda/4$，$\lambda/2$，λ。低频无线电波如果直接向外发射，需要足够长的天线，而且能量损耗也很大。例如，对于 1000 Hz 的语音信号，如果用 $\lambda/4$ 天线直接辐射，相应的天线尺寸应为 75 km。因此，实际上音频信号是不能直接由天线来发射的。所以，无线电广播要借助高频电磁波才能把低频信号携带到空间中去。无线电广播利用高频的无线电波作为"运输工具"，首先把所需传送的音频信号"装载"到高频信号上，然后再由发射天线发送出去。

为了有效地实现音频信号的无线传送，在发射端需要将信号"装载"在载波上。在接收端，需要将信号从载波上"卸载"下来。这一过程称为调制与解调。能够携带低频信号的等幅高频电磁波称为载波。载波的频率称为载频。例如，中央人民广播电台"中国之声"频率是 639 kHz，这个频率指的就是载频。

简单地说，把音频信号"装载"到高频载波信号上去的过程，就是调制。根据音频信号调制高频载波信号参数的不同，调制方式有三种：调幅（AM）、调频（FM）和调相（PM）。调幅信号、调频信号和调相信号统称为已调制信号，简称已调信号。

调幅信号是用高频载波信号的幅值来装载音频信号（调制信号），即用音频信号来调制高频载波信号的幅值，从而使原为等幅的高频载波信号幅度随着调制信号的幅度而变化，如图 9-1(a)所示。幅值被音频信号调制过的高频载波信号称为已调幅信号，简称调幅信号。

调频信号是用高频载波信号的频率来装载音频信号（调制信号），即用音频信号来调制高频载波信号的频率，从而使原为等幅的高频载波信号频率随着调制信号的幅度而变化，如图 9-1(b)所示。频率被音频信号调制过的高频载波信号称为已调频信号，简称调频信号。

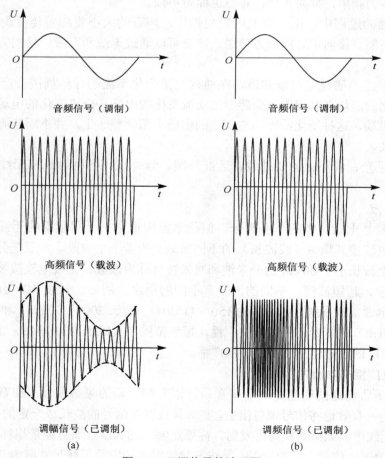

图 9-1　已调信号的波形图

从调幅和调频广播的频率范围可以看出，调幅广播所用的波长较长，其特点是传播距离远，覆盖面积大，接收机的电路也比较简单，价格便宜。缺点是所能传输的音频频带较窄，音质较差，从而不宜传输高质量的音乐节目，并且其抗干扰能力较差。而调频广播所能传输的音频频带较宽，宜于传输高保真的音乐节目，并且它的抗干扰能力较强。但由于调频广播工作于超短波波段，其缺点是传播距离短，覆盖范围小，且易于被高大建筑物等所阻挡。人们正是利用了这一点，不同地区或城市可使用同一或相近的频率，而不致引起相互干扰，提高了频率利用率。

5．无线电广播工作过程

在无线电广播的发射过程中，声音信号经传声器转换为音频信号，并送入音频放大器，音频信号在音频放大器中得到放大，被放大后的音频信号作为调制信号被送入调制器。高频振荡器产生等幅的高频信号，高频信号作为载波也被送入调制器。在调制器中，调制信号对载波进行幅度（或频率）调制，形成调幅波（或调频波），调幅波和调频波统称为已调波。已调波再被送入高频功率放大器，经高频功率放大器放大后送入发射天线，向空间发射出去。

接收机作为无线电广播的接收终端，其基本工作过程就是无线电广播发射的逆过程。接收机的基本任务是将空间传来的无线电波接收下来，并把它还原成原来的声音信号。接收机通过调谐回路，选择出所需要的电台信号，由检波器从已调制的高频信号中还原出低频信号。还原低频信号的过程称为检波（调幅）（调频为鉴频），或者称为解调。解调是调制的反过程。由检波器或鉴频器还原出来的低频信号，经过音频放大器放大，最后由扬声器还原出声音。

无线电广播的传输过程如图 9-2 所示。

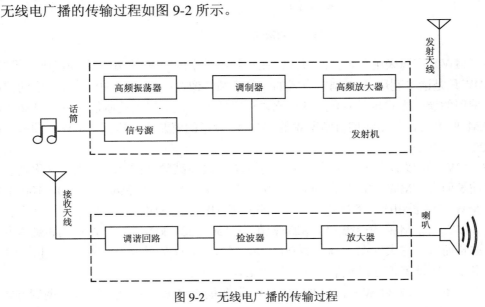

图 9-2　无线电广播的传输过程

9.2.2　收音机概述

收音机作为无线电广播接收终端机，它的基本功能有三大任务：选台、解调和还原声音。天线的任务是把空中的无线电波转变成高频电信号，由谐振回路进行选台，然后由解调电路把音频信号从载波上卸载下来（对调幅称为检波，对调频称为鉴频），音频信号推动喇叭，最后由喇叭还原出声音信号。

1．收音机种类

收音机种类较多。按电子器件划分，有电子管收音机、半导体收音机、集成电路收音机等。按电路特点划分，有直接放大式收音机、超外差式收音机、调频立体声收音机等。按波段划分，有中波收音机、中短波收音机、长中短波收音机等。按调制方式划分，有调幅收音机（AM）、调频收音机（FM）、AM/FM 调幅调频收音机。

2．收音机原理

目前使用的基本上都是超外差式收音机。在检波之前，先进行变频和中频放大，然后检波，音频信号经过低频放大送到扬声器。所谓外差，是指天线输入信号和本机振荡信号产生一个固定中频信号的过程。由于超外差收音机有中频放大器，对固定中频信号进行放大，所以该收音机的灵敏度和选择性可大大提高。但同时，也附带产生中频干扰和镜像干扰。

1）调幅收音机

用来接收调幅制广播节目。其解调过程是用检波器对已调幅高频信号进行解调，电路结构如图 9-3 所示。调幅收音机一般工作在中波、短波或长波波段。

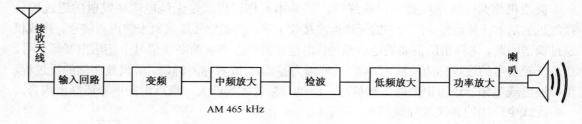

图 9-3　调幅收音机原理框图

中波（MW）广播采用了调幅的方式，在不知不觉中，MW 及 AM 之间就画上了等号。实际上 MW 只是诸多利用 AM 调制方式的一种广播，像在高频（3～30 MHz）中的国际短波广播所使用的调制方式也是 AM，甚至比调频广播更高频率的飞航通信（116～136 MHz）也采用 AM 的方式，只是我们日常所说的 AM 波段指的就是中波广播（MW）频率，范围大约在 520～1600 kHz。

短波（SW）可以说是一种昵称，正确的说法应该是高频（HF）。短波这名称是怎么来的呢？以波长而言，MW 的波长在 200～600 千米之间，而 HF 的波长却在 10～100 千米之间，这与 MW 的波长相比较的确短了些，因此就把 HF 称为 SW。

长波（LW）比 MW 频率更低，频率范围在 150～284 kHz，这一段频谱也是作为广播用的。以波长而言，它大约在 1000～2000 千米之间，与 MW 的 200～600 千米相比较，显然"长"多了，因此就把这段频谱的广播称为 LW。

实际上，不论长波（LW）、中波（MW）或者短波（SW）都是采用 AM 调制方式的。

2）调频收音机

用来接收调频制广播节目。其解调过程是用鉴频器对已调频高频信号进行解调。调频信号在传输过程中，由于各种干扰，使振幅产生起伏，为了消除干扰的影响，在鉴频器前，常用限幅器进行限幅，使调频信号恢复成等幅状态，电路结构见图 9-4。调频收音机一般工作在超短波波段，其抗干扰能力强、噪声小、音频频带宽，音质比调幅收音机好。高保真收音机和立体声收音机都是调频收音机。调频波段都在超高频（VHF）波段。

图 9-4 调频收音机原理框图

我们习惯上用 FM 来指一般的调频广播（76～108 MHz，在台湾地区为 88～108 MHz、在日本为 76～90 MHz）。事实上，FM 也是一种调制方式，就在短波范围内的 28～30 MHz 之间，作为业余、太空、人造卫星通信应用，也采用调频（FM）方式。

对于一般收（录）音机而言，FM、MW、LW 波段提供收听国内广播之用，但台湾地区目前尚没有 LW 电台的设立，而 SW 波段则主要用于收听国际广播。

9.2.3 实习目的和要求

1. 目的

通过对 HX108—2 AM 正规产品收音机的安装、焊接、调试，了解电子产品的装配全过程，训练动手能力，掌握元器件的识别、简易测试，及整机调试、装配工艺。

2. 要求

（1）对照原理图讲述整机工作原理；

（2）对照原理图看懂装配接线图；

（3）了解图上符号，并与实物对照；

（4）根据技术指标测试各元器件的主要参数；

（5）认真细致地安装焊接，排除安装焊接过程中出现的故障。

9.2.4 工作原理

HX108—2 AM 收音机为七管中波调幅袖珍式半导体收音机，采用全硅管标准二级中放电路，用两支二极管正向压降稳压电路，稳定从变频、中频到低放的工作电压，不会因为电池电压降低而影响接收灵敏度，使收音机仍能正常工作。图 9-5 为 HX108—2 AM 收音机的工作方框图。

1. 工作方框图

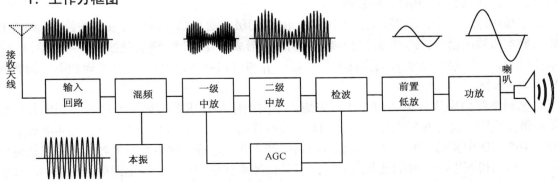

图 9-5 调幅收音机工作方框图

2. 工作原理

超外差收音机的主要工作特点采用了"变频"措施。输入回路从天线接收到的信号中选出某电台的信号后,送入变频级,将高频已调制信号的载频降低成一个固定的中频(对各电台信号均相同),然后经中频放大、检波、低放等一系列处理,最后推动扬声器发出声音。

HX108-2 AM 收音机的原理图如图9-6所示,由输入回路、变频级、中放级、检波级、前置低频放大级和功率放大级组成,装配图如图 9-7 所示。其中 VD_8,VD_9(IN4148)组成 1.3 V±0.1 V 稳压,固定变频级、一中放级、二中放级、低放级的基极电压,稳定各级工作电流,以保持灵敏度。VT_4 三极管的 PN 结用做检波。R_1,R_4,R_6,R_{10} 分别为 VT_1,VT_2,VT_3,VT_5 的工作点调整电阻,R_{11} 为 VT_6,VT_7 功放级的工作点调整电阻,R_8 为中放的 AGC 电阻,B_3,B_4,B_5 为中周(内置谐振电容),既是放大器的交流负载又是中频选频器。该机的灵敏度,选择性等指标靠中频放大器保证。B_6,B_7 为音频变压器,起交流负载及阻抗匹配的作用。

下面对原理图中各级工作电路作简要说明。

1)输入回路

输入回路也称为调谐回路,它由磁棒天线、调谐线圈和 C_{1-A} 组成。磁棒具有聚集无线电波的作用,并在变压器 B_1 的初级产生感应电动势,同时也是变压器 B_1 的铁心。调谐线圈与调谐电容 C_{1-A} 组成并联谐振电路,通过调节 C_{1-A},使并联谐振回路的谐振频率与欲接收电台的信号频率相同。这时,该电台的信号将在并联谐振回路中发生谐振,使 B_1 初级两端产生的感生电动势最强,经 B_1 耦合,将选择出的电台信号送入变频级电路。由于其他电台的信号及干扰信号的频率不等于并联谐振回路的谐振频率,因而在 B_1 初级两端产生的感应电动势极弱,可被抑制掉,从而达到选择电台的作用。对调谐回路要求效率高、选择性适当、波段覆盖系数适当,在波段覆盖范围内电压传输系数均匀。

2)变频级

变频级由 VT_1 管承担,它的作用是把接收到的已调高频信号与本机振荡信号进行变频放大,得到 465 kHz 固定中频。它由变频电路、本振电路和选频电路组成。变频电路是利用了三极管的非线性特性来实现混频的,因此变频管静态工作点选得很低,让发射结处于非线性状态,以便进行频率变换。由输入调谐回路选出的电台信号 f_1 经 B_1 耦合进入变频放大器 VT_1 的基极,同时本振电路的本振信号 f_2($f_2=f_1+465$ kHz)经 C_3 耦合进入混频放大器 VT_1 的发射极,f_1 与 f_2 在混频放大器 VT_1 中实现混频,在 VT_1 集电极输出得到一系列新的混频信号,其中只有 $f_2-f_1=465$ kHz 的中频信号可以通过 B_3 中周的选频电路(并联谐振)并得到信号放大,而其他混频信号则被抑制掉。

本振电路是一个共基组自激振荡电路,B_2 的初级线圈与 C_{1-B} 组成并联谐振回路,经 VT_1 放大的本振输出信号,通过 B_2 次级耦合到初级,形成正反馈,实现自激振荡,得到稳幅的 f_2 本振信号。本振信号频率 f_2 与预接收信号频率 f_1 通过双联可调电容 C_1 来实现频率差始终保持为 465 kHz。

选频电路由中周(黄、白、黑)完成,中周的中频变压器初级线圈和其并联电容组成并联谐振电路,谐振频率固定为 465 kHz,同时作为本级放大器的负载。只有当本级放大器输出 465 kHz 中频信号时,才能在选频电路中产生并联谐振,使本级放大器的负载阻抗达到最大,从而得到中频信号的选频放大。对于其他频率信号,通过选频电路的阻抗很小,几乎被短路抑制掉。选频放大后的 465 kHz 中频信号经中频变压器耦合到下一级输入。

在调谐时，本机振荡频率必须与输入回路的谐振频率同时改变，才能保证变频后得到的中频信号频率始终为 465 kHz，这种始终使本机振荡频率比输入回路的谐振频率高 465 kHz 的方法称为统调或跟踪。要达到理想的统调必须使用两组容量不同，片子的形状不同的双联可调电容。实际中，常常使用两组容量相同的双联可调电容，在振荡回路和谐振回路中增加垫整电容和补偿电容，做到三点统调。即在整个波段范围内，找高、中、低三个频率点，做到理想统调，其余各点只是近似统调。三点统调对整机灵敏度影响不大，因此得到广泛的应用。

3）中频放大电路

中频放大电路由 VT_2, VT_3 两级中频放大电路组成，它的作用是对中频信号进行选频和放大。第一级中频放大器的偏置电路由 $R_4, R_8, VT_4, R_9, R_{14}$ 组成分压式偏置，R_5 为射极电阻，起稳定第一级静态工作点的作用，中周 B_4 为第一级中频放大器的选频电路和负载。在第二级中频放大器中 R_6 为固定偏置电阻，R_7 为射极电阻，中周 B_5 为第二级中频放大器的选频电路和负载。第一级放大倍数较低，第二级放大倍数较高。中频放大器是保证整机灵敏度选择性和通频带的主要环节。对于中频放大器，主要要求是合适稳定的频率，适当的中频频带和足够大的增益。

4）检波级

检波级由 VT_4 三极管检波和 C_8, C_9, R_9 组成的 π 型低通滤波器、音量电位器 R_{14} 组成。它是利用三极管一个 PN 结的单向导电性，把中频信号变成中频脉动信号。脉动信号中包含有直流成分、残余的中频信号及音频包络三部分。利用由 C_8, C_9, R_9 构成 π 型滤波电路，滤除残余的中频信号。检波后的音频信号电压降落在音量电位器 R_{14} 上，经电容 C_{10} 耦合送入低频放大电路。检波后得到的直流电压作为自动增益控制的 AGC 电压，被送到受控的第一级中频放大管（VT_2）的基极。检波电路中要注意三种失真即频率失真、对角失真和负峰消波失真。

5）AGC

AGC 是自动增益控制。R_8 是自动增益控制电路 AGC 的反馈电阻，C_4 作为自动增益控制电路 AGC 的滤波电容。检波后得到的直流电压作为自动增益控制的 AGC 电压，被送到受控的第一级中频放大管（VT_2）的基极。当接收到的信号较弱时，使收音机具有较高的高频增益；而当接收到的信号较强时，又能使收音机的高频增益自动降低，从而保证中频放大电路高频增益的稳定，这样既可避免接收弱信号电台时音量过小（或接收不到），也可避免接收强信号电台时音量过大（或使低频放大电路由于输入信号过大而产生阻塞失真）。

当控制过程静态时，当收音机没有接收到电台的广播时，VT_2（受控管）的集电极电流 I_{C2} 为 0.2～0.4 mA。第一级中放管具有最高的 β 值，中放电路处于最高增益状态。

当收音机接收较弱信号电台的广播时，中放电路输出信号的电压幅度较小，检波后产生的 U_{AGC} 也较小。当负极性的 U_{AGC} 经 R_8 送至 VT_2 的基极时，将会使 VT_2 的基极电压略有下降、基极电流略有减小。由于 U_{AGC} 也较小，所以 I_{C2} 将在 0.4 mA 的基础上略有减小，使第一级中放管仍具有较高的 β 值，第一级中放电路处于增益较高的状态，检波电路输出的音频信号电压幅度仍能达到额定值，不会有明显的减小。

当收音机接收较强信号电台的广播时，中放电路输出信号的幅度较大，检波后产生的 U_{AGC} 也较大。当负极性的 U_{AGC} 经 R_8 送至 VT_2 的基极时，将使 VT_2 的基极电压下降、基极电流减小。由于 U_{AGC} 较大，I_{C2} 将在 0.4 mA 的基础上大幅度下降，使第一级中放管 β 值减小，第一级中放电路的增益随之减小，检波电路输出的音频信号电压幅度基本维持在额定值，不至于有明显的增大。

6）前置低放级

前置低放级由 VT_5、固定偏置电阻 R_{10} 和输入变压器初级组成。检波器输出音频信号经过音量电位器和 C_{10} 耦合到 VT_5 的基极，实现音频电压放大。本级电压放大倍数较大，以利于推动扬声器。

7）功率放大级

功率放大由 VT_6、VT_7 和输入、输出变压器组成推挽式功率放大电路，它的任务是将放大后的音频信号进行功率放大，以推动扬声器发出声音。

8）电源退耦电路

由 VD_8，VD_9 正向串联组成高频集电极电源电压为 1.35 V 左右。由 R_{12}，C_{14}，C_{15} 组成电源退耦电路，目的是防止高低频信号通过电源产生交连，发出自激啸叫声。

简单地说，HX108—2 AM 收音机是这样工作的：磁性天线感应到高频调幅信号，送到输入调谐回路中，转动双联可变电容 C_1 将谐振回路谐振在要接收的信号频率上，然后将通过 B_1 感应出的高频信号加到变频级 VT_1 的基级，混频线圈 B_2 组成本机振荡电路所产生的本机振荡信号通过 C_3 注入 VT_1 的发射极。本机振荡信号频率设计比电台发射的载频信号频率高 465 kHz，两种不同频率的高频信号在 VT_1 中混频后产生若干新频，再经过中周 B_3 选频电路选出差频部分，即 465 kHz 的中频信号并经过 B_3 的次级耦合到 VT_2 进行中频放大，放大后的中频信号由 B_5 耦合到检波三极管 VT_4 进行检波，检波出的残余中频信号在通过低通滤波器滤掉残余中频后，音频电流在电位器 R_{14} 上产生压降并通过 C_{10} 耦合到 VT_5 组成的前置低频放大器，放大后的音频信号经过输入变压器 B_6 耦合到 VT_6，VT_7 组成功放电路实现功率放大，最后推动扬声器发出声音。

9.2.5 装配

1. 装配前的准备

（1）对照原理图（图 9-6）看懂装配图（图 9-7），认识图上的符号并与实物对照。

（2）按元器件清单和结构件清单清点零部件，分类放好。

（3）根据所给元件主要参数表（表 9-1），对元件进行测试。

（4）检查印制板（图 9-8）看是否有开路、短路等隐患。

（5）清理元器件引脚。如果元件引脚有氧化，应将元器件引脚上的漆膜、氧化膜清除干净，然后进行上锡。根据要求，将电阻、二极管弯脚。

2. 元器件插装

在对元器件进行插装焊接时，要求注意以下几点：

（1）按照装配图正确插入元件，其高低、极性应符合图纸规定。

（2）焊点要光滑，大小最好不要超出焊盘，不能有虚焊、搭焊、漏焊。

（3）注意二极管、三极管的极性，如图 9-9 所示。

（4）输入（绿色）变压器 B_6 和输出（红色）变压器 B_7 位置不能调换。

（5）红中周 B_2 插件外壳应弯脚焊牢，否则会造成卡调谐盘。

（6）中周外壳均应用锡焊牢固，特别是中周（黄色）B_3 外壳一定要焊牢固。

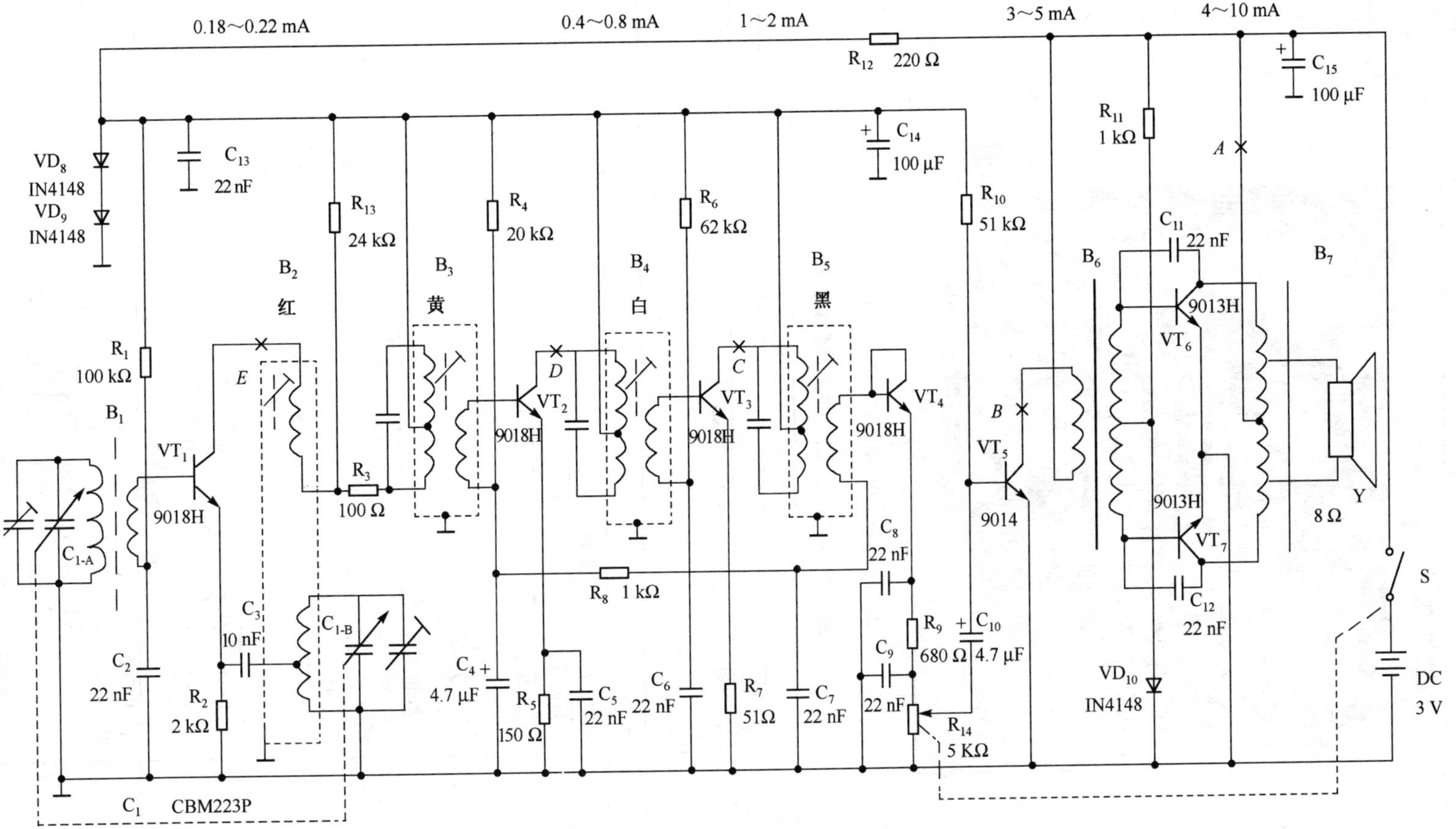

图9-6 HX108-2 AM收音机原理图

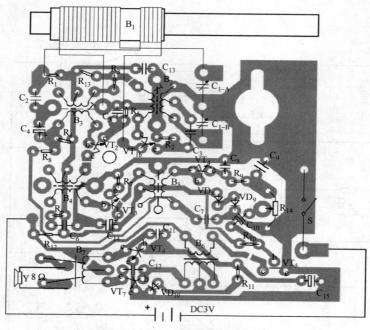

图 9-7　HX108—2 AM 收音机装配图

表 9-1　收音机元器件主要参数测试表

元器件名称	测 试 内 容
电阻	电阻值
开关电位器	开关通断、电阻值 $R_{13}=R_{12}+R_{23}=5.1\ \mathrm{k\Omega}$ 2 1 ——— 3
元片电容	绝缘电阻值
电解电容	极性、容量、绝缘电阻值
双联电容	绝缘电阻值
电感线圈	直流电阻值 8Ω　2Ω 初次极间电阻无穷大
中周	直流电阻值 红　　　　　　　　　　　黄 4Ω 0.4Ω　　2Ω 0.3Ω 0.3Ω　　　　　4Ω 白　　　　　　　　　　　黑 1.8Ω 0.4Ω　　2Ω 1Ω 3.8Ω　　　　　4.5Ω 初次极间电阻无穷大
变压器	直流电阻值 绿　　　　　　　　　　　红 90Ω 220Ω　　0.9Ω 0.4Ω 90Ω　　　　　0.9Ω 1Ω 0.9Ω 0.4Ω 初次极间电阻无穷大　　自耦合变压器无初次极

元器件名称	测 试 内 容
二极管	正反向电阻值、压降
三极管	类型、极性、电流放大系数 β 9018H（97～146） 9014C（200～600） 9013H（144～202）
喇叭	电阻值 8 Ω

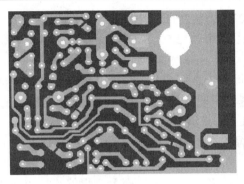

图 9-8 HX108—2 AM 收音机印制板图

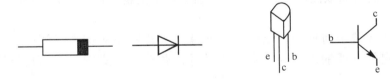

图 9-9 二极管三极管极性

3．元器件焊接

焊接元器件时，按以下焊接步骤进行。

（1）电阻、二极管；

（2）元片电容（注：先装焊 C_3 元片电容，若此电容装焊出错，则本振可能不起振）；

（3）晶体三极管（注：先装焊 VT_6，V_7 低频功率管 9013H，再装焊 VT_5 低频管 9014，最后装焊 VT_1,VT_2,VT_3,VT_4 高频管 9018H）；

（4）混频线圈、中周、输入输出变压器（注：混频线圈 B_2 和中周 B_3,B_4,B_5 对应调感芯帽的颜色为红、黄、白、黑，输入、输出变压器颜色为绿色或蓝色、黄色）；

（5）电位器、电解电容（注：电解电容极性插反会引起短路）；

（6）双联、天线线圈；

（7）电池夹引线、喇叭引线。

在焊接过程中，每次焊接完一部分元件，均应检查一遍焊接质量和是否有错焊、漏焊，若发现问题，应及时纠正。这样，可保证焊接收音机一次性成功，从而顺利地进入下一道工序。

4．组合件准备

（1）将电位器拨盘装在 K4－5K 电位器上，用 M1.7×4 螺钉固定。

（2）将磁棒套入天线线圈及磁棒支架。如图 9-10 所示。

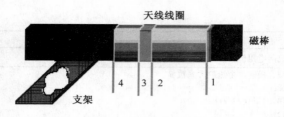

图 9-10　组合件结构

（3）将双联 CBM－223P 插装在印制电路板元件面，将天线组合件上的支架放在印制电路焊接面的双联上，然后用两个 M2.5×5 螺钉固定，并将双联引脚超出电路板的部分，弯脚后焊牢。

（4）将天线线圈 1 端焊接于双联中点端，2 端焊接于双联 C_{1-A} 端，3 端焊接于 R_1 与 C_2 公共点，4 端焊接于 VT_1 基极（见装配图图 9-6）。为了避免静态工作点调试时引入接收信号，1,2 端可暂时不焊，待静态工作点调好后再对 1,2 端进行焊接。

（5）将电位器组合件焊接在电路板指定位置。

5．收音机前框准备

（1）将电源负极弹簧，正极片安装在塑壳上。焊好连接点及黑色、红色引线。

（2）将周率板反面双面胶保护纸去掉，然后贴于前框，注意要贴装到位，并撕去周率板正面保护膜。

（3）将喇叭安装于前框中，借助一字小螺丝刀先将喇叭圆弧一侧放入带钩中，再利用突出的喇叭定位圆弧的内侧为支点，将其导入带钩，压脚固定，再用烙铁热铆三只固定脚。

（4）将拎带套在前框内。

（5）将调谐盘安装在双联轴上，用 M2.5×5 螺钉固定，注意调谐盘指示方向。

（6）按图纸要求分别将两根白色或黄色导线焊接在喇叭与线路板上。

（7）按图纸要求将正极（红）和负极（黑）电源线分别焊在线路板的指定位置。

（8）将组装完毕的机芯安装装入前框，一定要到位。如图 9-11 所示。

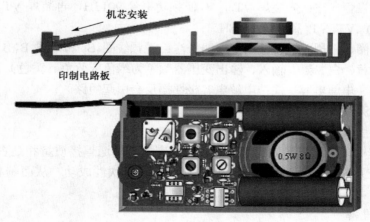

图 9-11　机芯安装图

9.2.6　调试

收音机调试时，所要用到的仪器仪表主要有：万用表、直流稳压电源或两节五号电池、高频信号发生器、示波器、低频毫伏表、圆环天线、无感应螺丝刀。参照图9-12进行仪器连接，调试方法如下。

图 9-12　调试环境仪器连接示意图

1．静态工作点的测试

收音机装配焊接完成后，首先检查电路中接电源的两端有无短路现象，在确保没有短路的情况下才可以接通电源。在测量静态工作点前可以检查元件有无装错位置，焊点是否有脱焊、虚焊、漏焊等故障并加以排除。静态工作点测量方法有电流法和电压法。电流法测试是采用从后向前逐级调试方法（本机有 5 个测试点），主要步骤是：

（1）参考原理图（图 9-6），接通 3 V 直流电压源，合上收音机开关 S 后，用万用表直流电压挡测电源电压，3 V 左右为正常。VD_8,VD_9 上高频部分的集电极电源电压应在 1.35 V 左右。

（2）测各级静态工作点电流。参考原理图从功放级开始按照 A,B,C,D,E 的顺序分别用万用表测量各级静态工作点的开口电流，其值范围见电路原理图。在测量好各级静态工作点的开口电流后，并将该级集电极开口断点用导线或焊锡连通，再进入下一级静态工作点的测试。

注意检查在测量三极管 VT_1 集电极（E 断点）电流时，应将磁棒线圈 B_1 的次级接到电路中，保证 VT_1 的基极有直流偏置。

静态工作点调试好后，整机电流应小于 25 mA。

（3）作为训练，学生可以测静态工作点电压，即 $VT_1,VT_2,VT_3,VT_4,VT_5,VT_6,VT_7$ 晶体管集电极（C）的对地电位。各级静态工作点电压参考值如下：

U_{C1}，U_{C2}，$U_{C3}=1.35$ V 略低，$U_{C4}=0.7$ V 左右，$U_{C5}=2$ V 左右，U_{C6}，$U_{C7}=2.4$ V 左右。
如检测满足以上要求，将 B_1 初级线圈接入电路后即可收台试听。

2．动态调试

1）调整中频频率

首先将双联旋至最低频率点，将信号发生器置于 465 kHz 频率处（输出场强为 10 mV/m），调制频率 1000 Hz，调幅深度 30%。收到信号后，示波器上有 1000 Hz 的调制信号波形。然后用无感应螺丝刀依次调节黑—白—黄三个中周，且反复调节，使其输出最大，毫伏表指示值最大，此时 465 kHz 中频即调好。

调整中频频率的目的是调整中频变压器的谐振频率，使它准确地谐振在 465 kHz 频率点上，使收音机达到最高灵敏度并有最好的选择性。

2）频率覆盖

将信号发生器置于 520 kHz 频率（输出场强为 5 mV/M），调制频率 1000 Hz，调幅度 30%，收音机双联旋至低端，用无感应螺丝刀调节振荡线圈（红中周）磁心，直至收到信号，即示波器上出现 1000 Hz 波形；再将收音机双联旋至高端，信号发生器置于 1620 kHz 频率，调节双联电容振荡联微调电容（图 9-13）C_{1-B}，直至收到信号，即示波器上出现 1000 Hz 波形；重复低端、高端调节，直到低端频率 520 kHz 和高端频率 1620 kHz 均收到信号为止。

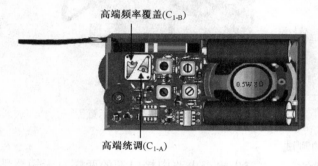

高端频率覆盖(C_{1-B})

高端统调(C_{1-A})

图 9-13　双联微调电容调试说明图

3）频率跟踪

将信号发生器置于 600 kHz 频率（输出场强为 5 mV/m 左右），拨动收音机调谐旋钮，收到 600 kHz 信号后，调节中波磁棒线圈位置，使输出信号最大；然后将信号发生器置于 1500 kHz 频率，拨动收音机调谐旋钮，收到 1500 kHz 信号后，调节双联电容调谐联微调电容（图 9-13）C_{1-A}，使输出信号最大；重复调节 600 kHz、1500 kHz 频率点，直至两点测试到的波形幅值最大为止（用毫伏表测试时，指示值最大）。

4）中频、频率覆盖、频率跟踪完成后，收音机可接收到高、中、低端频率电台，且频率与刻度基本相符。安装、调试完毕。

3. 没有仪器情况下的调整方法

1）调整中频频率

HX108—2 收音机套件所提供的中频变压器（中周），出厂时都已调整在 465 kHz（一般调整范围在半圈左右），因此调整工作比较简单。打开收音机，随便在高端找一个电台，先从 B_5 开始，然后 B_4,B_3 用无感螺丝刀（可用塑料、竹条或者不锈钢制成）向前顺序调节，调到声音响亮为止。由于自动增益控制作用，以及当声音很响时，人耳对音响的变化不易分辨的缘故，收听本地电台当声音已调到很响时，往往不易调精确，这时可以改收较弱的外地电台或者转动磁性天线方向以减小输入信号，再调到声音最响为止。按上述方法从后向前的次序反复细调二三遍，直至最佳状态，中频频率调整完毕。

2）调整频率范围

① 调整低端刻度：在 550～700 kHz 范围内选一个台。例如，中央人民广播电台"中国

之声"电台 639 kHz，参考调谐罗盘指针在 639 kHz 的位置，调整振荡线圈 B_2（红）的磁芯，便收到这个电台，并调整到声音较大。这样，当双联电容全部旋进容量最大时的接收频率约在 520 kHz 附近。

② 调整高端刻度：在 1400～1600 kHz 范围内选一个已知频率的广播电台，再将调谐罗盘指针指在周率板刻度相对应的位置，调节振荡回路中双联电容左上角的微调电容 C_{1-B}，使这个电台在这个位置出现的声音最响。这样，当双联电容全旋出容量最小时，接收频率必定在 1600 kHz 附近。

以上两步需要反复调整二三次，频率覆盖范围才能调准。

3）统调

① 低端统调：利用最低端收到的电台，调整天线线圈在磁棒上的位置，使声音最响，达到低端统调。

② 高端统调：利用最高端收到的电台，调节天线输入回路中的微调电容 C_{1-A}，使声音最响，达到高端统调。

9.2.7　故障与检修

1. 组装调试中易出现的故障

1）变频部分

判断变频级是否起振，用万用表直流 2.5 V 挡正表笔接 VT_1 发射级，负表笔接地，然后用手摸双联振荡（即连接 B_2 端），万用表指针应向左摆动，说明电路工作正常。变频级工作电流不宜太大，电流过大则噪声大。红色振荡红圈外壳两脚均应折弯焊牢，以防调谐盘卡盘。

2）中频部分

中频变压器序号位置装错，会降低灵敏度和选择性，有时会自激。

3）低频部分

输入、输出变压器位置装错，虽然工作电流正常，但音量很低。VT_6,VT_7 集电极和发射极接反，工作电流调不上，音量低。

2. 检测修理方法

整机调试时，如果出现工作点测试不正常，检修方法如下：

（1）整机静态总电流测量。

整机静态总电流若大于 25 mA，则该机出现短路或局部短路，无电流则电源没接上。

（2）工作电压测量。

正常情况下，总电压为 3 V，VD_8,VD_9 两个二极管电压在 1.3±0.1 V。如果大于 1.4 V，则二极管 IN4148 可能极性接反或损坏；如果小于 1.3 V 或无电压，则检查点如下：

　　① 应检查电源 3 V 有无接上；

　　② R_{12} 电阻是否接对或接好；

　　③ 中周 B_3,B_4,B_5 初级线圈与其外壳是否短路；

　　④ VD_8,VD_9 两个二极管是否短路。

（3）变频级无工作电流，检查点如下：

　　① 线圈次级未接好；

　　② 三极管 VT_1 已坏或未按要求接好；

③ 本振线圈（红）次级不通，R_3 虚焊或错焊了大阻值电阻；

④ 电阻 R_1 和 R_2 接错或虚焊；

⑤ C_2 是否短路。

（4）一级中放无工作电流，检查点如下：

① VT_2 晶体管坏，或 VT_2 管管脚插错（e, b, c 脚）；

② R_4 电阻未接好；

③ 黄中周次级开路；

④ C_4 电解电容短路；

⑤ R_5 开路或虚焊。

（5）一级中放工作电流在 $1.5\sim2\,mA$ 时（标准是 $0.4\sim0.8\,mA$，见原理图），检查点如下：

① R_8 电阻未接好或连接 R_8 的铜箔有断裂现象；

② C_5 电容短路或 R_5 电阻阻值小；

③ 电位器坏，测量不出阻值，R_9 未接好；

④ 检波管 VT_4 坏，或管脚插错；

⑤ 黑中周次极开始。

（6）二级中放无工作电流，检查点如下：

① 黑中周 B_5 初级开路；

② 白中周 B_4 次级开路；

③ 晶体管 VT_3 坏或管脚接错；

④ R_7 电阻未接上；

⑤ R_6 电阻未接上；

⑥ C_6 短路。

（7）二级中放电流太大，大于 $2\,mA$，检查点如下：

① R_6 接错，阻值远小于 $62\,k\Omega$；

② R_7 阻值过小。

（8）低放级无工作电流，检查点如下：

① 输入变压器（蓝）初级开路；

② 三极管 VT_5 坏或接错管脚；

③ 电阻 R_{10} 未接好或阻值很大。

（9）低放级电流太大，大于 $6\,mA$，检查点如下：

① R_{10} 电阻太小。

（10）功放级无电流（VT_6, VT_7），检查点如下：

① 输入变压器次级不通；

② 输出变压器不通；

③ VT_6, VT_7 三极管坏或接错管脚；

④ R_{11} 电阻未接好。

（11）功放级电流太大，大于 $20\,mA$，检查点如下：

① 二极管 VD_{10} 坏或极性接反，管脚未焊好；

② R_{11} 电阻装错，远小于 1 kΩ。

（12）整机无声，检查点如下：

  ① 检查是否接通电源；

  ② 检查 VD_8,VD_9 两端电压是否为 1.3 V±0.1 V；

  ③ 有无整机静态工作电流；

  ④ 检查各级电流是否正常；

  ⑤ 用万用表×1 挡测查喇叭，应有 8 Ω左右的电阻，表笔接触喇叭引出接头时应有"喀喀"声。若无阻值或无"喀喀"声，说明喇叭已坏。（注意：测量时应将喇叭取下，不可联机测量）；

  ⑥ B_3 黄中周外壳未焊好；

  ⑦ 音量电位器未打开。

（13）整机无声，用万用表检查故障方法。

用数字万用表黑表笔接地，红表笔从后级往前寻找，对照原理图，从喇叭开始顺着信号传播方向逐级往前碰触，喇叭应发出"喀喀"声。当碰触到哪一级无声时，则故障就在该级。可测量工作点是否正常，并检查各元器件，以及有无接错、焊错、搭焊、虚焊等。若在整机上无法查出该元件好坏，则可拆下检查。

9.3 S—2000 直流电源/充电器安装调试实例

9.3.1 实习目的和要求

1. 目的

通过实习，了解 S—2000 直流电源/充电器的组成原理及其内部结构；掌握电子元器件的焊接安装方法及技巧；训练动手能力，培养工程实践观念。

2. 要求

（1）对照原理图讲述 S—2000 直流电源/充电器的工作原理；

（2）对照原理图看懂装配图；

（3）了解装配图上的符号，并与实物对照；

（4）根据技术指标测试各元器件的主要参数；

（5）认真仔细地进行安装和焊接；

（6）学会排除安装和焊接过程中出现的简单故障。

9.3.2 工作原理

S—2000 直流电源/充电器原理图如图 9-14 所示。变压器 T、二极管 VD_1～VD_4、电容 C_1 构成典型的全波整流电容滤波电路，后面电路去掉 R_1 及 LED_1，则是典型的串联稳压电路。其中，LED_2 兼作电源指示及稳压管。当流经该发光二极管的电流变化不大时，其正向压降较为稳定（约为 1.9 V 左右，但也会因发光管规格的不同而有所不同，对同一种 LED 则变化不大），因此可作为低压稳压管使用。R_2 与 LED_1 组成简单的过载及短路保护电路，LED_1 兼作过载指示。当输出过载（输出电流增大）时，R_2 上压降增大，当增大到一定数值后，LED_1 导通，使调整管 VT_5,VT_6 的基极电流不再增大，限制了输出电流的增加，从而起到限流保护的作用。

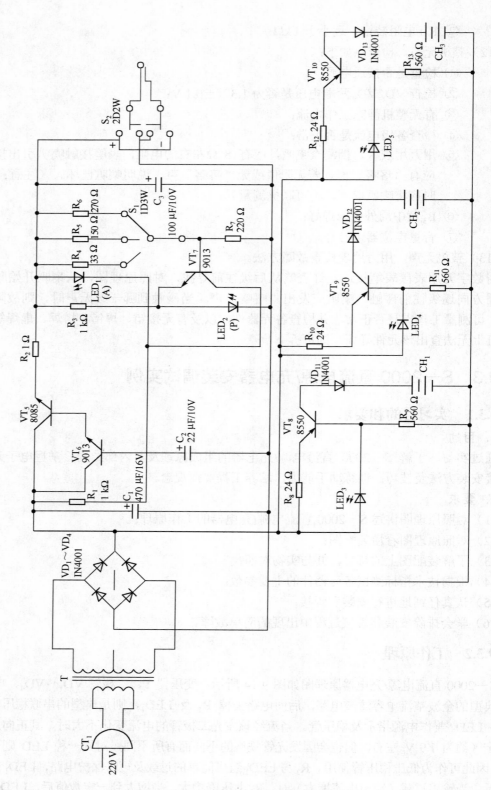

图 9-14　S—2000 直流电源/充电器原理图

S_1 为输出电压选择开关，S_2 为输出电压极性变换开关。

VT_8,VT_9,VT_{10} 及其相应元器件组成三路完全相同的恒流源电路，以 VT_8 单元为例，如前所述，LED_3 在该处兼作稳压及充电指示双重作用，VD_{11} 可防止电池极性接错。流过电阻 R_8 的电流（输出整流）可近视地表示为 $I_0 = (U_z - U_{be})/R_8$。其中，I_0 为输出电流；U_z 为 LED_3 上的正向压降，取值 1.9 V；U_{be} 为 VT_8 的基极和发射级间的压降，一定条件下是常数，约为 0.7 V。由此可见，I_0 主要取决于 U_z 的稳定性，而与负载无关，实现恒流特性。

9.3.3 装配

1. 装配前的准备

（1）对照原理图（图9-14）看懂印制板 A,B 板（图9-15、图9-16）。

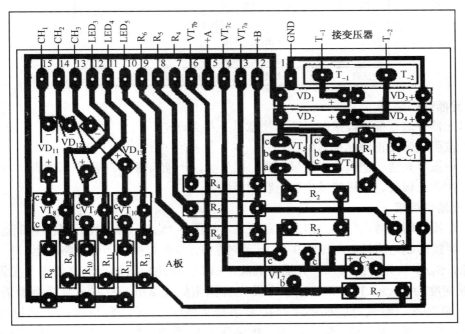

图 9-15　A 板装配图

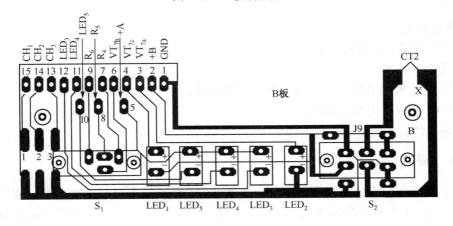

图 9-16　B 板装配图

（2）按元件清单和结构清单清点零部件，分类放好。

（3）根据技术指标测试各元件的主要参数（如表9-2所示）。

（4）检查印制板 A,B 板，看是否有开路、短路等隐患。

（5）清理元器件引脚。如元件引脚有氧化，应将元器件引脚上的漆膜、氧化膜清除干净，然后进行上锡。根据要求，将电阻、二极管弯脚。

表9-2　元器件主要参数测试

元器件名称	测 试 内 容
二极管	正向电阻、极性标志是否正确
三极管	判断极性及类型
电解电容	是否漏电，极性是否正确
电阻	阻值是否合格
发光二极管	测量极性，判断好坏
开关	通断是否可靠
插头及软线	接线是否可靠
变压器	绕组有无断路、短路，电压是否正确

2．元器件插装

在对元器件进行插装焊接时，要求注意以下几点。

（1）按照装配图正确地插入元件。

（2）焊点要光滑、饱满、形状最好为"裙"状，不能有虚焊、搭焊、漏焊。

（3）注意二极管、三极管及电解电容的极性。

3．元器件焊接

（1）焊接元器件时，先焊接印制电路板 A，按图 9-15 所示位置将元器件全部卧式焊接。

（2）焊接印制电路板 B，按图 9-16 所示位置将元器件焊接到印制电路板上。

注意，S_1,S_2 从元件面插入，并插装到底；$LED_1 \sim LED_5$ 的焊接高度要求发光管顶部距离印制板高度为 13.5～14 mm，让 5 个发光管露出机壳 2 mm 左右，且排列整齐。将 15 芯排线一端取齐，剪成等腰梯形；焊接十字插头线 CT_2 时，应将带白色标记的线焊在 B 印制电路板上有 "X" 符号的焊盘上；焊接开关 S_2 旁边的短接线 J_9 时，可用剪下来的元件引脚代替。

4．整机装配

（1）装接电池夹正极片和负极弹簧；

（2）连接电源线；

（3）焊接 A 板和 B 板，以及变压器的所有连线；

（4）焊接 B 板与电池片间的连线；

（5）装入机壳。

9.3.4　调试

组装完毕后，按原理图及工艺要求检查整机安装情况，着重检查电源线、变压器连线、输出连线及 A 和 B 两块印制板的连线是否正确、可靠，连线与印制板相邻导线及焊点有无短路及其他缺陷。

通电后，进行如下几项的调试：

1．电压可调

在十字头输出端测量输出电压（注意，电压表极性）。所测电压值应与面板指示相对应。拨动开关 S_1，输出电压值相应变化（与面板标称值误差在±10%以内为正常）。

2．极性转换

按面板上所示开关 S_2 位置，检查电源输出电压的极性能否转换，应该与面板所示位置相吻合。

3．负载能力

用一支 $470\,\Omega/2\,W$ 以上的电位器作负载，接到直流电压输出端，串接万用表 $500\,mA$ 挡。调节电位器使输出电流为额定值 $150\,mA$；用连接线替下万用表，测量此时输出电压（注意换成电压挡）。所测各挡电压下降均应小于 $0.3\,V$。

4．过载保护

将万用表 DC $500\,mA$ 串连接入电源负载回路，逐渐减小电位器阻值，面板指示灯 A（即原理图中 LED_1）应逐渐变亮，电流逐渐增大到一定数（$<500\,mA$）后不再增大（保护电路启动）。当增大阻值后 A 指示灯熄灭，恢复正常供电。注意，过载时间不可过长，以免电位器烧坏。

5．充电检测

用万用表 DC$250\,mA$（或数字表 $200\,mA$）挡作为充电负载来代替电池，$LED_3 \sim LED_5$ 应按面板指示位置相应点亮，电流值应为 $60\,mA$（误差为±10%），注意，表笔不可接反，也不得接错位置，否则没有电流。

9.3.5 故障与检修

（1）当 CH_1,CH_2,CH_3 三个通道的电流大大超过标准电流（$60\,mA$）时，可能的原因有：

① $LED_3 \sim LED_5$ 损坏；

② $LED_3 \sim LED_5$ 装反；

③ 电阻 R_8,R_{10},R_{12} 的阻值偏小；

④ 有短路现象。

（2）当检测 CH_1 的电流时，LED_3 不亮，而 LED_4 或 LED_5 亮了。可能的原因是 15 芯排线有错位之处。

（3）拨动极性开关，电压极性不变。可能的原因是 J_9 短接线没接。

（4）电源指示 LED_2（绿色）发光管与过载指示灯 LED_1 同时亮。可能的原因是：

① R_2 的阻值过大；

② 电源输出线或电路板短路。

（5）CH_1 或 CH_2 或 CH_3 的电流偏小（小于 $45\,mA$）或无电流，可能的原因是：

① LED_3 或 LED_4 或 LED_5 正向压降小（正常值应大于 $1.8\,V$）；

② 电阻 R_8,R_{10},R_{12} 阻值过大。

（6）$3\,V,4.5\,V,6\,V$ 电压均为 $9\,V$ 以上。原因可能是：

① 变压器 T 损坏；

② LED_2 损坏。

（7）充电器使用一段时间后，LED_1,LED_2 突然同时亮。此时，可能是变压器 T 损坏。

第 10 章 电路设计与仿真软件

随着计算机技术的飞速发展，计算机在电子产品设计与制造中起着越来越重要的作用。电子设计方法也从最初的手工设计发展到 CAD、CAE/CAM 和 EDA 阶段。

绘制电路原理图和设计印制电路板（Print Circuit Board，简称 PCB）是电子系统设计的基本技能。正确、规范的原理图是 PCB 设计的基础，布局合理、电气性能良好的 PCB 板是产品质量的重要保证。

仿真技术是电子工程领域进行电路分析与辅助设计的重要工具。应用电路仿真软件来快速分析电路的性能参数，有利于设计方案的确定和设计参数的选择，从而提高设计效率。

本章简要介绍目前应用广泛的电路设计软件 Protel 和仿真软件 Multisim。

10.1 电路设计软件 Protel

Protel 是 Protel Technology 公司推出的电子线路 CAD 软件，主要用于绘制电路原理图和设计 PCB 板，其功能强大、操作简便、易学易用。Protel 在国内流行最早，应用广泛，是电路设计的首选软件。

Protel 99SE 是基于 Windows 平台的，全面的、集成的、全 32 位的印制电路板设计系统，主要包含以下几个功能模块：

1. 原理图设计模块（Advanced Schematic 99）

原理图设计模块是一个功能完备的多图纸层次化的原理图编辑器，主要包括设计原理图的原理图编辑器，用于修改、生成零件的零件库编辑器，以及各种报表的生成器，可高效地实现电子产品从构思到设计的过程。

2. 电路板设计模块（Advanced PCB 99）

电路板设计模块为用户提供了一个全面的 PCB 设计环境，主要包括用于设计电路板的电路板编辑器，用于修改、生成零件封装的零件封装编辑器，以及电路板组件管理器。

3. 数模混合电路仿真工具（Advanced SIM 99）

Advanced SIM 99 基于 SPICE 3F5/XSPICE 标准，主要包括一个功能强大的数/模混合信号电路仿真器，能实现模拟电路、数字电路和数/模混合信号电路的仿真。

10.1.1 Protel 电路板设计的一般步骤

设计电路板基本的过程可以分为原理图的设计、生成网络表、印制电路板的设计三个阶段，如图 10-1 所示。

图 10-1 印制电路板设计流程

电路原理图表示电子元器件之间的连接关系，是设计思想的表述。网络表是各元器件及其连接关系的文字描述，包括元器件位号、型号、封装形式、以及管脚之间的联系。计算机通过读取网络表来建立 PCB 环境，辅助设计者完成电路板的布局布线、后处理和建立报表。

10.1.2 绘制电路原理图

绘制电路原理图是设计电路板的基础，因此在原理图设计中应该做到以下两点：

① 正确性是绘制电路原理图最基本的要求。如果原理图有问题，则会导致后续工作也存在问题；

② 原理图应该规范，美观，以利于读图和排错。

绘制电路原理图一般有以下几个步骤，如图 10-2 所示。

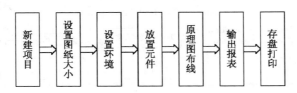

图 10-2　绘制原理图的一般步骤

1. 新建项目

当初次启动 Protel 99 SE 时，出现如图 10-3 所示的主窗口，左侧为设计管理器（Explorer），右侧为空白工作区。

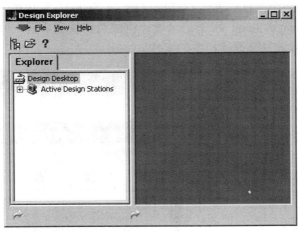

图 10-3　Protel 主窗口

在主窗口下，单击 File 菜单选中 New 子菜单，弹出如图 10-4 所示的新建项目（New Design Database）对话框。一般来说，有两处需要修改：

（1）将 Database File Name 文件名改为自己设计项目的文件名（Protel 默认的文件名为 MyDesign.ddb）。

（2）Database Location 用于指定设计项目文件存放的路径，单击 Browse，修改存放路径。

设计保存类型（Design Storage Type）保持默认为 MS Access Database 类型，单击 OK 按钮即可完成新设计项目的创建。

如果想用口令保护设计文件，则可单击 Password 选项卡，再选 Yes 并输入口令即可。

图 10-4　新建项目对话框

在设计项目文件建立完成后，Protel 进入设计项目主窗口，如图 10-5 所示。工具栏下方左侧是设计管理器，可以看到新建的项目文件 MyDesign.ddb。工具条右下方是主设计窗口。

主设计窗口中有三个图标：设计工作组（Design Team）、垃圾箱（Recycle Bin）、设计文件夹（Documents）。Design Team 用于记录设计组成员和设置访问权限，Documents 用于存放原理图、PCB 图、网络表等设计相关的文件。

图 10-5　Protel 设计项目主窗口

2. 新建原理图文件

单击 Documents 图标，打开设计文件夹。单击 File → New，选中 New Documents 弹出菜单中的 Schematic Document 标签（图 10-6）。单击 OK 按钮，创建原理图文件（Protel 默认的原理图文件名为 Sheet1.sch），如图 10-7 所示。

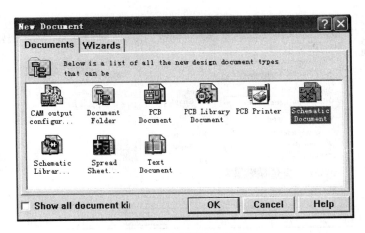

图 10-6　新建设计文件窗口

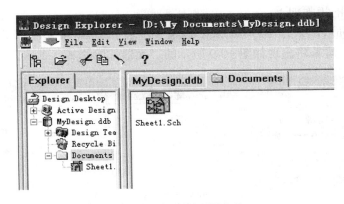

图 10-7　新建原理图文件

如果需要将默认的原理图文件改名，可以右击鼠标，在弹出的菜单中选择 Rename，然后修改。

3．设置原理图设计环境

设置原理图设计环境就是根据设计电路的规模和复杂程度，设置图纸大小、图纸格式及环境信息，为原理图设计建立一个合适的工作环境，包括网格大小和类型、光标类型等，如图 10-8 所示。大多数参数也可以使用系统默认值。

Protel 提供的标准图纸主要有公制（A0～A4）、英制（A，B，C，D，E）和 OrCAD 图纸三种。建议使用公制图纸，其中 A0～A4 图纸大小分别为 44.6 in×31.5 in，31.5 in×22.3 in，22.3 in×15.7 in，15.7 in×11.1 in，11.1 in×7.6 in（1 in＝2.54 cm）。

4．添加元器件库

在放置元器件之前，需要预先将元器件所在的库加入到当前设计项目中。如果加入过多的库，将会占用较多的系统资源，降低程序的执行效率。通常只加入必要而常用的库，其他特殊的库需要时再加入。

Protel 常用的原理图库主要有两个：一是 Miscellaneous devices.lib，包含电阻、电容、电感、二极管、三极管、开关和插针等基本元件；二是 Protel DOS Schematic Libraries，包含常用集成运放、常用数字集成电路，以及 Intel 等公司的基本器件。

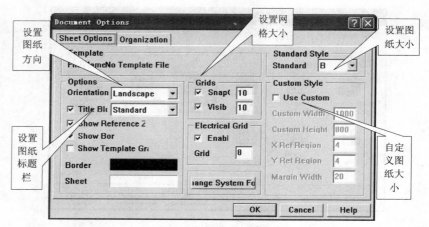

图 10-8　设置设计环境

添加元器件库的步骤如下：

（1）单击 Explorer 中的 Browse Sch 选项卡，选中 Browse 栏中 Libraries，然后单击 Add/Remove 按钮，屏幕将出现如图 10-9 所示的"元器件库添加、删除"对话框。

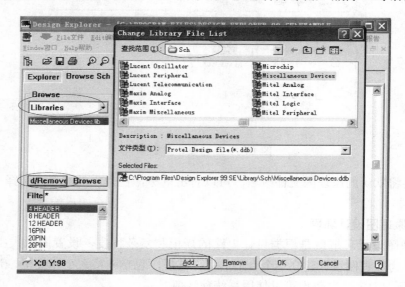

图 10-9　"元件库添加/删除"对话框

（2）选取所需要的元器件库文件，然后双击鼠标或选中后单击 Add 图标加入，此元器件库就会出现在 Selected Files 框中。如果需要删除元器件库，选中单击 Remove 即可。

（3）单击 OK 按钮，完成元器件库的添加。

5. 放置元件

电路原理图主要由元器件、电气连接作用的连线、网格标号等组成的。放置元器件有以下两种方法：

（1）直接从设计库管理器窗口左边的元器件列表中选取元器件（图 10-10），单击 Place，此时鼠标上粘有元器件，移动到原理图上的合适位置，单击鼠标左键放置。在鼠标移动过程中，可通过以下功能键对元件的位置、方向等进行调整：

- 空格键：元器件逆时针 90° 旋转
- *X*：元器件以 *X* 轴翻转
- *Y*：元器件以 *Y* 轴翻转

元器件放置完成后，右击鼠标退出放置工作。若要删除元器件，则单击需要删除的元器件，在出现虚线框后，按 delete 键进行删除。若需要再移动元器件，则单击左键两次（不是双击）移动，或者按住鼠标左键不放，进行拖动。

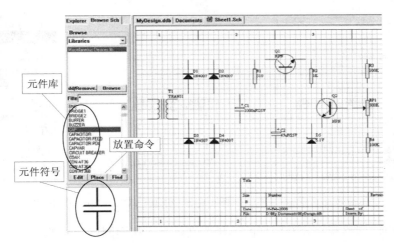

图 10-10　放置元件

（2）通过菜单 Place → Part 放置元器件，如图 10-11 所示。Place Part 对话框包括以下几个设置项：

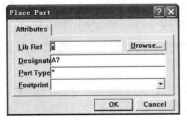

图 10-11　Place Part 对话框

- Lib Ref：在元件库中定义的元件名称
- Designator：设计位号
- Part Type：设计参数
- Footprint：封装形式

需要注意的是，电源符号（VCC）与接地符号（GND）有别于一般的元器件，需要通过菜单 Place → Power Port 放置，这时编辑窗口中会有一个随鼠标指针移动的电源符号，按 Tab 键，即出现如图 10-12 所示的 Power Port 对话框。在对话框中可以编辑电源属性，Net 栏用于修改电源符号的网络名称，Style 栏用于修改电源符号显示类型，在 Style 下拉列表中有多种类型可供选择。Orientation 用于修改电源符号放置的角度。

VCC 和 GND 也可以通过菜单 View → ToolBars → Power Objects 调用，在弹出的电源工具栏（图 10-13）中选择所需要的电源符号即可。

6. 原理图布线

在所有元器件放置完毕后，需要将元器件用具有电气意义的导线（Wire）或网络标号（Net Label）连接起来，构成一个完整的电路图。

放置导线的方法是，在工作窗口空白处右击鼠标，在弹出的快捷菜单（图 10-14）中选中 Place Wire（也可通过菜单 Place → Wire 选中），这时鼠标指针由空心箭头变为十字。将鼠标指向欲连线的元件端点，单击鼠标左键，就会出现一条随鼠标移动的预拉线。当鼠标移动到连线的转弯点时，单击鼠标左键就可定位一次转弯。当拖动预拉线到元件的引脚上并单击鼠标左键时，就会终止该次连线。若想将连线状态切回到待命模式，再次右击鼠标或按 Esc 键。

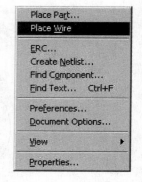

图 10-12　Power Port 对话框　　　图 10-13　电源工具栏　　　图 10-14　原理图快捷菜单

在 Protel 中，网络标号具有同样的连接意义。具有相同网格标号的元器件引脚、导线、电源以及接地符号等在电气关系上是连接在一起的。合理地使用网格标号，使原理图的结构更为清晰，易于读图。

在一般情况下，Schematic 会自动地在连线上加上接点（Junction），但有些情况下接点需要手动才可以加上的，如默认情况下十字交叉的连线是不会自动加上接点的。要放置接点，可执行菜单 Place →Junction，这时鼠标指针会由空心箭头变成十字，中心一个小黑点。将鼠标指针指向欲放置接点的位置，单击鼠标左键即可。单击鼠标右键或按 Esc 键退出放置接点状态。

原理图布线完成后需要给元器件统一编号（位号）并确定设计参数。双击元器件时出现元器件属性对话框（图 10-15），即可对元器件的位号、设计参数和封装信息等进行设置。

在 Schematic 绘制的基本稳压电源原理图如图 10-16 所示。原理图初步绘制好后，可进一步整合修改，使得原理图更加美观。

原理图绘制完成后一般需要进行电气规则检查。选择 Tools 菜单下的 ERC，在"Rule Matrix"中选择要进行电气检查的项目。设置好各项后，在"Setup Electrical Rules Check"对话框中选择"OK"按钮即可进行电气规则检查，生成 Sheet1.ERC 文件。在文件中，按照用户的设置及问题的严重程度显示检查结果。对于违反电气规则的地方进行修改，确保原理图正确无误。

7. 保存文件

执行菜单 File → Save 可将设计好的原理图保存起来。如果在保存文件时不希望覆盖原来的文件，则执行 File → Save As...菜单命令，换名保存即可。

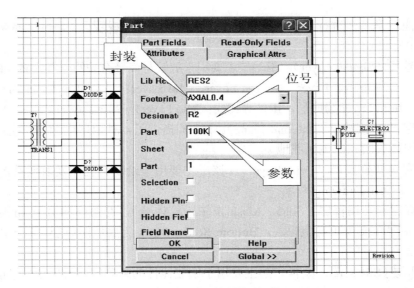

图 10-15　元器件属性对话框

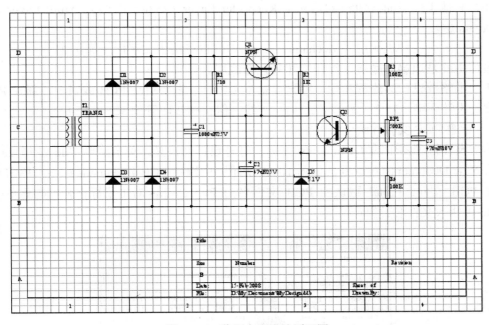

图 10-16　稳压电源设计原理图

完成原理图后，可通过 Schematic 提供的各种报表工具生成各种报表，其中最重要的是网络表，通过网络表告诉 PCB 设计模块电路使用的元器件、连线、封装等信息，为 PCB 设计做好准备。

10.1.3　印制电路板设计

电路设计的最终目的是制作电子产品，而电子产品的物理结构是通过电路板来实现的。电路板可分为单面板（一个布线层）、双面板（两个布线层）和多层板（多个布线层）三类。另外，在电路板设计时还有工作层面的概念。

工作层面就是指在进行 PCB 设计时，进行操作的电路板层面。Protel 提供以下几类工作层面：

（1）信号层（Signal Layer）。信号层主要用于放置与信号有关的电气元素。Protel 提供了 16 种信号层，分别是 Top Layer、Bottom Layer、Mid Layer1～14。Top Layer 为顶层，用于放置元件面；Bottom Layer 为底层，用做焊锡面；Mid Layer1～Mid Layer14 为中间信号层。

（2）内层电源/接地层（Internal Plane）。Protel 提供了 4 种内层电源/接地层 Plane1～4。这些层往往用做大面积的电源或地。

（3）设置钻孔位置层（Drill Layer）。该层主要用于绘制钻孔图及表明孔的位置。共包括 Drill Grid 和 Drill Drawing 两项。

（4）阻焊层和防锡膏层（Solder Mask & Paste Mask），有 Top 和 Bottom 两种层面。例如，Top Solder Mask 为顶层阻焊层，Bottom Solder Mask 为底层阻焊层，Top Paste Mask 为顶层防锡膏层。

（5）丝印层（Silk screen）。丝印层主要用于绘制元件的外形轮廓及印字，包括顶层（Top）丝印层和底层（Bottom）丝印层两种。

（6）其他工作层面（Others）。包括 Keep Out Layer（禁止布线层）、Multi-Layer 多层等 8 种 Others 层。

此外，还有 4 种机械层（Mechanical Layers），也可用于文字标注等功能。

最常用的是顶层、底层、丝印层和禁止布线层。

印制电路板设计的流程和原理图设计基本上一样，需要启动 PCB 编辑器，新建 PCB 文件，设置设计环境，规划电路板，布局、布线、保存和打印等步骤。

1. 新建 PCB 文件

单击设计管理器中的 Documents 图标，打开设计文件夹。单击菜单 File 选择 new，在弹出的 New Documents 对话框（如图 10-17 所示）中选中 PCB Document 标签，单击 OK 按钮创建 PCB 文件。Protel 默认的 PCB 文件名为 PCB1.pcb，右击鼠标在弹出的菜单中选择 Rename 可修改文件名。

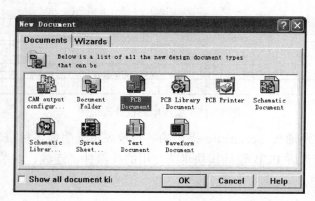

图 10-17　新建 PCB 文件

2. 设置 PCB 设计环境

在双击设计文件 PCB1.pcb 进入 PCB 设计系统后，首先需要设置 PCB 设计环境。右击鼠标，选择 Options 进行设计环境设置（图 10-18）。

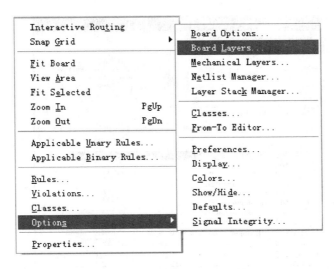

图 10-18　设置 PCB 设计环境

Options 有以下三个常用的子菜单：

（1）Board Options：用于设置元器件放置网格尺寸和步进间隔。网格尺寸分为英制（Imperial）和公制（Metric）两种标准。国外生产的集成电路一般采用英制规范，例如，双列直插式（DIP）的管脚间距为 2.54 mm（十分之一英寸），所以在放置元件时一般选择使用英制网格。

（2）Layers：用于设置 PCB 板层。

（3）Display：用于设置需要显示的 PCB 板元素。

另外，菜单 preferences 可设置光标、板层颜色等。

Options 参数的设置应符合个人的习惯，一般在经过设置之后无须再修改。大多数参数都可以采用系统默认值。

3. 规划电路板

规划电路版主要是确定电路板的边框，包括电路板的尺寸大小等。在需要放置固定孔的地方放上适当大小的焊盘。

选中编辑区下方的书签栏，单击 KeepOutLayer（禁止布线层），再右击鼠标，选择 Interactive Routing 开始画线。在拐角处要双击鼠标左键，最后成为封闭的边框，确定出 PCB 板的区域。尺寸要符合 PCB 板尺寸的要求。

需要注意的是，在绘制电路板边框前，一定要将当前层设置成禁止布线层。

4. 导入网络表文件

网络表是 PCB 自动布线的灵魂，是原理图与电路板设计的接口。只有将网络表导入后，才能进行电路板的布局布线。

单击菜单 Design，选择 Load nets，弹出如图 10-19 所示的导入网络表对话框。单击 Browse 调入自己的网络表。修改完全部错误后，按下 Execute 按钮进行元件放置。

注意，在导入网络表之前，首先需要将所用到的元器件库全部加入，库文件位置在 Design explorer → Library → pcb 下。常用的元器件封装库，PCB Footprints 系统已默认加入。

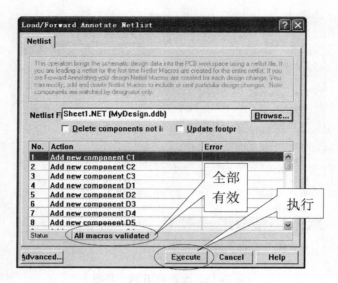

图 10-19　导入网络表对话框

5．元件布局

布局是指安排元器件在板上的位置。印制电路板布局是整个 PCB 设计中最重要的一环，对于模拟电路和高频电路尤为关键。

Protel 提供两种布局方式：手工布局和自动布局。布线的关键是布局，多数设计者采用手工布局的形式。手工布局的方法是：用鼠标选中一个元器件，按住鼠标左键拖动元器件到达合适的位置，放开左键，将该元器件放置。

布局需要综合考虑的很多因素。一般应确定多种方案，反复权衡，取长补短。布局时需要考虑以下主要问题：

（1）尽量把元件放置在元件面上。这样有利于生产和维护。

（2）调节方便。一些需要调节的元件应安排在规定的位置或便于调节的地方。

（3）散热。对于大功率管、电源变压器等需要散热的器件，应考虑散热问题。

（4）结构稳定。对于较重的元件，要考虑结构的稳定问题。例如，在垂直放置的印制电路板上，重的器件要安置在底部；在水平放置的印制电路板上，重的元件应安排在靠近紧固点，还应考虑该印制电路板本身与其他部件的固定问题。

（5）引脚要顺。对于 3 个引脚以上的元件，必须按引脚顺序放置，避免引脚扭曲。对于集成块，要注意方向。

（6）排列整齐均匀，间距合理。元件之间的间距要合理，不要堆挤在一起，要考虑到器件外形的实际大小，留有余量。同类元件的间距要一致，布局应做到整齐、均匀、美观。在印制电路板边缘要留有一定的距离，一般不小于 5 mm。

（7）在印制电路板边缘板面的空白处应尽量布上地线。

6．布线

布线的基本要求是使导线最短，同时导线的形状合理。在布线之前先要设置布线方式和布线规则。

Protel 99SE 提供三种布线方式：忽略障碍布线（Ignore obstacle）、避免障碍布线（Avoid

obstacle）、推挤布线（Push obstacle）。在菜单 Tools 下选择 Preferences 以选择不同的布线方式，也可以使用"Shift＋R"快捷键在三种方式之间切换。

在菜单 Design 下选择 Rules 以设置布线规则，包括不同网络布线的线宽、布线的层面、安全间距和过孔大小等。一般需要设置以下几点：

1）安全间距（Clearance Constraint）

安全间距规定了板上不同网络的走线、焊盘过孔等之间必须保持的距离。安全间距没有统一的要求，但两条导线之间的最小距离应满足电气安全要求， 同时要考虑到工艺水平。一般安全间距应大于 10 mil。在允许的条件下，安全间距应尽量宽一些，在集成块相邻引脚之间（100 mil）一般只设计一根导线。当多条导线平行时，各导线之间的距离应均匀一致。

2）布线层面和方向（Routing Layers）

Routing Layers 用于设置布线层和布线方向。贴片的单面板只用顶层，直插型的单面板只用底层，双面板则可同时在顶层和底层布线，顶层和底层应采用不同的布线方向，有利于提高布线效率，同时也有利于提高电路板的电气性能。注意，多层板的电源层和机械层不在这里设置。

3）过孔形状（Routing Via Style）

设置布线时过孔的内外径。标称孔径和最小焊盘直径如表 10-1 所示。实际制作中，最小孔径受到生产印制电路板的厂家所具有的工艺水平的限制，一般选 30 mil 以上，焊盘尺寸一般也要比表 10-1 中所列数据稍大些。

表 10-1　标称孔径与最小焊盘直径

标称孔径　/mm	0.4	0.5	0.6	0.8	0.9	1.0	1.3	1.6	2.0
最小焊盘直径　/mm	1.0	1.0	1.2	1.4	1.5	1.6	1.8	2.5	3.0

4）导线宽度（Width Constraint）

设置布线导线宽度。导线宽度没有统一的要求，一般应大于 10 mil。考虑到美观整齐，导线宽度应尽量一致。但是，地线和电源线的宽度要尽量宽一些，一般可取 20～50 mil。

布线设计时需要考虑的要点如下：

（1）先设计公共通路的导线。

（2）按信号流向布线。

（3）保持良好的导线形状。

（4）双面板布线要求。同一层面上的导线方向尽量一致，元件面的导线与焊接面的导线相互垂直，两个层面上的导线连接必须通过通孔。

（5）地线的处理。在印制电路板的排版中，地线的设计是十分重要的，有时关系到设计的成败。导线必然存在电阻，地线的电阻称为共阻。地线是所有信号电流的公共通路，各种信号电流都将在共阻上产生压降，这些压降又反作用于电路，形成共阻干扰。共阻干扰严重时将使电路指标无法满足要求。地线的设计要考虑众多因素，现将最基本的要求介绍如下：

① 数字电路与模拟电路的地线要分别设置。在一块印制电路板上同时有模拟电路和数字电路时，必须为它们分别设置地线，在地线的出口处再汇集在一起。图 10-20(a)是常用的模拟地与数字地的处理方式，常称为菊花形地线。

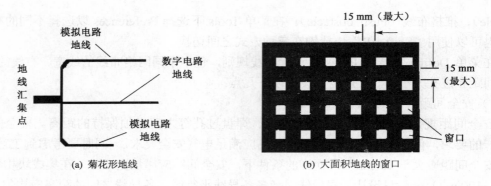

(a) 菊花形地线　　　　　　　　　(b) 大面积地线的窗口

图 10-20　地线的处理方法

② 地线应尽量宽。为了减小地线共阻的干扰，地线和电源线应尽量宽一些，这是设计的基本要求。

③ 大面积地线应设计成网状。当地线的面积较大，应开局部窗口，使地线成为网状。这是因为大面积的铜箔在焊接时，受热后容易产生膨胀造成脱落，也容易影响焊接质量。窗口的形式和要求如图 10-20(b)所示。

图 10-21 为稳压电源单面板的布局布线参考图，其原理图如图 10-16 所示。

若选择自动布线，在设置好而布线规则后，单击 Auto → Route → All 开始自动布线。如果自动布线通过率不到 100％，则说明有的元件摆放不合理或电路板太小，需要调整布局。一般自动布线不能完美达到要求，建议手工布线。

电路板布局布线完成后，执行菜单 Tools 下的 Design Rules Check 检查电路板是否存在违反设计规则的地方。选中 Clearance Constraints Max/Min Width Constraints Short Circuit Constraints 和 Un-Routed Nets Constraints 项，按 Run DRC 键，进行检查。

7. 存盘和生成各种文档

所有的工作完成后，存盘并生成所需的设计文档，如元器件清单、器件装配图（并应注上打印比例）、安装和接线说明等。

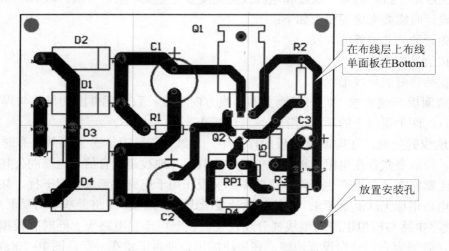

图 10-21　稳压电源的布局布线参考图

10.2 电路仿真软件 Multisim

电路仿真已成为电子工程领域进行电路分析与辅助设计的常用方法，也是电子线路计算机辅助教学的重要手段。应用仿真软件能够快速对电路进行多种分析，对设计方案进行人工难以完成的模拟评估、设计检验、设计优化和数据处理等工作，从而能够大大地提高设计效率。目前，通用电路仿真软件主要有 Cadence 公司的 OrCAD/PSpice 和 NI 公司的 Multisim。

20 世纪 90 年代，加拿大 IIT（Interactive Image Technologies）公司推出的电路仿真软件 EWB（Electronics Workbench），以其界面直观形象、易学易用等突出优点，在我国得到了迅速推广。进入 21 世纪，EWB 升级为 Multisim，操作更为方便，功能更加强大。2005 年 Multisim 被美国 NI（National Instruments）公司收购。

NI 电路设计套件包含 Multisim 和 Ultiboard 两个模块。Multisim 用于创建电路图和进行仿真分析，Ultiboard 则用于印制电路板设计。Multisim 与 Ultiboard 模块配合使用，可以自动完成从电路原理设计到印制电路板设计的全过程。

Multisim 软件的最大特点是利用计算机构造一个虚拟的实验环境，具有丰富的元器件模型库和多种电路分析与设计中需要的仪器设备，包括数字多用表、示波器、函数信号发生器、逻辑分析仪、失真度仪和频谱分析仪等，并带有发光二极管及半导体数码管等指示器件，可以直观地演示电路工作时的实际效果。

Multisim 支持电路原理图设计和硬件描述语言（VHDL/Verilog HDL）描述等多种输入方法，具有静态工作点分析、交流分析、瞬态分析、傅里叶分析、直流扫描分析、直流扫描分析、参数扫描分析、传输函数分析等常用分析方法，并且能够对分析结果进行数学运算（包括算术运算、三角运算、指数运算、对数运算、复合运算、向量运算和逻辑运算等）。

NI Multisim 10.0 及以上版本包含 MCU Module，支持以 Intel/Atmel 的 8051/8052 和 Microchip 的 PIC16F84a 为核心的单片机系统仿真，支持的典型外设有 RAM 和 ROM、键盘、图形和文字 LCD。Multisim 具有完整的调试功能，包括设置断点、查看寄存器、改写内存等，支持 C 语言，可以编写头文件和使用库。

为适应不同的应用场合，Multisim 推出了多种版本，用户可以根据自己的需要加以选择。本节基于 Multisim 11.0 Power pro 版，简要介绍 Multisim 的使用方法。

10.2.1 初识 Multisim

NI Multisim 11.0 启动后，主界面如图 10-22 所示。主界面最上部是标识栏，左上端显示 Multisim 软件标志及当前工作文件名。标识栏下方是菜单栏，单击可弹出下拉菜单，从中选取所需要的命令，以便对元器件进行编辑、连接电路、取用元器件、调用仪器仪表和设置仿真分析类型等。

菜单栏下方有系统工具栏、设计工具栏、元器件工具栏和电源开关。主界面右侧为仪器仪表工具栏。系统工具栏为 Windows 提供的标准功能图标，这里不再赘述。

1）设计工具栏

设计工具栏是专为设计过程中的某种特定功能而设定的，共有 16 个，依次为查找示例、显示/隐藏 SPICE 网表浏览器、显示/隐藏设计工具栏、显示/隐藏电子表格、数据库管理器、生成元器件、图像、分析子菜单、后处理、设计规则检查、捕获屏幕区域、转至上一级、打开 Ultiboard.ewnet 文件并同步更新到原理图、正向标注到 Ultiboard 和已使用的元器件列表，如图 10-23 所示。

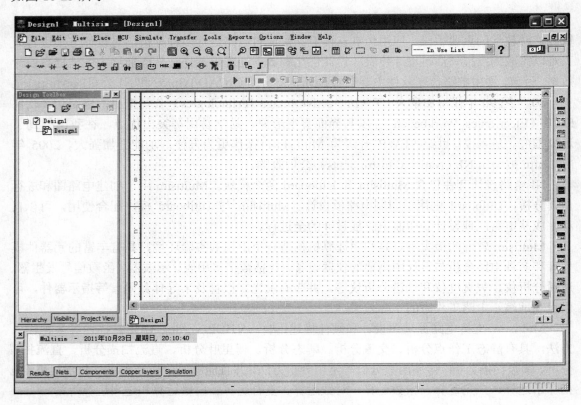

图 10-22　Multisim 主界面

图 10-23　设计工具栏

2）元器件工具栏

Multisim 提供了十分丰富的元器件库。常用的元器件库有 16 个，分别为信号源库、基本元件库、二极管库、晶体管库、模拟器件库、TTL 器件库、COMS 器件库、其他数字器件、数模混合器件库、指示元件库、电源器件库、杂类器件库、高级外围器件库、射频器件库、机电器件库、NI 器件库，另外还有放置单片机、层次说明文档和总线的图标，如图 10-24 所示。单击相关图标可打开相应的元器件库，从中选择所需要的元器件。

图 10-24　元器件工具栏

3）仪器仪表工具栏

Multisim 提供了 19 种仪器仪表，位于主界面的右侧。从左向右依次为数字多用表、函数发生器、瓦特表、双通道示波器、四通道示波器、波特图仪、频率计、字信号发生器、逻辑分析仪、逻辑转换器、IV 分析仪、失真度仪、频谱分析仪、网络分析仪、Agilent 信号发生器、Agilent 万用表、Agilent 示波器、泰克示波器和测量探针。同时，Multisim 还提供 LabVIEW 子 VI 和 ELVISmx II 平台的接口。常用仪器仪表的使用将在 10.2.3 节中介绍。

4）功能开关

Multisim 提供了运行/恢复仿真、暂停仿真、停止仿真三个功能开关，同时还提供了单片机仿真所需要的暂停 MCU 仿真到一下指令断点、步入、步越、步出等功能开关，如图 10-25 所示。另外，Multisim 还提供了电源开关，可直接按下电源开关开始仿真。

图 10-25　功能开关

10.2.2　创建电路原理图

创建电路原理图是仿真分析和 PCB 设计的第一步，用户从元器件库中选择需要的元器件放置在电路图中并连接起来，形成完整的设计电路。

1．定制用户界面

为适应不同的需求和用户习惯，Multisim 提供了菜单 Option/Customize User Interface 用于打开定制用户界面对话窗口，编辑界面颜色，重设电路尺寸，改变缩放比例和修改自动存储时间等功能。对于一般用户，采用默认设置即可。

2．元器件的取用和编辑

取用元器件的基本方法是单击元器件工具栏中相应的库图标，在弹出窗口中选择元器件子类型，然后在列表中选择所需要的元器件，按 OK 按钮放置即可。当器件放置到电路编辑窗口中后，就可以进行移动、复制、粘贴等编辑工作了。

图 10-26 是从晶体管器件库中选用一个三极管 2N2222 的工作界面。常用的元器件编辑功能有：复制、删除、剪切、粘贴、旋转、翻转、修改属性等。这些操作功能通过选中元器件后右击鼠标在弹出的快捷菜单中进行操作，也可以直接用快捷键进行操作。如选中元器件后，按 Ctrl＋R 旋转元器件。图 10-27 为设计共射放大电路取用元器件完成后的电路图。

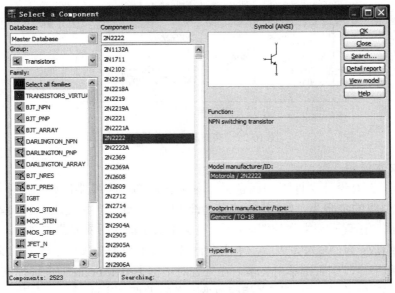

图 10-26　元器件的取用

3. 连线

将电路需要的元器件放置在电路区后,用鼠标单击连线的起点并拖动鼠标至连线的终点,就可以方便地将元器件连接起来。图 10-28 是共射放大电路连线后的电路图。注意,在 Multisim 中连线的起点和终点不能悬空。

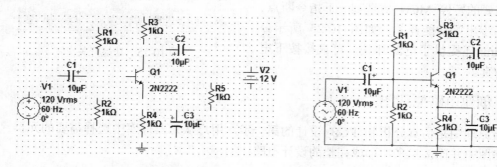

图 10-27 元器件取用后的电路图   图 10-28 连线后的电路图

4. 元器件参数和编号的修改

从元器件库中提取出的元器件,其参数都是默认值,编号是按提取顺序而自动设定的。当元器件参数和编号与设计要求并不一致时,就需要修改元器件元器件参数和重新编号。

修改元器件属性的步骤是:① 将鼠标指向欲修改的元器件;② 双击鼠标左键打开元件属性对话框;③ 在 Value 标签页下修改参数值;④ 在 Label 标签页下修改元器件编号。修改完毕后,按"确认"按钮返回。图 10-29 是元器件参数和编号修改完成后的共射放大电路原理图。

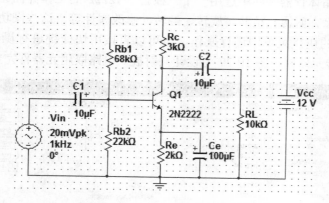

图 10-29 共射放大电路原理图

5. 添加文本说明

文本说明用于对设计文件添加标题栏,对某些局部电路或器件添加文字说明或阐述栏等。添加文本说明的步骤是:① 执行菜单命令 Place/Text,光标变成 I 型;② 将光标移至适当位置并单击,出现一个文本放置块;③ 在文本块中输入所要放置的文字,文本块会随字数的多少自动缩放;④ 输入完成后,单击空白区,文本块消失仅留下输入的文本;⑤ 若需变更文本字型和字号,则右键单击文本,在处置对话框中单击 Font;⑥ 选择需要的字体、字形和字号,按 OK 键确认,文字随之相应改变。若需改变文字的颜色,右键单击文本,打开图处置对话框，单击 Pen Color 命令又会转换成颜色设置对话框。选定所需颜色后，按 OK 键确认。文字的颜色即发生相应的变化。

用左键按住文本，可将其移动到任何位置。右键单击文本，打开处置对话框，按 Delete 键，也可将其删除。图 10-30 是添加文本说明后的共射放大电路原理图。

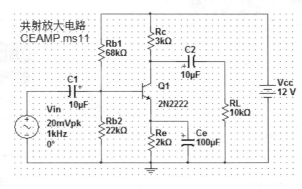

图 10-30　共射放大电路

10.2.3　虚拟仪器的使用

Multisim 11.0 提供了 19 种仪器仪表，以下简要介绍几种常用的仪器仪表。

1. 数字万用表（Multimeter）

数字万用表与实验室常用的数字万用表一样，是一种多用途的常用仪器，能够进行交直流电压、电流和电阻的测量，也可用分贝（dB）形式显示电压和电流。数字万用表的符号、面板和参数设置窗口如图 10-31 所示。

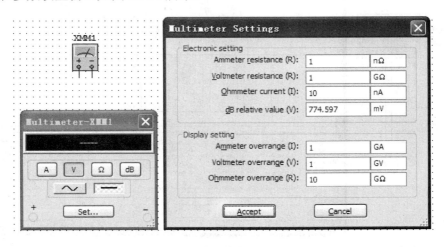

图 10-31　数字万用表

2. 函数发生器（Function Generator）

函数信号发生器（Function Generator）用于产生正弦波、三角波和矩形波。函数信号发生器的图标上有 "+"、"GND"、"−3" 个输出端子，与外电路连接时输出电压信号。信号的幅值、占空比等参数可以根据需要进行调节。函数发生器的符号和面板如图 10-32 所示。

3. 瓦特表（Wattmeter）

瓦特表是一种测量交、直流电路功率的仪器，有四个引线端子：电压正极和负极接线端、电流正极和负极接线端。瓦特表的符号和面板如图 10-33 所示。

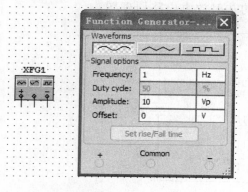

图 10-32　函数发生器

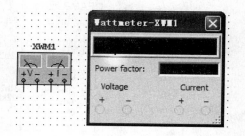

图 10-33　瓦特表

4. 双通道示波器（Oscilloscope）

示波器是用于观察信号波形和测量信号的幅度、周期及频率等参数。双通道示波器有 A,B 两个通道，可同时观察和测量两路信号。与真实示波器不同的是，其接地线可以接，也可以不接。Ext Trig 为外触发输入端。图 10-34 是用双通道示波器观察 1 kHz 的正弦波和频率为 1 kHz、占空比为 0.2 的矩形波信号的波形图。

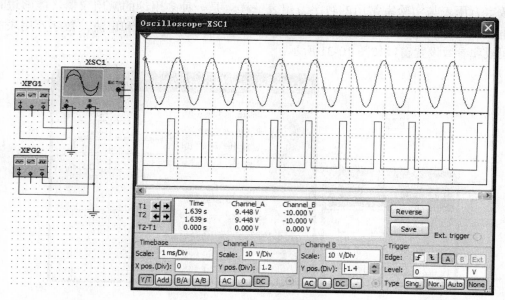

图 10-34　双通道示波器应用示例

5. 四通道示波器（4 Channel Oscilloscope）

四通道示波器可同时对 4 路信号进行观察和测量，因而在对两路以上信号进行对比观察和测量时，更为方便。四通道示波器的面板布局、功能和设置与两通道示波器基本一致，不同的仅是通道切换。在 Channel A 区右边有一个 4 挡转换开关的旋钮，默认位置为 A，将鼠标移到旋钮上，在靠近外围字母的位置，单击左键，旋钮的标识指针即指向相应的字母，通道名称随之相应改变，即可对该频道进行参数设置，设置完成后，再切换至其他通道。图 10-35 是用四通道示波器观察计数器 74HC160 中四位输出信号的波形图。

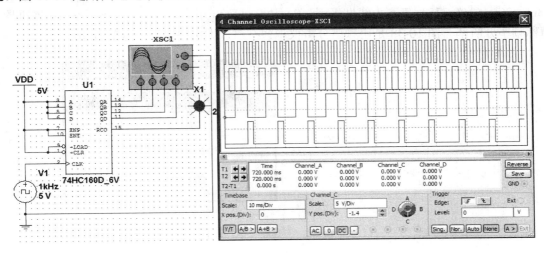

图 10-35　四通道示波器应用示例

6．频率计（Frequency Counter）

频率计除测量信号频率外，还可以测量多项脉冲参数，如周期、相位等。面板上的 Measurement 区（图 10-36）用于选择测量项目。当按下 Coupling 区的 AC 时，仅测量交流分量；当按下 DC 时，测量交、直流分量的总和。Sensitivity（RMS）用于设定测量灵敏度（均方根值），Trigger Level 用于设定触发电平值。

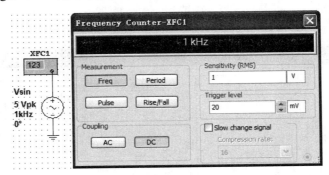

图 10-36　频率计应用示例

7．失真度仪（Distortion Analyzer）

失真分析仪是一种测试电路总谐波失真与信噪比的仪器，测量信号的频率范围为 20 Hz～100 kHz。失真分析仪的图标仅有一个接线端，使用时与电路输出端连接。图 10-37 是测量其左图所示的基本共射放大电路失真度的仿真图。

8．频谱分析仪（Spectrum Analyzer）

频谱分析仪用来分析信号的频域特性，其频域分析范围的上限为 4 GHz。Span Control 用来控制频率范围，选择 Set Span 的频率范围由 Frequency 区域决定；选择 Zero Span 的频率范围由 Frequency 区域设定的中心频率决定；选择 Full Span 的频率范围为 1 kHz～4 GHz。Frequency 用来设定频率：Span 设定频率范围、Start 设定起始频率、Center 设定中心频率、End 设定终止频率。Amplitude 用来设定幅值单位，有三种选择：dB、dBm、Lin。dB＝10lgV；dBm＝20lg（V/0.775）；Lin 为线性表示。Resolution Freq.用来设定频率分辨的最小谱线间隔，简称频率分辨率。图 10-38 是用频谱分析仪观察共射放大电路输出信号的频谱。

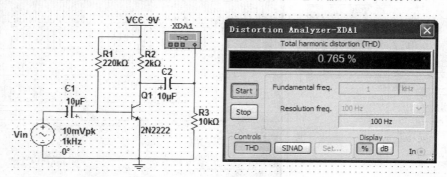

图 10-37　失真度仪应用示例

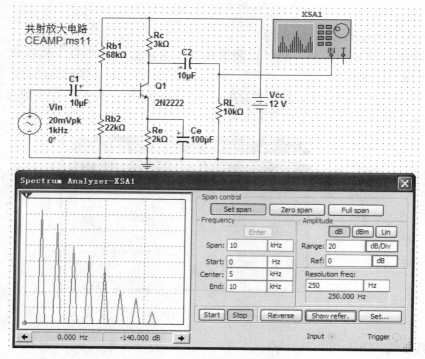

图 10-38　频谱分析仪使用方法示例

9. 测量探针（Measurement Probe）

测量探针是 Multisim 提供的最为便捷的虚拟仪器，只需将其拖放至被测支路，就可以实时测量电压、电流等参数。测量探针的测量结果根据电路理论计算得出，不对电路产生任何影响。图 10-39 是用测量探针测量一阶 RC 电路在脉冲源作用下流过电容 C1 的电流、电压和频率信息。

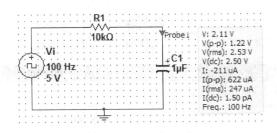

图 10-39　测量探针应用示例

除以上常用的仪器仪表之外，Multisim 还提供了四种虚拟仪器：安捷伦信号发生器 33120A、安捷伦万用表 34401A、安捷伦示波器 54622D 和泰克示波器 TDS2024。TDS2024 是一台四通道、200 MHz 的数字存储示波器，其符号和面板如图 10-40 所示。

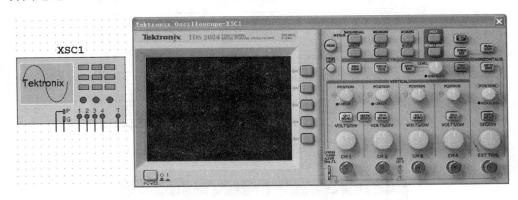

图 10-40　泰克 TDS2024 示波器

10.2.4　常用电路分析方法

Multisim 提供了多种分析方法，当用户选择某种分析后，分析结果将默认显示在 Grapher 上并保存起来，以供后处理使用。

电路分析的一般步骤是：① 设置分析参数；② 设置输出变量的处理方式；③ 设置分析标题（任选）；④ 设置任选项的自定义值（任选）。每种分析类型的具体选项不同。

1. 静态工作点分析（DC Operating Point）

静态工作点分析用于确定电路的静态工作点。在进行分析时，假设交流源为零且电路处于稳定状态，也就是假定电容开路、电感短路，电路中的数字器件看做高阻接地。

对于图 10-30 所示的单管共射放大电路，选择菜单命令 Simulate/Analyses，在分析类型中选择 DC Operating Point，则弹出直流工作点分析对话框，如图 10-41 所示。图中 Output 标签页用于选定需要分析的节点，左边 Variables in circuit 栏内列出电路中各节点电压变量和流过电源的电流变量，右边 Selected variables for analysis 栏用于存放需要分析的节点。Analysis options 标签页用于分析的参数设置。Summary 标签页中排列了该分析所设置的所有参数和选项，用户通过检查可以确认这些参数的设置。

选中 Variables in circuit 栏内中需要分析的变量，再单击 Add 按钮，相应变量则会出现在 Selected variables for analysis 栏中。如果 Selected variables for analysis 栏中的某个变量

不需要分析了，则选中后单击 Remove 按钮删除。单击 Simulate 按钮，共射放大电路静态工作电压分析结果如图 10-42 所示，可以改变电路参数继续调整静态工作点。

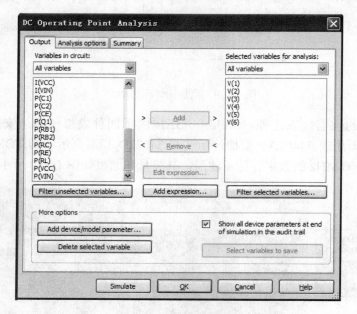

图 10-41　静态工作点分析参数设置页面

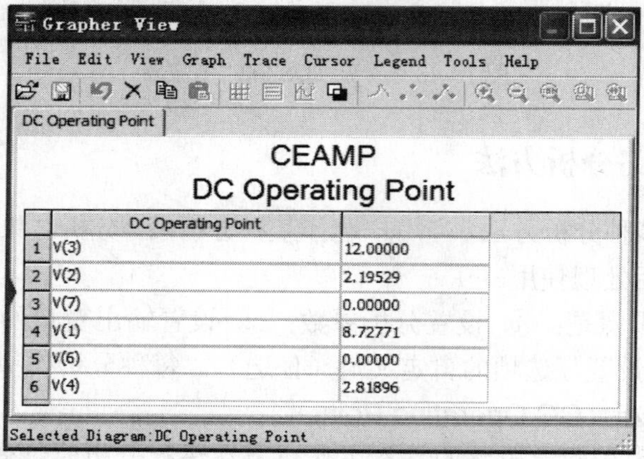

图 10-42　静态工作点分析结果

2. 交流分析（AC Analysis）

交流分析用于分析电路的小信号频率响应，即在正弦小信号工作条件下，分析电路随正弦信号频率变化的频率响应曲线，包括幅频特性和相频特性。

在交流分析之前，应首先进行直流工作点分析，获得所有非线性元件的线性化小信号模型，并用交流小信号等效电路计算电路输出交流信号的变化。

对于图 10-30 所示的共射放大电路，选择菜单命令 Simulate/Analyses，在列出的分析类型中选择 AC Analysis，则出现交流分析设置对话框，如图 10-43 所示。图中的 Start frequency 用于设置扫描的起始频率；Stop frequency 用于设置扫描的结束频率；Sweep type 用于设置扫描类型，有 Decade、Linear、Octave 三种选项；Number of points per decade 用于设置每十倍频程的扫描点数；Vertical scale 用于设置垂直坐标类型，有 Linear、Logarithmic、Decibel、Octave 四种选项。

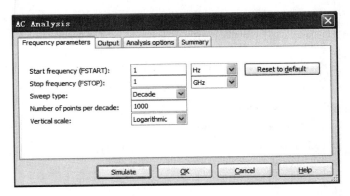

图 10-43　交流分析参数设置对话框

在图 10-43 的 Output 标签页中输入需要分析的变量，按 Simulate 进行仿真。放大电路输出电压 V（6）的幅频特性曲线和相频特性曲线结果如图 10-44 所示。

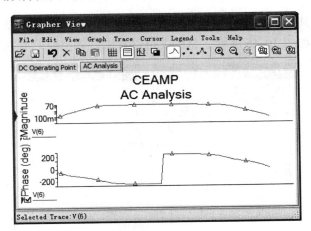

图 10-44　交流分析结果

3. 瞬态分析（Transient Analysis）

瞬态分析是指对所选电路节点进行时域响应分析，计算电路的时域响应。电路既可以有激励信号，也可以无任何激励信号。

在进行瞬态分析时，电路的初始状态既可以由用户指定，也可以由程序自动进行分析，用直流解作为初始状态。此时直流源恒定，交流信号源随时间而变。电容和电感都是能量储存模式元件，是暂态函数。瞬态分析结果通常是被分析节点的电压波形。

选择菜单命令 Simulate/Analyses，在列出的分析类型中选择 Transient Analysis，弹出瞬态分析对话框如图 10-45 所示。Analysis parameters 标签页中的 TSTART 用于设置仿真起始时间，TSTOP 用于设置仿真结束时间。

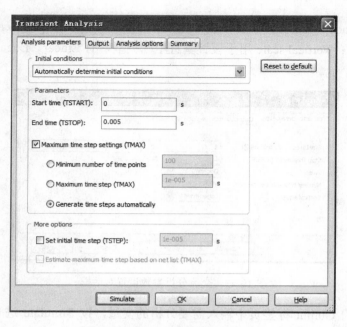

图 10-45　瞬态分析参数设置对话框

图 10-30 所示的共射放大电路在 TSTART＝0、TSTOP＝5 ms 的参数设定下输出电压 V（6）瞬态分析的结果如图 10-46 所示。从图中可以看出，该电路的放大倍数约为 80 倍。

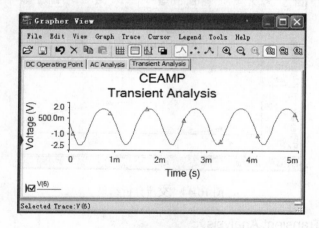

图 10-46　瞬态分析结果

4．傅里叶分析（Fourier Analysis）

傅里叶分析是分析周期性非正弦信号的一种数学方法，其原理是将周期性非正弦信号转换成一系列正弦波和余弦波，其中包括直流分量、基波分量及各次谐波。傅里叶分析同时也计算了信号的总谐波失真（THD）。THD 定义为信号的各次谐波幅度平方和的平方根再除以信号的基波幅度，并以百分数表示。

选择菜单命令 Simulate/Analyses，在列出的分析类型中选择 Fourier Analysis，弹出的傅里叶分析对话框如图 10-47 所示。设置参数如图中所示，分析得该电路总体谐波失真约为13.62%（图 10-48）。

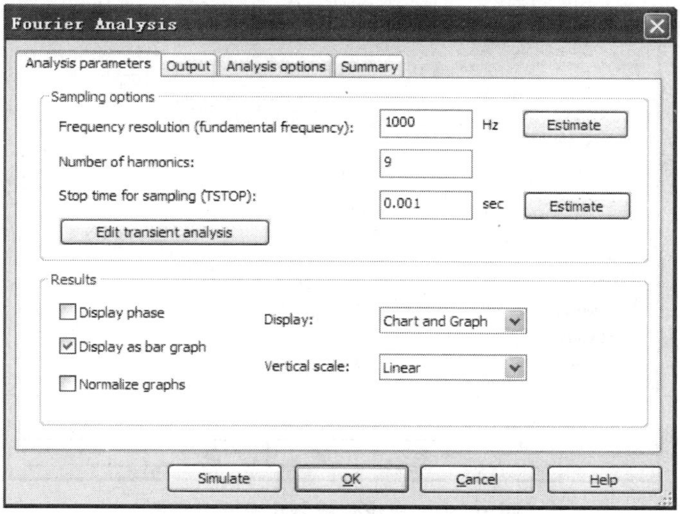

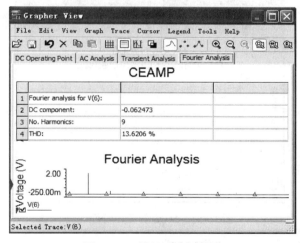

图 10-47　傅里叶分析参数设置对话框

图 10-48　傅里叶分析结果

5．直流扫描分析（DC Sweep）

直流扫描分析的作用是计算电路在不同直流电源下的直流工作点。利用直流分析，可快速地根据直流电源的变动范围确定电路直流工作点。在进行直流扫描分析时，电路中的所有电容视为开路，所有电感视为短路。对于图 10-49 所示的电路，可利用直流扫描分析来测 MOS 管的输出特性曲线。

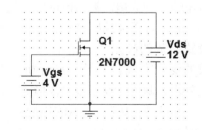

图 10-49　MOS 管输出特性测试电路

选择菜单命令 Simulate/Analyses，在列出的分析类型中选择 DC Sweep，则出现直流扫描分析对话框如图 10-50 所示。

设置 VDS、VGS 为扫描分析变量，参数如图 10-50 所示。在 Output 标签页中，设置 MOS 管的漏极电流作为分析变量，进行仿真得到 MOS 管的输出特性曲线如图 10-51 所示。

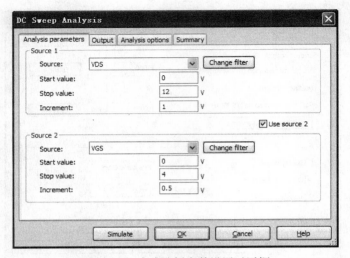

图 10-50 直流分析参数设置对话框

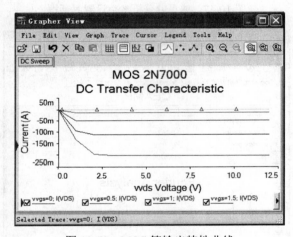

图 10-51 MOS 管输出特性曲线

6. 参数扫描分析（Parameter Sweep）

参数扫描分析是电路参数设置在一定范围内变化时，分析参数变化对电路性能的影响。其中扫描参数既可以是独立电压源和独立电流源，也可以是温度、模型参数或全局参数。

进行参数扫描分析时，用户首先确定扫描参数，然后设置参数的起始值、结束值、增量和扫描方式，以控制参数的变化方式。参数扫描分析类型有三种分析：静态工作点分析、瞬态分析和交流频率分析。

对于图 10-52 所示的电路，选择菜单命令 Simulate→Analysis→Parameter Sweep，在弹出的参数扫描分析对话框中选择电阻 Rf2 作为扫描参数。设置扫描变量为列表方式，取 Rf2＝1.0 kΩ、1.2 kΩ、1.5 kΩ和 2.7 kΩ四种值，参数设置如图 10-53 所示。

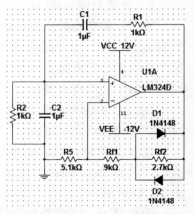

图 10-52 文氏桥式振荡电路

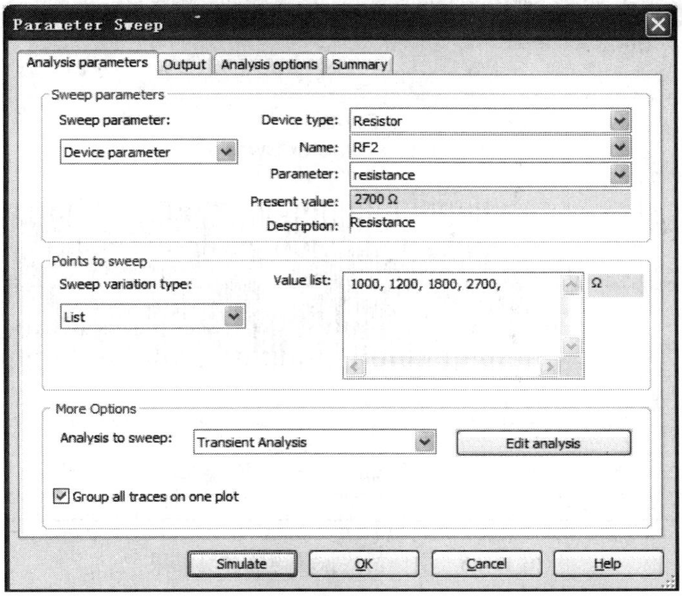

图 10-53　参数扫描分析对话框

设置扫描分析类型是瞬态分析，将初始条件设置为零，取仿真结果时间 TSTOP＝0.5 s，如图 10-54 所示。仿真后的结果如图 10-55 所示。

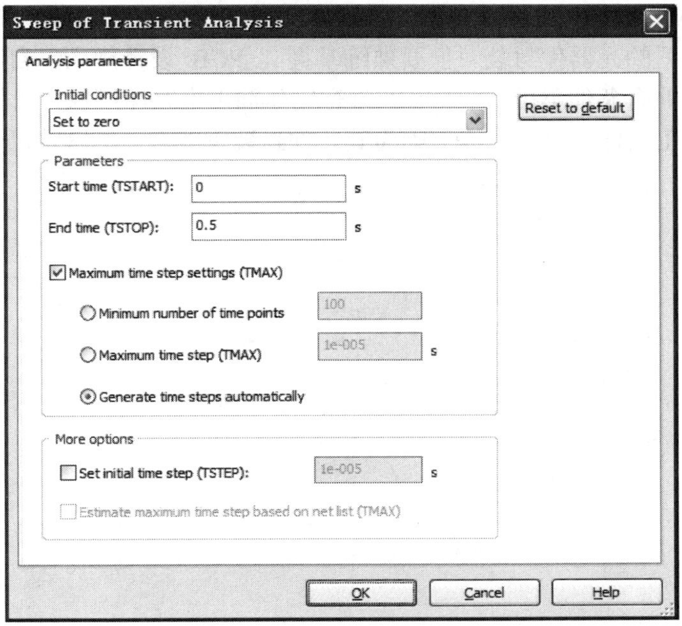

图 10-54　瞬态分析对话框

从仿真结果可以看出：当 Rf2＝1.0 kΩ和 1.2 kΩ时，电路不能起振；当 Rf2＝1.8 kΩ和 2.7 kΩ时，电路能够起振，与文氏桥式振荡电路的起振条件 Rf1＋Rf1 应大于 2 倍 R3 一致，并且 Rf2 越大，起振时间越短。

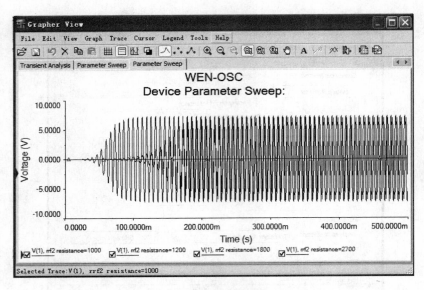

图 10-55   文氏桥式振荡电路仿真结果

10.2.5   制版软件 Ultiboard 简介

作为 Multisim 电子设计套件的一部分，加拿大 IIT 公司还向用户提供配套的制版软件 Ultiboard。用 Multisim 进行仿真设计后的电路可以直接无缝链接到 Ultiboard 进行印制电路板的设计。Ultiboard 的突出优点是它的元件封装库十分丰富，一般情况下都能从其大量的封装中直接找到合适的元器件封装。但要熟练掌握其 PCB 设计规则、自动布线等操作是要下一番工夫的。在业余条件下用 Ultiboard 进行制作简单电路印制板，可以不受它的设计规则约束，用直接手工元件布局和布线。因为其元件封装库丰富，所以它仍为一种简捷、方便的制版软件。

附录 A　常用仪器使用简介

A.1　数字万用表的使用

数字式万用表是一种多用途、多量程测量仪表。普通的数字万用表，能测量直流电流、直流电压、交流电流、交流电压、电阻、电容，以及能判断二极管的极性等。

数字万式用表主要由大屏幕液晶显示器、测量线路和转换开关组成，其外形如附录图 A-1 所示（以 UT58A 型数字式万用表为例）。

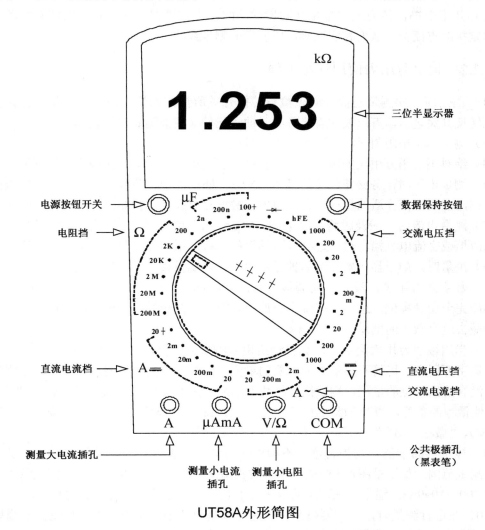

UT58A外形简图

图 A-1　UT58A 外形简图

A.1.1　数字万用表简介

数字万用表是通过测量线路将被测的模拟量（电压或电流），经过模/数转换电路（A/D转换电路），将模拟量转换为数字量，并通过 LCD 数码显示器显示出来（关于模/数转换的概念，将在数字电子技术基础课程中涉及）。显示器一般采用三位半数码显示。数字万用表的测量线路实质上是由多量程直流电流表、多量程直流电压表、多量程整流式交流电压表，以及多量程欧姆表等几种线路组合而成。测量线路中的元件绝大部分是各种类型和各种数值的电阻元件，如碳膜电阻、电位器等。在测量交流电压的线路中还有整流元件。

数字万用表中各种测量种类及量程的选择是靠转换开关来实现的。转换开关里面有固定接触点和活动接触点，当固定接触点和活动接触点闭合时可以接通电路。活动接触点通常称为"刀"，固定接触点通常称为"掷"。万用表中所用的转换开关往往都是特别的，通常有多刀和几十个掷，各刀之间是相互同步联动的，旋转"刀"的位置可以使某些活动接触点与固定接触点闭合，从而相应地接通所要求的测量线路。

A.1.2　数字万用表使用注意事项

（1）在任何一次测量之前，必须检查转换开关所指的挡位与被测对象是否符合要求。在旋转转换开关之前，万用表的表笔务必于被测元件（或被测对象）脱离。

（2）测量元件电阻值时，被测对象不能带电。

（3）绝对不能用万用表的电阻挡和电流挡去测量电压，否则万用表会立即损坏。

（4）测量电压时，务必将红表笔插入"V/Ω"插孔，应将转换开关旋至直流电压挡或交流电压挡，然后选择合适的量程，将万用表与被测对象并联进行测量。

（5）测量电流时，应及时将红表笔插入"μAmA"或者"A"插孔，应将转换开关旋至直流电流挡或交流电流挡，然后选择合适的量程，将万用表与被测对象串联进行测量。

（6）测量时，如果显示器左侧单独显示"1"，表明量程不够，应将量程加大。

（7）数字式万用表，没有手动调零装置，一般都是自动调零。由于种种原因，测量时往往不能完全调到零位，总有一些微小的偏差。因此，在测量时，可根据具体情况将显示器的读数减去这个微小的偏差。

（8）当用数字万用表测量时，会自动给出被测量的单位，如图 A-1 中所示。但是某些型号的数字万用表，可能不显示被测对象的单位，此时可根据选择的量程来判断被测对象的单位。没有给出单位的量程，均默认采用基本单位，如"欧姆（Ω）"、"伏（V）"、"安（A）"等。其他量程的单位，如"千欧（kΩ）"、"兆欧（MΩ）"、"微安（μA）"、"毫安（mA）"、"毫伏（mV）、"微法（μF）"等。

（9）显示器的示值，均为直读，不乘以任何倍率。表盘上的各量程的标注，仅表示该量程的测量范围。如附录图A-1中的转换开关正指向电阻挡的"2K"量程，则该量程的测量范围是200～1999 Ω。通常，三位半的数字万用表，各量程的设置均为 2 的整倍数。

（10）在进行测量时，一定要搞清楚被测对象是直流还是交流。若用直流挡去测量一个交流量或者用交流挡去测量一个直流量，则显示器上都不会显示出正确的示值。

A.1.3　UT58A 型数字万用表部分技术指标

（1）输入电阻或输入阻抗：约为 10 MΩ（指直流电压挡或交流电压挡）。

（2）频率响应：40～1000 Hz，（指交流电压挡和交流电流挡）。

（3）准确度和分辨率：

①　直流电压挡

准确度：200～200 V 量程，±（0.5%＋1）

分辨率：0.1～100 mV

②　交流电压挡

准确度：2～200 V 量程，±（0.8%＋3）

分辨率：1～100 mV

③　直流电流挡

准确度：20 μA～20 mA 量程，±（0.8%＋1）；200 mA 量程，±（1.5%＋1）

分辨率：0.01～10 μA；200 mA 量程分辨率为 0.1 mA

④　交流电流挡

准确度：2 mA 量程，±（1.0%＋3）；200 mA 量程，±（1.8%＋3）

分辨率：2 mA 量程，1 μA；200 mA 量程：0.1 mA

⑤　电阻挡

准确度：200 Ω量程，±（0.8%＋3）＋表笔短路电阻；2 kΩ～2 MΩ量程，±（0.8%＋1）；20 MΩ量程，±（1.0%＋2）

分辨率：200 Ω～20 kΩ量程，0.1 Ω～10 Ω；2 MΩ～20 MΩ量程，1 kΩ～10 kΩ

A.2　直流稳压电源的使用

直流稳压电源是将交流电压转换为直流电压的实验设备，大多数直流稳压电源具有两路电压输出（有的直流稳压电源具有多路电压输出），输出电压调节范围为 0～30 V，每路输出电流 2～3 A，并具有输出端短路自动保护、过载保护和手动复位的功能，安全可靠，使用方便。直流稳压电源通常都具有以下几个环节，即降压环节、整流滤波环节、稳压环节、采样电路和基准电路环节、推动电路和调整电路环节，以及电压输出环节。

A.2.1　直流稳压电源工作过程简介

直流稳压电源的工作过程大致经过以下几个步骤：

（1）首先经变压器将 220 V 交流电压降为较低的交流电压。

（2）经桥式整流电路，将交流电压整流为直流脉动电压。

（3）直流脉动电压经低电压大容量电容器滤波后，成为脉动较小的直流电压。

（4）脉动较小的直流电压经稳压管稳压后，成为纹波较小的直流电压。

（5）经过上述步骤得到的直流电压，基本上已经可以使用，但还需经过采样电路和基准电压环节、推动电路和调整电路环节，以实现真正意义上的稳压。即经稳压管稳压得到的直流电压，经调整电路加至稳压电源的输出端，若由于负载变化引发输出端电压的波动，这个波动则会造成采样电路输出电压的变化，并与基准电压进行比较，它们之间的差值，经推动电路推动调整电路进行调整，从而实现稳压电源输出端的一个稳压过程。

A.2.2　直流稳压电源外形结构简介（以 SS1712 型稳压电源为例）

SS1712 型稳压电源外形结构如附录图 A-2 所示。

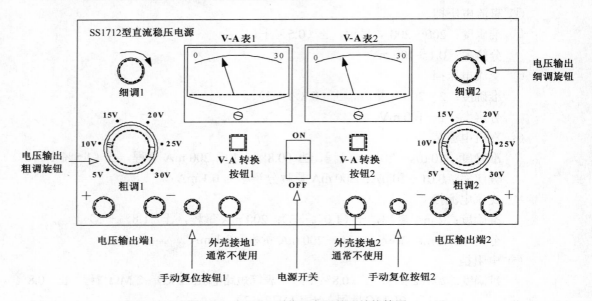

图 A-2　SS1712 型稳压电源外形结构简图

（1）SS1712 型稳压电源具有两路独立的电压输出，分别为电压输出 1 和电压输出 2，各路的电压输出分别由各自的电压输出粗调旋钮和细调旋钮共同调节。

（2）每路电源各有一个 V-A 表，用来显示该路输出的电压值或电流值。在使用 V-A 表时，须经 V-A 转换按钮进行转换方可使用。即若要显示该路输出电压，则放开 V-A 转换按钮；若要显示该路输出电流，则按下 V-A 转换按钮。

（3）每路电源各有一个手动复位按钮，该按钮在以下情况时使用：

① 稳压电源工作时，输出端被短路，或负载短路；

② 电源过载（即电源超负荷）。

不论上述哪种情况发生，稳压电源都会自动保护，此时稳压电源该路输出为零或一个很小的负电压。倘若上述情况发生，首先必须排除电路的短路故障或过载现象，然后按手动复位按钮，可恢复该路的初始工作状态。在这里，有一点必须注意，即稳压电源的保护功能只能断续保护，不能连续保护！若发生短路或过载情况，在未排除短路故障或过载现象之前，却不停地按手动复位按钮，则会导致稳压电源的损坏！

A.3　功率函数信号发生器的使用

函数信号发生器可输出多种波形，一般可输出正弦波、三角波、方波（占空比为 50%）、锯齿波和对称可调脉冲波（脉冲宽度可调），有的脉冲信号发生器还可以输出阶梯波等。在此仅以 DF1636A 型功率函数信号发生器为例，对其使用进行简单的介绍。该仪器的外形结构如附录图 A-3 所示。

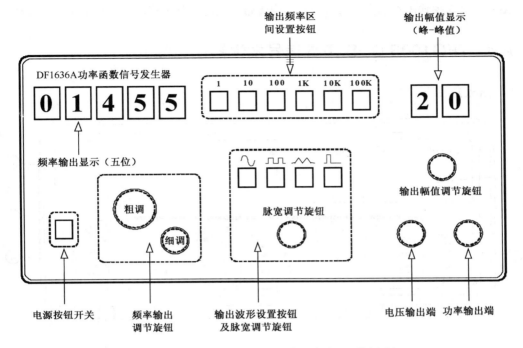

图 A-3　DF1636A 型功率函数信号发生器面板布局

DF1636A 型功率函数信号发生器部分技术参数。

（1）输出波形：正弦波、三角波、方波、脉冲波。（多用正弦波和方波。）

（2）输出频率：分为六个频率区间，范围由 0.1 Hz～100 kHz；五位 LED 数码显示。

（3）输出幅度：正弦波和三角波输出幅度（峰-峰值）≤45 V，（峰-峰值即正的最大值加负的最大值），方波输出幅度（峰-峰值）≤32 V。

（4）功率输出（使用功率输出端）：输出频率低于 20 kHz 时，最大功率输出为 10 W，输出频率大于 20 kHz 时，最大功率输出为 5 W，（负载阻抗 10 Ω，此时的功率输出是指峰-峰值下的情形，因此在使用该仪器时，切记勿使仪器过载！）

（5）电压输出（使用电压输出端）：波形输出幅度（峰-峰值）≤45 V。

（6）输出衰减：分为 20 dB，40 dB，60 dB（当需要小信号输出时使用）。

（7）方波占空比：50%±5%（不可调）。

DF1636A 型功率函数信号发生器使用举例。

（1）按下电源按钮开关，接通电源，此时频率输出显示器和电压输出显示器亮，最好预热 10 分钟再使用该仪器。

（2）设置频率输出区间。例如，按下"输出频率区间设置"中的"10 K"按钮开关。

（3）设置输出波形。按下"输出波形设置"中的"正弦波"按钮开关。

（4）调节输出频率，输出频率粗调和细调联合在一起进行调节，例如，输出频率调节为 1.455 kHz（使用这两个调节旋钮时，动作要缓慢）。

（5）调节输出幅度。例如，旋转输出幅度调节旋钮，使输出（峰–峰值）显示为 20 V，此时，该仪器输出正弦波，频率 1.455 kHz，输出峰–峰值 20 V。

（6）选择功率输出端输出即可（功率输出端带负载能力强一些，其他与电压输出端相同）。

A.4　TFG1005 DDS 函数信号发生器使用简介

1．面板介绍

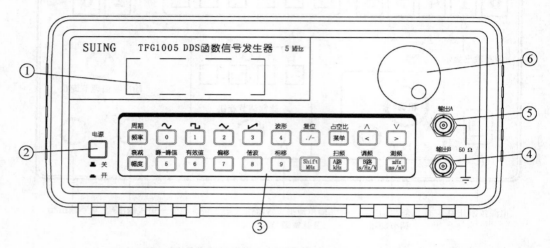

图 A-4　①液晶显示屏　②电源开关　③键盘　④输出 B　⑤输出 A　⑥调节旋钮

2．显示说明

显示屏显示分为三部分：

（1）上面一行为功能和选项显示，左边两个汉字显示当前功能，在"A 路单频"和"B 路单频"功能时显示输出波形；

（2）右边四个汉字显示当前选项，在每种功能下各有不同选项，例如，"A 路频率"、"A 路周期"、"A 路幅度"、"A 路波形"、"A 占空比"、"B 路频率"等；

（3）下面一行显示当前选项的参数值。

3．键盘说明

仪器面板上共有 20 个按键，键体上的字表示该键的基本功能，直接按键执行基本功能。键上方的字表示该键的上挡功能，首先按[shift]键，屏幕右下方显示"S"，再按某一键可执行该键的上挡功能。

4．基本操作

下面举例说明基本操作方法，较复杂的使用请参考使用说明书。

A 路频率设定：设定频率值 3.5 kHz　　　　　　　[频率]　[3]　[.]　[5]　[kHz]

A 路周期设定：设定频率值 25 ms　　　　　　　[shift]　[周期]　[2]　[5]　[ms]

A 路幅度设定：设定幅度值为有效值 5 mV　　　　[shift]　[有效值]　[5]　[mV]

　　　　　　　设定幅度值为峰–峰值 50 mV　　　[shift]　[峰–峰值]　[5]　[0]　[mV]

A 路常用波形选择：正弦波、方波、三角波、锯齿波

[shift] [0]，[shift] [1]，[shift] [2]，[shift] [3]

A 路其他波形选择：A 路选择指数波形　　　　　　　　[shift] [波形] [1] [2] [Hz]

A 路占空比设定：A 路选择方波，占空比 65%　　　　　[shift] [占空比] [6] [5] [Hz]

A 路衰减设定：选择固定衰减 0 dB　　　　　　　　　　[shift] [衰减] [0] [Hz]

A 路偏移设定：在衰减选择 0 dB 时，设定直流偏移值为–1 V

　　　　　　　　　　　　　　　　　　　　　　　　　　[shift] [衰减] [–] [1] [V]

以上所有选项数据都可用旋钮调节，按[<]或[>]键可左右移动数据上边的三角形光标指示位，左右转动旋钮可使指示位的数字增大或减小，并能连续进位或借位，由此可任意粗调或细调该选项数据大小。

5．复位初始化

开机后或按[shift][复位]键后仪器的初始化状态如下：

A B 路波形：正弦波	A B 路频率：1 kHz	A B 路幅度（峰-峰值）：1 V
A B 占空比：50%	A 路衰减：AUTO	A 路偏移：0 V
B 路谐波：1.0	B 路相移：90°	初始频率：500 Hz
终点频率：5 kHz	步进频率：10 Hz	间隔时间：10 ms
扫描方式：正向	载波频率：50 kHz	载波幅度（峰-峰值）：1 V
调制频率：1 kHz	调频频偏：1.0%	调制波形：正弦波

6．主要技术指标

波形种类：正弦波，方波，三角波，锯齿波等 16 种波形

频率范围：正弦波 40 mHz～型号频率上限（MHz）　　其他波形：40 mHz～1 MHz

频率分辨率：40 mHz

幅度范围（峰-峰值）：2 mV～20 V（高阻）

分辨率（峰-峰值）：20 mV（幅度>2 V），20 mV（幅度<2 V）

输出阻抗：50 Ω

偏移范围：±10 V（高阻）

电源条件：电压　AC220 V（1±10%），频率　50 Hz（1±5%），功耗　<30 VA

操作特性：全部按键操作，旋钮连续调节

频率测量范围：1 Hz～100 MHz

输入信号幅度（峰-峰值）：100 mV～20 V

最大功率输出：7 W（8 Ω），1 W（50 Ω）

最大输出电压（峰-峰值）：22 V

最大带宽：1 Hz～200 kHz

A.5　MVT—172D 双输入数字交流毫伏表使用简介

1．面板介绍

在如图 A-5 所示的面板中：

① POWER　电源开关。

② **PRESET/RANGE** 当测量方式为"MAN"（手动转换量程）时，用于改变量程。按一下"PRESET"开关，向小量程方向跳一挡，按一下"RANGE"开关，向大量程方向跳一挡。

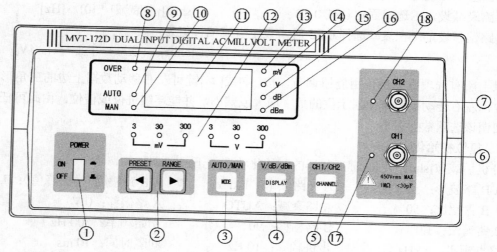

图 A-5 MVT—172D 双输入数字交流毫伏表面板

③ **AUTO/MAN** 用于选择测量方式。开机时处于"AUTO"（自动转换量程）状态。按一下该按钮，转换到"MAN"（手动转换量程）状态，再按一下该按钮，又回到"AUTO"状态。

④ **V/dB/dBm** 用于选择显示方式。开机时处于 V（电压显示）方式。每按一下该按钮，机器便在 V，dB，dBm 三种显示方式之间切换。

⑤ **HANNEL** 用于选择输入通道。

⑥ **CH1** 被测信号输入通道 1。

⑦ **CH2** 被测信号输入通道 2。

⑧ **OVER** 过量程或欠量程指示灯。当测量方式处于"MAN"显示数字（忽略小数点）大于 3100 或小于 290 时，该指示灯亮，表示当前量程不合适。

⑨ **AUTO** 该灯亮时表示当前处于自动转换量程状态。

⑩ **MAN** 该灯亮时表示当前处于手动转换量程状态。

⑪ **显示窗口** 4 位 0.5 寸绿色数码管显示。当被测试点超出测量范围时，显示数字会闪烁，表示该数据无效。

⑫ **量程指示灯** 当机器处于手动转换量程状态时，量程指示灯其中一个点亮表示当前的量程。

⑬ **mV** 电压显示单位。

⑭ **V** 电压显示单位。

⑮ **dB** 电压显示单位。

⑯ **dBm** 电压显示单位。

⑰ **指示灯** 该指示灯亮时表示当前为 CH1 输入。

⑱ **指示灯** 该指示灯亮时表示当前为 CH2 输入。

2．基本操作

测量前请接通电源。

刚开机后，机器处于 CH1 输入、自动量程、电压显示方式。用户可根据需要重新选择输入通道、测量方式和显示方式。如果采用手动测量方式，在加入被测电压前要选择合适的量程。

两个通道的量程有记忆功能，因此如果输入信号没有变化，转换通道时不必重新设置量程。

当机器处于手动测量方式时，在从 INPUT 端接入被测电压后，应马上显示出被测电压数据。当机器处于自动测量方式时，在加入被测电压后需要几秒钟，显示的数据才会稳定下来。

如果显示数据不闪烁，则 OVER 灯不亮，表示机器工作正常；如果 OVER 灯亮，表示数据误差较大，用户可根据需要选择是否更换量程。如果显示数据闪烁，则表示被测量电压已超出当前量程的范围，必须更换量程。

3．注意事项

打开电源开关后，数码管应当亮，数字表大约有几秒钟不规则的数据乱跳，这是正常现象。过几秒钟后应该稳定下来。

输入短路时有大约 15 个字以下的噪声，这不会影响测试精确，不需调零。

当机器处于手动转换量程状态时，请不要长时间使输入电压大于该量程所能测量的最大电压。

4．主要技术指标

交流电压测量范围：$30\,\mu V \sim 300\,V$

分贝测量范围：$-79 \sim +50\,dB$（$0\,dBm = 600\,\Omega$）

量程：$3\,mV$，$30\,mV$，$300\,mV$，$3\,V$，$30\,V$，$300\,V$

电压的固有误差：$\pm 0.5\%$读数± 6 个字（$1\,kHz$ 为基准）

频率范围：$5\,Hz \sim 2\,MHz$

输入电阻：$1\,M\Omega \pm 10\%$

最高分辨力：$1\,\mu V$

噪声：输入短路时小于 15 个字（$30\,mV \sim 300\,V$ 量程）

最大输入电压：$450\,V$

A.6 DF4211 型超低频双线示波器的使用

示波器（又称阴极射线示波器）可以用来观察和测量随时间变化的电信号图形，它是进行电信号特性测试的常用电子仪器。由于示波器能够直接显示被侧信号的波形，测量功能全面，加之具有灵敏度高、输入阻抗大和过载能力强等一系列特点，所以在近代科学技术领域中得到了极其广泛的应用。

示波器的种类很多，电路实验中常用的有普通单踪示波器、长余辉双踪示波器等，它们的工作原理是相似的。

A.6.1　示波器的基本结构

示波器主要由示波管、（Y 轴）垂直放大器、扫描（锯齿波）信号发生器、（X 轴）水平放大器及电源等部分组成，其结构框图如图 A-6 所示。

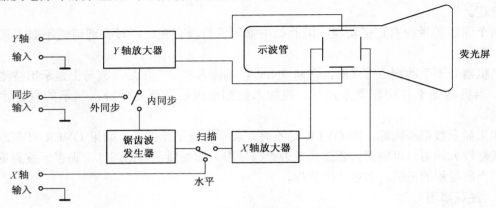

图 A-6　示波器基本结构示意图

（1）示波管是示波器的核心部件，它主要包括电子枪、偏转板和荧光屏等几个部分，如图 A-5 所示。示波管的电子枪包括灯丝、阴极、控制栅、第一阳极和第二阳极。阴极被灯丝加热时发射大量电子，电子穿过控制栅后被第一阳极和第二阳极加速和聚焦，所以电子枪的作用是产生一束极细的高速电子射线。由于两对平行的偏转板上加有随时间变化的电压，高速电子射线经过偏转板时就会在电场力的作用下发生偏转，偏转距离与偏转板上所加的电压成正比，最后电压射线高速撞在涂有荧光剂的屏幕上，产生可见的光点。

（2）Y 轴放大器把被测信号电压放大到足够的幅度，然后加在示波管的垂直偏转板上。Y 轴放大器还带有衰减器，用来调节垂直幅度，确保显示图形的垂直幅度适当或进行定量测量。这部分也称为 Y 通道。

（3）扫描信号发生器产生一个与时间成线性关系的周期性锯齿波电压（又称为扫描电压），经过 X 轴放大器放大以后，再加在示波管水平偏转板上，X 轴放大器也带有衰减器，其作用于 Y 轴所带衰减器相同。这部分也称为 X 通道或扫描时基部分。

A.6.2　示波器部分旋钮或开关的作用

示波器的种类不同，旋钮开关的数量以及在面板上的位置、名称也不尽相同，在此仅以 DF4211 型超低频双线示波器为例，介绍部分旋钮及开关的作用。DF4211 型超低频双线示波器的面板布局如图 A-7 所示。

Y_1 聚焦和 Y_2 聚焦（FOCUS）：轨迹清晰度的调节旋钮。使得 Y_1 或 Y_2 的输入信号波形清晰。

辉度（亮度 INTENSITY）：轨迹亮度的调节旋钮。调节 Y_1 和 Y_2 的输入信号波形的亮度，但不要过于明亮，辉度适中为好。

垂直移位（VERTICAL POSITION）：Y_1 通道和 Y_2 通道各有一个垂直移位旋钮，调节显示波形在荧光屏中的垂直位置。

输入（INPUT）：Y_1 通道和 Y_2 通道各有一个输入端口，即被测信号的输入端口。

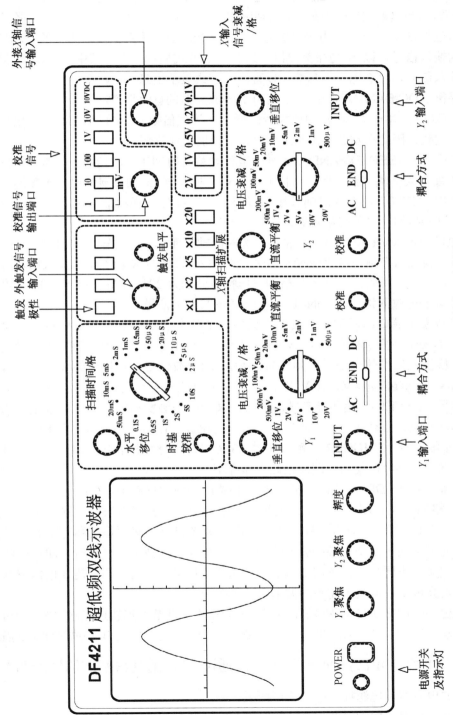

图 A-7　DF4211面板布局示意图

电压衰减/格（VOLTS/DIV）：Y_1 通道和 Y_2 通道各有一个电压衰减旋钮，用于改变示波器显示屏上直角坐标中 Y 轴（Y 轴也可以称为"电压轴"）每格的电压幅值。

耦合方式（AC—GND—DC）：用于选择被测信号馈入至垂直通道的耦合方式。其中的"GND"位置，使得输入信号失效。可以利用该选择开关的"GND"位置，结合各输入通道的"垂直移位"旋钮，调节 0 电平（0 电位）在荧光屏上的垂直位置。其中的"AC"位置，使得对应的输入信号，以 0 电平为基准，以交流的方式显示出来。其中的"DC"位置，使得对应的输入信号，以 0 电平为基准，以直流的方式显示出来。

直流平衡（DC BALANCE）：用于调节 Y 轴放大器的直流平衡。

校准（CAL）：用于调节 Y 轴放大器的增益（放大倍数）。此旋钮在示波器出厂时已经作了相应的调整，因此在示波器正常工作时，无须调节该旋钮。

扫描扩展（SWEEP EXPAND）：X 轴（此时也称为时间轴）的扫描扩展按钮（共五个）。使得 X 轴扩展为某个整倍数。例如，按下"×5"按钮，则 X 轴扩展为原来长度的 5 倍，而每格对应的时间长度为原有的时间长度除以 5。当需要仔细观察信号波形的轨迹变化情况时，可使用这些按钮，进行仔细观察。

X 轴电压衰减（V/DIV）：当 X 轴不作为时间轴，而作为信号输入端口时（例如，观察李沙育图形，将某信号由外接 X 轴信号输入端口馈入），此时 X 轴电压衰减按钮才有作用。这些按钮共有 5 个，对应 X 坐标轴每格的电压幅值分别为 2 V、1 V、0.5 V、0.2 V 和 0.1 V。

外接 X 轴信号输入端口（X INPUT）：用来输入 X 轴信号。

校准信号输出端口：通常，示波器都提供一个基准信号，用于对示波器进行检测。建议在使用示波器时，使用该基准信号对示波器进行简单的检测以及参考该基准信号，调节示波器的各个旋钮。基准信号是一个频率为 1 kHz 的方波信号，该信号的幅值分为六挡，即 1 mV、10 mV、100 mV、1 V、10 V 及 10 V 电平的直流信号。

触发电平（LEVEL）：用于调节被测信号在某一电平触发扫描，拉出该旋钮为选择触发状态，推入该旋钮为自动状态，一般情况，将该旋钮置于自动状态，即使用示波器内部的触发电平。对于触发源（TRIGGER）、触发极性（SLOPE）、外触发信号输入端口（EXT INPUT）这些按钮和端口，不经常使用，因而在此不作介绍。

扫描速度（TIME/DIV）：扫描速度也称为扫描时间或扫描频率。扫描速度用于改变 X 轴（时间轴）每格的时间长度，其作用是使被显示的信号频率和锯齿波发生器的锯齿波频率成整倍数的关系（即同步），只有这样，我们才能在荧光屏上观察到稳定和完整的信号波形。通常应使荧光屏上显示数个完整的波形轨迹为好。当显示的波形不稳定时，即被显示的信号频率与锯齿波频率不同步，自然需要调节扫描速度。扫描速度的确定，需要根据被测信号频率及希望在荧光屏上观察几个完整的波形轨迹来确定。

水平移位（HORIZOUTAL POSITION）：该旋钮用于调节波形轨迹在水平方向上的位置。

时基校准（CAL）：该时基校准是针对 X 轴（时间轴）的。用来校准扫描时间（扫描速度）。

A.6.3　DF4211 示波器使用举例：（以通过 Y_1 通道观察基准信号为例）

（1）接通电源线，电源插座在仪器后面板。

（2）按下示波器正面的电源按钮，此时电源指示灯亮。

（3）稍等片刻，将 Y_1 聚焦、Y_2 聚焦和辉度（亮度）旋钮置于大约中间位置。

（4）将 Y_1 通道和 Y_2 通道的耦合方式选择开关均置于"GND"位置。

（5）缓慢调节 Y_1 通道和 Y_2 通道的垂直移位旋钮及水平移位旋钮，直至在荧光屏上看到两条水平的扫描线出现。

（6）将基准信号经过输入电缆接入 Y_1 的输入端口，按下基准信号的 10 V 按钮。

（7）缓慢改变 Y_1 通道的电压衰减旋钮，使得显示的信号波形的幅度适中即可。

（8）缓慢的改变扫描速度旋钮，直至在荧光屏上观察到数个完整的方波轨迹即可。

（9）当以上所述完成后，可根据 Y 轴电压衰减和扫描速度粗略地估算出基准信号的幅值、周期及频率。

附录 B　常用逻辑门电路逻辑符号对照表

名　称	曾用符号	国外常用符号	国标符号
与门			
或门			
非门			
与非门			
或非门			
与或非门			
异非门			
同非门			
传输门			
集电极 开路门			
三态 输出门			

附录 C① 部分集成电路引脚图

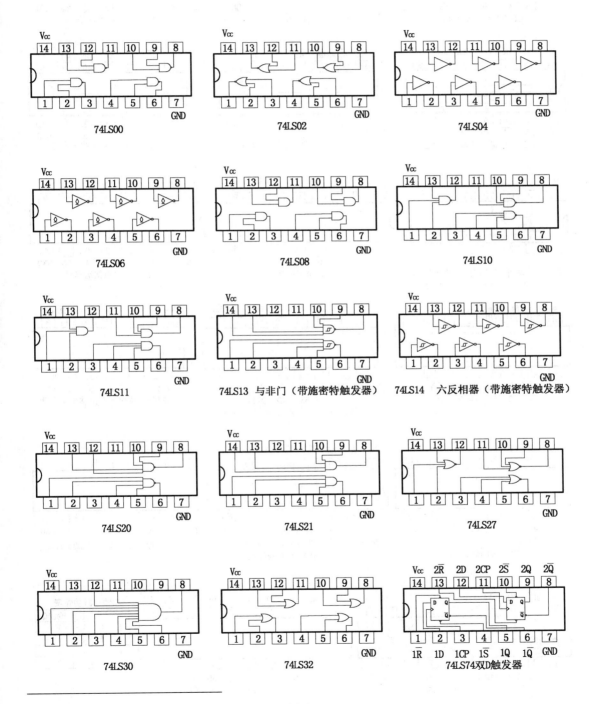

74LS00

74LS02

74LS04

74LS06

74LS08

74LS10

74LS11

74LS13 与非门（带施密特触发器）

74LS14 六反相器（带施密特触发器）

74LS20

74LS21

74LS27

74LS30

74LS32

74LS74双D触发器

① 附录 C 中所用逻辑符号的含义，请参见附录 B——编者注。

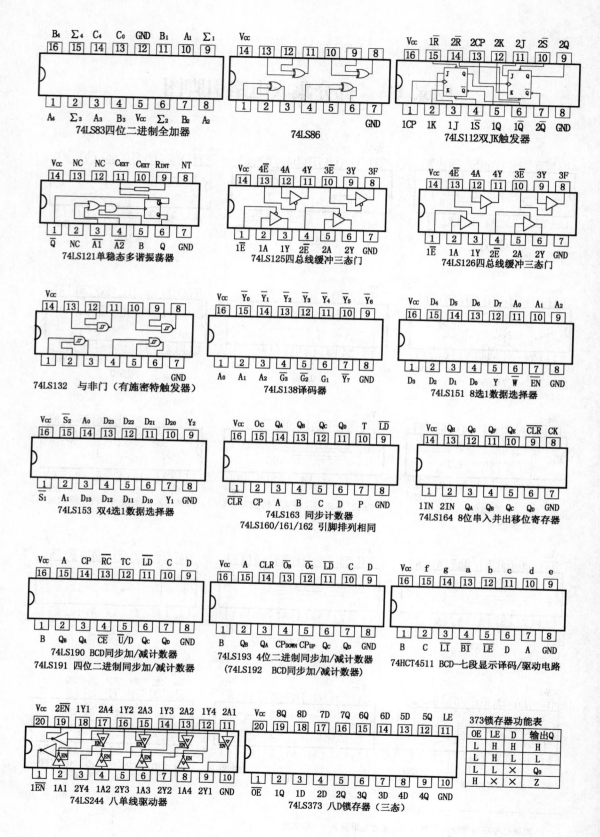

74LS83四位二进制全加器

74LS86

74LS112双JK触发器

74LS121单稳态多谐振荡器

74LS125四总线缓冲三态门

74LS126四总线缓冲三态门

74LS132　与非门（有施密特触发器）

74LS138译码器

74LS151 8选1数据选择器

74LS153 双4选1数据选择器

74LS163 同步计数器
74LS160/161/162 引脚排列相同

74LS164 8位串入并出移位寄存器

74LS190 BCD同步加/减计数器
74LS191 四位二进制同步加/减计数器

74LS193 4位二进制同步加/减计数器
（74LS192 BCD同步加/减计数器）

74HCT4511 BCD—七段显示译码/驱动电路

74LS244 八单线驱动器

74LS373 八D锁存器（三态）

373锁存器功能表

OE	LE	D	输出Q
L	H	H	H
L	H	L	L
L	L	×	Q0
H	×	×	Z

· 282 ·

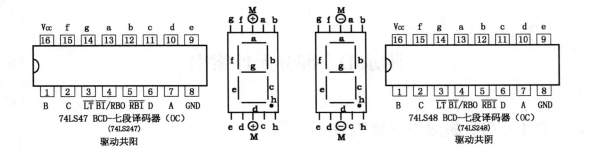

74LS47 BCD–七段译码器（OC）
(74LS247)
驱动共阳

74LS48 BCD–七段译码器（OC）
(74LS248)
驱动共阴

附录 D　部分元件索引

D.1　TTL 集成电路索引表

（说明：TTL 器件的序号相同，则其功能也相同。例如：74LS00 与 7400、74ALS00 的功能相同）

00	四 2 输入与非门	30	八输入与非门
01	四 2 输入与非门（OC）	31	延迟电路
02	四 2 输入或非门	32	四 2 输入或门
03	四 2 输入与非门（OC）	33	四 2 输入或非缓冲器（OC）
04	六反相器	34	六缓冲器
05	六反相器（OC）	35	六缓冲器（OC）
06	六高压输出反相缓冲器/驱动器（OC，30 V）	36	四 2 输入正或非门
07	六高压输出缓冲器/驱动器（OC，30 V）	37	四 2 输入与非缓冲器
08	四 2 输入与门	38	四 2 输入与非缓冲器（OC）
09	四 2 输入与门（OC）	39	四 2 输入与非缓冲器（OC）
10	三 3 输入与非门	40	双四输入与非缓冲器
11	三 3 输入与门	41	BCD-十进制计数器
12	三 3 输入与非门（OC）	42	4-10 译码器（BCD 输入）
13	双四输入与非门（有施密特触发器）	43	4-10 译码器（余 3 码输入）
14	六反相器（有施密特触发器）	44	4-10 译码器（余 3 格雷码输入）
15	三 3 输入与门（OC）	45	BCD-十进制译码器/驱动器
16	六高压输出反相缓冲/驱动器（OC，15 V）	46	BCD-七段译码器/驱动器
17	六高压输出缓冲/驱动器（OC，15 V）	47	BCD-七段译码器/驱动器
18	双四输入与非门（有施密特触发器）	48	BCD-七段译码器/驱动器
19	六反相器（有施密特触发器）	49	BCD-七段译码器/驱动器
20	双四输入与非门	50	双二路 2-2 输入与或非门（一门可展）
21	双四输入与门	51	双二路 2-2 输入与或非门
22	双四输入与非门（OC）	52	四路 2-3-2-2 输入与或门（可扩展）
23	双可扩展的输入或非门	53	四路 2-2-2-2 输入与或非门（可扩展）
24	四 2 输入与非门（有施密特触发器）	53	四路 2-2-3-2 输入与或非门（可扩展）
25	双四输入或非门（有选通）	54	四路 2-2-2-2 输入与或非门
26	四 2 输入高压输出与非缓冲器（OC，15 V）	54	四路 2-3-3-2 输入与或非门
27	三 3 输入或非门	54	四路 2-2-3-2 输入与或非门
28	四 2 输入或非缓冲器	55	二路 4-4 输入与或非门（可扩展）

D.2　部分 CMOS 集成电路索引

CD4034B	八位通用总线寄存器	CD4097B	双八选一模拟开关
CD4035B	四位并入/串入-并出/串出移位寄存器	CD4098B	同 J210，MC14528，双单稳态触发器
CD4040B	12 位二进制串行计数器/分配器	CD4099B	八位可寻址锁存器
CD4041B	四同相/反相缓冲器	CD40100B	32 位双向静态移位寄存器
CD4042B	四锁存 D 型触发器	CD40101B	九位奇偶发生器/校验器
CD4043B	四三态 RS 锁存触发器（"1"触发）	CD40102B	八位可预置同步减法计数器（BCD）
CD4044B	四三态 RS 锁存触发器（"0"触发）	CD40103B	八位可预置同步减法计数器（二进制）
CD4048B	八输入端可扩展多功能门	CD40104B	四位双向通用移位寄存器（三态）
CD4049B	六反相缓冲器/转换器	CD40105B	先进先出寄存器
CD4050B	六同相缓冲器/转换器	CD40106B	六施密特触发器
CD4051B	单八路模拟开关	CD40107B	二输入端双与非缓冲/驱动器
CD4052B	双四路模拟开关	CD40108B	4×4 多端寄存器
CD4053B	三组二路模拟开关	CD40109B	四低到高电平移位器（三态）
CD4054B	四位液晶显示驱动器	CD40110B	十进制加减计数/译码/锁存/驱动器
CD4055B	BCD 七段译码/液晶驱动器	CD40147B	10—4BCD 优先编码器
CD4056B	BCD 七段译码/驱动器	CD40160B	非同步复位 BCD 计数器（可预置）
CD4060B	14 位二进制计数/分频/振荡器	CD40161B	非同步复位二进制计数器
CD4063B	四位数字比较器	CD40162B	同步复位 BCD 计数器
CD4066B	四双向模拟开关	CD40163B	同步复位二进制计数器
CD4067B	单 16 通道模拟开关	CD40174B	六 D 触发器
CD4068B	八输入端与非门/与门	CD40175B	四 D 触发器
CD4069UB	六反相器	CD40192B	可预置 BCD 加/减计数器（双时钟）
CD4070B	四异或门	CD40193B	可预置四位二进制加/减计数器（双
CD4071B	四 2 输入或门		时钟）
CD4072B	双 4 输入或门	CD40194B	四位并入/串入—并出/串出移位寄存器
CD4073B	三 3 输入与门		（左移/右移）
CD4075B	三 3 输入或门	CD40195B	四位并入/串入—并出/串出移位寄存器
CD4076B	四 D 寄存器（三态）	CD4502B	可选通六反相/缓冲器
CD4077B	四异或非门	CD4503B	六同相缓冲器
CD4078B	八输入或非/或门	CD4508B	双四位锁存 D 触发器
CD4081B	四 2 输入与门	CD4510B	可预置四位 BCD 加/减计数器
CD4082B	双四输入与门	CD4511B	BCD 七段锁存/译码/驱动器
CD4085B	双 2 路 2 输入与或非门	CD4512B	八通道数据选择器
CD4086B	四路 2-2-2-2 输入与或非门	CD4514B	4-16 译码器（输出高）
CD4089B	四位二进制比例乘法器	CD4515B	4-16 译码器（输出低）
CD4093B	四 2 输入与非施密特触发器	CD4516B	可预置四位二进制加/减计数器
CD4094B	八位移位存储总线寄存器	CD4517B	双 64 位静态移位寄存器
CD4095B	选通 JK 触发器（同相 JK 输入端）	CD4518B	双 BCD 加法计数器
CD4096B	选通 JK 触发器（反相和同相 JK 输入端）	CD4519B	四位与或选择器

CD4520B　双二进制加法计数器

CD4522B　二-十进制可预置同步 1/N 计数器

CD4526B　四位二进制可预置 1/N 计数器

CD4527B　BCD 比例乘法器，同 J690

CD4528B　双单稳态触发器，同 J210

CD4532B　八位优先编码器

CD4536B　可编程计时器

CD4555B　双二进制-四选一译码器（高电平输出）

CD4556B　双二进制-四选一译码器（低电平输出）

D.3　集成运算放大器

μA741　高增益运算放大器

LM358　双运算放大器

LM324　四运算放大器

附录 E   RTDZ—4 型电子技术综合实验台简介

E.1   RTDZ—4 型电子技术综合实验台概述

RTDZ—4 型电子学综合实验台既能完成"数字电子技术"课程的全部实验项目，又能满足课程设计、扩展新实验的更高要求。其技术指标如下：电源电压为 AC 220 V±5%，50 Hz±1 Hz；整机功耗小于 200 W；直流稳压电源包括±5 V/1A，±15 V/1A，0～18 V/1A 可调（两路）交流电源有两路，0～220 V（AC），0～36 V（AC）可调。

E.2   整机面板示意图

控制屏四周是电源控制屏、交流供电电源和实验所需的各种仪器、仪表等，它们用面板螺钉固定在控制屏上，呈"U"型布置。控制屏正中根据实验内容可放置 8 块实验挂板。挂板 RTDZ01～RTDZ20 基本上涵盖了电子技术课程所涉及的全部实验内容，同时可以方便地进行实验扩展。

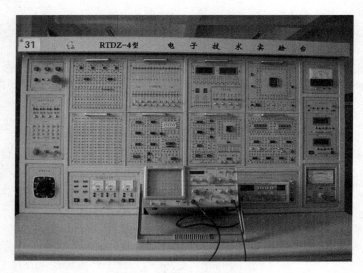

图 E.1   整机面板示意图

E.3   使用说明

E.3.1   实验台的启动

（1）将控制屏左侧的三芯电源插头插入 220 V 单相交流电源插座；
（2）合上控制屏左侧的漏电保护断路器；

（3）将急停开关顺时针旋出；

（4）将自耦调压器逆时针旋转至零位；

（5）此时，控制屏右侧的插座已带上 220 V 交流电压；

（6）按下电源控制器中的"启动"按键，可听到屏内交流接触器瞬时吸合声，电源指示灯点亮；同时，"输入"/"调压"指示灯有一路点亮。此时，控制屏左侧的插座带上 220 V 交流电压，电源控制屏上的交流电压表读数为 220 V 左右或为调压值，分别指示自耦调压器原边或副边电压。

E.3.2　各单元的功能及使用方法

（1）电源控制屏：控制整个实验台的电源，具体操作参见前面的"实验台的启动及功能测试"。

（2）自耦调压器：用来获取可调交流电压。从其上方的插座可以获取 0～250 V 交流电压，从"交、直流供电电源"面板上的"0～36 V"锁紧插座中可以获取 0～36 V 交流电压。具体操作参见前面的"实验台的启动及功能测试"。

（3）交、直流供电电源：可以提供 ±5 V，±12 V，±15 V 直流固定稳压电源和 0～±18 V 直流可调电源，以及 0～36 V 交流可调电源。各路直流电源均具有短路软截止保护功能，额定电流均为 1 A，带载纹波小于 3 mV。分别按面板上的各个"电源"按键，相应的指示灯亮，即可从旁边的锁紧插座中获取相应的电源。若将两路 0～18 V 电源串联，并令公共点接地，则可获得 0～±18 V 的可调电源；若串联后另一端接地，则可获得 0～36 V 可调电源。0～18 V 直流可以通过调节相应的电位器获得，而 0～36 V 交流可以通过调节自耦调压器获得。

（4）示波器孔：用来放置示波器，并使其有一定的倾斜角度，便于观察。

（5）数字（基准脉冲）信号发生器：本单元提供一组（22 个）基准脉冲信号源。使用时，开启该单元电源开关，则在各个输出插孔处就可输出相应的脉冲信号。

基准脉冲信号源是由晶振为 4194304 Hz 的标准方波信号，经分频电路获得的标准频率波信号源。使用时应将 +5 V 电源接至"+5 V"和"GND"端。本单元设置了从 Q_4～Q_{26} 共 22 个不同频率的输出插孔，可供用户随意选择。各输出口的频率可按下式确定：

$$Q_n = \frac{4\ 194\ 304\ \text{Hz}}{2^n}$$

例如，Q_{22} 输出端的方波信号频率是标准的 1 Hz。

（6）函数信号发生器：本仪器是一台具有高度稳定性、多功能等特点的函数信号发生器，能直接产生正弦波、三角波、方波、斜波、脉冲波，具有 VCF 输入控制功能。TTL/CMOS 可与 50 MΩ 输出做同步输出，波形对称可调并具有反向输出，直流电平可连续调节，频率计可作为内部频率显示，也可作为外测频率，电压用 LED 显示。同时，有 50 Hz 正弦波输出。

① 指标。

频率范围：0.1～2 MHz 分七挡；

波形：正弦波、三角波、方波、正向或负向锯齿波、正向或负向脉冲波；

输出阻抗：50 Ω；

输出幅度：大于等于 20 V$_{p-p}$（空载）；

TTL/CMOS 输出：

TTL 脉冲波：低电平小于等于 0.4 V，高电平大于等于 3.5 V。

CMOS 脉冲波：低电平小于等于 0.5～14 V，连续可调。

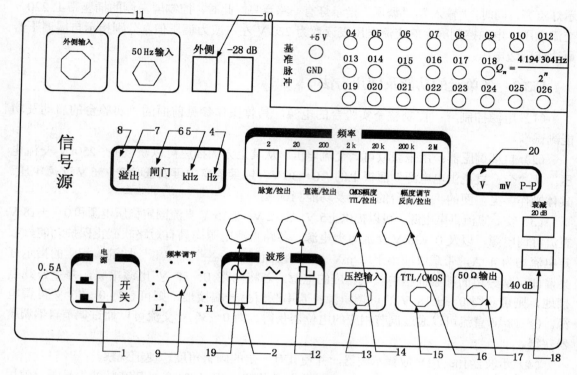

图 E.2　函数发生器面板

② 面板标志说明及功能见下表：

序　号	名　　称	作　　用
1	电源开关	按下开关，电源指示灯发亮
2	波形选择	● 输出波形选择 ● 与"16"，"19"配合可得到正负向锯齿波和脉冲波
3	频率选择开关	频率选择开关与"9"配合选择工作频率
4	频率单位	指示频率，灯亮有效
5	频率单位	指示频率，灯亮有效
6	闸门显示	此灯闪烁，说明频率计正在工作
7	频率益处显示	当频率计超过 5 个 LED 所显示范围时灯亮
8	频率 LED	所有内部产生频率或外测时的频率均由此 5 个 LED 显示
9	频率调节	与"3"配合选择工作频率
10	外接输入衰减 20 dB	● 频率计内测和外测频率（按下）信号选择 ● 外测频率信号衰减选择，按下时频率衰减 20 dB
11	计数器输入	外测频率时，信号由此输出

序　号	名　称	作　用
12	直流偏置调节旋钮	拉出此旋钮可设定任何波形的直流工作点，顺时针方向为正，逆时针方向为负，将此旋钮推进则直流电位为零
13	VCF 输入	外接电压控制频率输入端
14	TTL/CMOS 调节	拉出此旋钮可得 TTL 脉冲波 将此推进为 CMOS 脉冲波且幅度可调
15	TTL/CMOS 输出	输出波形为 TTL/CMOS 脉冲可用做同步信号
16	斜坡倒置开关幅度调节旋钮	● 与"19"配合使用，拉出时波形反向 ● 调节输出幅度大小
17	信号输出	输出波形由此输出，阻抗为 50 Ω
18	输出衰减	按下按钮可产生 20 dB 或 40 dB 衰减
19	斜波、脉冲波调节旋钮	拉出此旋钮可改变输出波形的对称性，产生斜波、脉冲波且占空比可调；将此旋钮推进，则为对称波形
20	电压 LED	当电压输出端负载阻抗为 50 Ω 时，输出电压峰-峰值为显示值的 0.5 倍，若负载（R_L）变化时，则输出电压峰-峰值$=[R_L／（50+R_L）]×$显示值

（7）交流毫伏表一块。

（8）直流微安表：具有 200 μA 和 1000 μA 两个量程，使用时将乒乓开关放到所需量程，将"＋"、"－"输入端接入测量电路即可。

（9）五功能逻辑笔：逻辑笔由可编程逻辑器件 GAL 设计而成，具有显示五种逻辑功能的特点。按动"电源"按键，接通电源，"高阻态"指示灯亮。

使用屏蔽线将被测信号接入输入插口处。当屏蔽线的另一端点在本实验台电路中的某个测试点时，面板上的四个指示灯即可显示出该点的逻辑状态（为"高电平"、"低电平"、"中间电平"、"高阻态"中的一种）。如果该点有脉冲信号输出，则四个指示灯将同时点亮，因此称为五功能逻辑笔。

此外，该逻辑笔亦可大致检测出测试点的频率高低，高阻态指示灯将随频率的升高而渐亮。

（10）数字直流电压表：由三位半 A/D 转换器 ICL7107 和四个 LED 共阳极红色数码管等组成，量程分为 200 mV、2 V、20 V、200 V 四挡，用琴键开关切换量程。输入阻抗为 10 MΩ。比测电压信号极性接在"＋"、"－"两个插孔处。使用时，应先按动"电源"键，接通电源，电源指示灯亮（量程自动选在 200 V 挡），然后选择合适的量程，对应指示灯亮。本仪器有超量程指示，当信号超量程时，显示器的首位将显示"1"，后三位不亮。若显示为负值，则表明输入信号接反了，改换接线即可。按动"电源"按键关闭仪表电源，电源指示灯灭，停止工作。

（11）数字直流电流表：结构特点类似于数字直流电压表，只是这里的测量对象是电流，即仪表"＋"、"－"两个输入端应串接在被测电路中。量程分 20 mA（内阻 100 Ω），20 mA（内阻 100 Ω），200 mA（内阻 1 Ω）三挡，用琴键开关切换量程。

E.3.3　实验挂板功能介绍及使用说明

1）RTDZ04 挂板

挂板具有六个十六进制七段 LED 译码显示器。每一位译码器均采用集成芯片 MC14495

设计而成，具有十六进制全译码功能（显示器采用 LED 共阴极红色数码管），本单元可以同时显示四位十六进制码: 0, 1, 2, 3, 4, 5, 6, 7, 8, 9, A, B, C, D, E, F。使用时，只要用紧锁线将+5 V 电源接入本单元的电源插孔处就可工作。在没有 BCD 码输入时，六位译码器全显示为"0"。

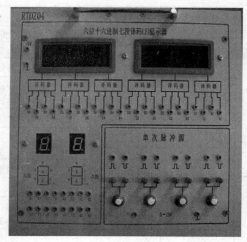

在本单元中，还提供了两支无译码共阴极 LED 数码管，八个显示段的管脚均以与相应的紧锁插座相连。

单次脉冲源提供四路正负单次脉冲源。每一路由一个防抖动电路和一个按键组成，每次按键，两指示灯交替亮一次，表明两个输出插孔分别输出一个正负单次触发脉冲。

2）RTDZ05 挂板

该挂板含"十六位逻辑电平输入及高电平显示"功能，主要用于观察被测数字电路的输出逻辑

图 E.3　RTDZ04 挂板

状态，共有 16 个输入插孔，每一位输入都经过三极管放大驱动电路，使用时，只要用紧锁 2 将+5 V 电源接入本单元的电源插孔处，即可正常工作。当输入插孔处输入高电平时，便点亮相应的 LED 发光二极管。

该挂板还含有"十六位逻辑电平输出"功能，提供了 16 个钮子开关及与之对应的开关电平输出插口。将钮子开关扳到"H"位置，对应指示灯亮，输出插孔输出高电平。将钮子开关扳到"L"位置，对应指示灯灭，输出插孔输出低电平。

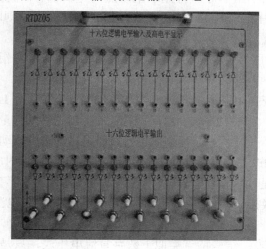

图 E.4　RTDZ05 挂板

3）RTDZ06 挂板

常用电阻元器件库挂板。

4）RTDZ07 挂板

元器件库挂板，该挂板含圆脚集成电路插座: 8P、2 支，14P、3 支，16P、3 支，40P、2 支，复位按键，钮子开关，32768 Hz 晶振，30 pF 电容等。

5）RTDZ08 挂板

元器件库挂板，该挂板含圆脚集成电路插座：8P、4 支，14P、2 支，常用电容，发光二极管，外插器件孔等。

6）RTDZ10 挂板

元器件库挂板，该挂板含圆脚集成电路插座：8P、2 支，14P、3 支，16P、3 支，20P、1 支，28P、1 支，六位 BCD 码十进制拨码开关，5 V 继电器，喇叭，蜂鸣器，4 MHz 晶振，常用电容等。

图 E.5　RTDZ10 挂板

7）RTDZ11 挂板

元器件库挂板，挂上含圆脚集成电路插座：8P、3 支，14P、3 支，16P、2 支，4 MHz 晶振，四路防抖键控脉冲信号，ispLSI（1016 或 1032）芯片插座（包括资源全开放式实验电路及下载线插座），常用电容等。

参 考 文 献

[1] 邱关源. 电路（第 4 版）. 北京：高等教育出版社，1999.

[2] 孙玉琴. 教学研究与教学实践. 沈阳：东北大学出版社，2005.

[3] 徐国华. 电路实验教程. 北京：北京航空航天大学出版社，2005.

[4] 程耕国. 电路实验指导书. 武汉：武汉理工大学出版社，2001.

[5] 黄筱霞，刘宏，任金霞. 电工测量技术与电路实验. 广州：华南理工大学出版社，2006.

[6] 童诗白. 模拟电子技术基础（第 3 版）. 北京：高等教育出版社，2001.

[7] 康华光. 电子技术基础（第 4 版）. 北京：高等教育出版社，1998.

[8] 张保华. 模拟电路实验基础（第 1 版）. 上海：同济大学出版社，2007.

[9] 邓延安. 模拟电子技术实验与实训教程. 上海：上海交通大学出版社，2002.

[10] 陈孝桢，张丽敏，戚海峰，王育昕. 模拟电路实验. 南京：南京大学出版社，2005.

[11] 阎石. 数字电子技术基础（第 4 版）. 北京：高等教育出版社，1988.

[12] RP JAIN. Digital Electronics Practice Using Iintegrated Circuit. TATA McGRAW-HILL PUBLISHING COMPANY LIMITED，1983.

[13] 谢自美. 电子线路设计·实验·测试. 武汉：华中科技大学出版社，1988.

[14] 赵桂钦，卜艳萍. 电子电路分析与设计. 北京：电子工业出版社，2003.

[15] Thomas L. Floyd. Digital Fundamentals. 北京：科学出版社，2003.

[16] 杨志忠. 数字电子技术. 北京：高等教育出版社，2003.

[17] 罗小华. 电子技术工艺实习. 武汉：华中科技大学出版社，2003.

[18] 王天曦. 电子技术工艺基础. 北京：清华大学出版社，2000.

[19] 徐国华. 电子技能实训教程. 北京：北京航空航天大学出版社，2006.

[20] 周春阳. 电子工艺实习. 北京：北京大学出版社，2006.

[21] 孙惠康. 电子工艺实训教程. 北京：机械工业出版社，2005.

读者服务表

尊敬的读者：

感谢您采用我们出版的教材，您的支持与信任是我们持续上升的动力。为了使您能更透彻地了解相关领域及教材信息，更好地享受后续的服务，我社将根据您填写的表格，继续提供如下服务：

1. 免费提供本教材配套的所有教学资源；
2. 免费提供本教材修订版样书及后续配套教学资源；
3. 提供新教材出版信息，并给确认后的新书申请者免费寄送样书；
4. 提供相关领域教育信息、会议信息及其他社会活动信息。

基本信息					
姓名		性别		年龄	
职称		学历		职务	
学校		院系（所）		教研室	
通信地址				邮政编码	
手机		办公电话		住宅电话	
E-mail				QQ 号码	

教学信息			
您所在院系的年级学生总人数			
	课程 1	课程 2	课程 3
课程名称			
讲授年限			
类　　型			
层　　次			
学生人数			
目前教材			
作　　者			
出 版 社			
教材满意度			

书评
结构（章节）意见
例题意见
习题意见
实训/实验意见

您正在编写或有意向编写教材吗？希望能与您有合作的机会！		
状　　态	方向/题目/书名	出 版 社
正在写/准备中/有讲义/已出版		

与我们联系的方式有以下三种：

1. 发 Email 至 yuy@phei.com.cn，领取电子版表格；
2. 打电话至出版社编辑 010-88254556（余义）；
3. 填写该纸质表格，邮寄至"北京市万寿路 173 信箱，余义 收，100036"

我们将在收到您信息后一周内给您回复。电子工业出版社愿与所有热爱教育的人一起，共同学习，共同进步！

反侵权盗版声明

电子工业出版社依法对本作品享有专有出版权。任何未经权利人书面许可，复制、销售或通过信息网络传播本作品的行为；歪曲、篡改、剽窃本作品的行为，均违反《中华人民共和国著作权法》，其行为人应承担相应的民事责任和行政责任，构成犯罪的，将被依法追究刑事责任。

为了维护市场秩序，保护权利人的合法权益，我社将依法查处和打击侵权盗版的单位和个人。欢迎社会各界人士积极举报侵权盗版行为，本社将奖励举报有功人员，并保证举报人的信息不被泄露。

举报电话：（010）88254396；（010）88258888

传　　真：（010）88254397

E-mail：　dbqq@phei.com.cn

通信地址：北京市万寿路 173 信箱

　　　　　电子工业出版社总编办公室

邮　　编：100036